JN298402

光エネルギー工学

東北大学 流体科学研究所
円山 重直

養賢堂

まえがき

　本書では，光のエネルギーを理解しいかにして利用するかを命題として，第I部「光の放射と吸収」，第II部「光の伝播とエネルギー交換」，第III部「光と物質の相互作用」，として全15章で論じている．

　ふく射伝熱は伝熱学の教科書の一部で扱われている．しかし，まとまった邦文著書として，幾つかのモノグラムと黒崎の「機械の研究」の連載講座の他はあまり散見しなかったことが，本書執筆のきっかけである．初学者が，ふく射伝熱を勉強するときに伝熱学の教科書中の章や，ハンドブックの情報のみからでは，なかなか深く理解することが難しい．特に，ふく射性媒体の伝熱に関しては多くの初学者が避けて通るのが現状である．米国には，ふく射伝熱に関する多くの著作がある．しかし，それらのほとんどは情報量が多すぎて全て理解するには時間が必要である．

　本書では，ハンドブック的な情報の提示を避けて，光エネルギーの本質に関わる物理現象が理解できるようにした．つまり，光エネルギーに関する幾つかの事例について，なるべく省略しないで詳しく論じているが，全ての関連情報は網羅していない．例えば，第II部では，ふく射要素法による光エネルギー伝播の理解に重点を置いたため，モンテカルロ法など，他のふく射伝熱解法には深く言及しなかった．しかし，黒体放射の厳密な導出や光物性の基本的理解などのように，いままで伝熱工学では触れていない事項も物理現象の理解のために記述している．さらに，光を波動として扱う場合とエネルギー束として扱う場合の違いを明確にして，レーザ光の伝播や粒子の散乱なども理解できるようにしてある．

　多くの計算例は著者自ら導出したり，再計算して図を作成している．第III部の物性値の導出や反射率，粒子散乱の計算はデータベースの光学物性から独自に計算して作成したものである．また，現象の理解を助けるために，本文中に加えたほとんどの Example は，独自に問題設定をして計算したものである．詳細な式の導出や物性データは各章末の付録で記述した．このような独自の構成や内容について，読者のご指摘を頂ければ幸いである．

　本書は，「機械の研究」連載講座「光エネルギー工学」(1)～(21)，第52巻第10号(2000年)～第54巻第8号(2002年)をまとめて編集したものである．執筆に当たり，多くの方々の助力を頂いた．著者の研究室の学生諸君や職員諸氏には図面の作成や校正など，多大な助力を得てきた．特に，前学生でアルプス電気(株)の千喜良知恵氏，前東北大学流体科学研究所技官の下山利幸氏の献身的協力がなければ本書の執筆は不可能であった．ここに記して謝意を表する．さらに，出版に際し，「機械の研究」連載講座から多大なる御尽力を頂いた養賢堂編集部の三浦信幸氏に厚く御礼を申し上げる．

　本書が，光エネルギー関連の研究や技術開発を行う諸氏の参考になり，さらなる科学技術の発展に僅かでも資することができれば望外の幸せである．

2004年4月1日

円山重直

目次

第 I 部　光の放射と吸収

第 1 章　概論　　3
- 1.1　光とエネルギー　　3
- 1.2　ふく射　　5
- 1.3　電磁波　　6
- 1.4　熱力学的平衡と熱ふく射　　10
- 1.5　局所熱力学的平衡とふく射伝熱　　14

第 2 章　黒体ふく射　　17
- 2.1　黒体放射能　　17
- 2.2　プランクの法則　　18
  - 2.2.1　空洞内の電磁波　　19
  - 2.2.2　波動モードの平均エネルギーと量子仮説　　21
- 2.3　黒体の単色放射能　　23
- 2.4　黒体放射分率　　25
- 付録 2.A　　27
- 付録 2.B　　28
- 付録 2.C　　29

第 3 章　ふく射の放射・吸収・反射　　31
- 3.1　ふく射量　　31
  - 3.1.1　ふく射強度　　31
  - 3.1.2　ふく射熱流束　　33
  - 3.1.3　放射能と射度，外来照射量　　35

- 3.2 物体面の放射率・吸収率・反射率 37
  - 3.2.1 放射率 38
  - 3.2.2 吸収率 39
  - 3.2.3 反射率 41
- 3.3 キルヒホッフの法則 44
  - 3.3.1 熱力学的平衡系におけるキルヒホッフの法則 44
  - 3.3.2 単色指向放射率・吸収率に対するキルヒホッフの法則 45
  - 3.3.3 灰色面と拡散面 46
  - 3.3.4 地球の放射率・吸収率とふく射平衡温度 47
- 3.4 ふく射性媒体の放射・吸収・散乱 49
  - 3.4.1 吸収係数 49
  - 3.4.2 散乱係数と位相関数 50
  - 3.4.3 減衰係数 52
  - 3.4.4 媒体からの放射とキルヒホッフの法則 52

第II部　光の伝播とエネルギー交換

第4章　電磁波の伝播と物体間のエネルギー交換　57
- 4.1 電磁波伝播過程におけるスケール効果 57
- 4.2 形態係数の概念 58
- 4.3 拡散面の形態係数 60
- 4.4 電磁波の伝播 62
  - 4.4.1 マクスウェルの方程式 62
  - 4.4.2 真空中を伝播する平面波 62
  - 4.4.3 均質媒体中の電磁波の伝播 64
- 4.5 レーザ光の伝播 66
  - 4.5.1 レーザ発振 66
  - 4.5.2 レーザ光と他の放射光との違い 66
  - 4.5.3 レーザ光の伝播 67

目次

第5章　任意黒体間のふく射エネルギー交換　69
- 5.1　単一物体からのふく射伝熱 69
  - 5.1.1　単純形状のふく射有効面積 71
  - 5.1.2　任意物体のふく射伝熱 73
- 5.2　任意形状の多物体間のふく射伝熱 76
  - 5.2.1　2物体間のふく射有効面積 76
  - 5.2.2　多物体間のふく射伝熱 77

第6章　灰色・拡散面間のふく射伝熱　81
- 6.1　拡散面と灰色近似 81
- 6.2　解析法 83
- 6.3　任意加熱条件の3灰色面間ふく射伝熱 87

第7章　鏡面を含む物体面間のふく射伝熱とふく射制御　91
- 7.1　鏡面を含む任意形状面間のふく射伝熱 91
  - 7.1.1　ふく射モデルと解析法 91
  - 7.1.2　解析法 94
  - 7.1.3　解析例 95
- 7.2　鏡面を用いたふく射の放射制御 98
  - 7.2.1　幾何光学による鏡面反射板の指向放射の制御 98
  - 7.2.2　微小空洞による放射の波長制御 101

第8章　ふく射性媒体中のエネルギー伝播　103
- 8.1　ふく射のエネルギーバランス 103
- 8.2　ふく射伝播の基礎方程式 106
- 8.3　放射熱流束ベクトル 107
- 8.4　総合エネルギー方程式 108
- 8.5　ふく射方程式の解法 109
- 付録 8.A 110
- 付録 8.B 111

第9章　平行平面座標系における1次元ふく射伝熱　113
- 9.1　基礎式 113
- 9.2　放射・吸収性媒体のふく射伝熱 114
- 9.3　温度分布が与えられた灰色・放射・吸収性媒体の放射伝熱 117
- 9.4　ふく射平衡状態の等方散乱灰色媒体 118
- 9.5　離散方位法によるふく射輸送方程式の解法 123
- 付録 9.A 125

第10章　ふく射要素法を用いたふく射伝熱の統一解析　127
- 10.1　ふく射要素法による統一表示 128
- 10.2　減衰・吸収・散乱形態係数 131
- 10.3　光線放射モデル 132
- 10.4　灰色体のふく射伝熱解析 134
- 10.5　単純形状物体による解析精度の検証 135
- 10.6　任意形状媒体のふく射伝熱 139

第11章　非灰色・非等方散乱性媒体のふく射要素法　145
- 11.1　非灰色媒体のモデル化 145
  - 11.1.1　非灰色媒体のふく射伝熱 145
  - 11.1.2　ガスモデル 148
- 11.2　非等方散乱媒体を含むふく射伝熱 149
  - 11.2.1　デルタ関数による0次近似モデル 149
  - 11.2.2　多成分ふく射性ガスと多分散粒子群が共存する媒体のふく射特性　151
- 11.3　1次元平行平面系におけるふく射要素法 152
- 11.4　ベンチマークテスト 155
  - 11.4.1　非灰色ふく射性ガスへの適用可能性の検証 155
  - 11.4.2　非等方性散乱媒質に対する検証 156
  - 11.4.3　3次元ふく射媒体の検証 157
- 11.5　実用火炉の計算例 159
- 11.6　気象現象における非灰色・非等方散乱ふく射要素法の応用 161
  - 11.6.1　1次元平行平面系モデルによる霧のふく射伝熱 161

目次

11.6.2　3次元雲のふく射伝熱解析 163

第Ⅲ部　光と物質の相互作用

第12章　物質と電磁波との相互作用　169
12.1　電磁波と固体または液体との相互作用 169
12.1.1　ローレンツ振動子モデル 169
12.1.2　電磁波に対する物質の一般的性質 172
12.1.3　誘電体固体のふく射物性 174
12.1.4　金属の自由電子とドルーデモデル 175
12.1.5　流体のデバイ緩和 176
12.2　電磁波とガスとの相互作用 178
12.2.1　非ふく射性ガス 178
12.2.2　ふく射性ガス 179

第13章　凝縮物質のふく射物性　185
13.1　物体面の放射率・吸収率・反射率 185
13.2　キルヒホッフの法則 188
13.3　実在物体のふく射物性 189
13.3.1　放射率 189
13.3.2　吸収率 192
13.3.3　反射率 193
13.4　平滑面のふく射物性の推定法 195
13.5　金属面のふく射物性の推定法 198
13.6　非金属平滑面のふく射物性の推定 201
13.7　皮膜を有する平滑面のふく射物性の推定法 203
付録13.A 204
付録13.B 211

第 14 章　ふく射性ガスのふく射物性　213

- 14.1　ふく射性ガスの概要 ... 213
- 14.2　吸収スペクトル ... 214
- 14.3　温度の影響 ... 219
- 14.4　スペクトルの拡がり ... 222
- 14.5　ガスモデル ... 224
  - 14.5.1　広域バンドモデル ... 224
  - 14.5.2　狭域バンドモデル ... 225
  - 14.5.3　等温ガス塊の放射率 ... 232
- 付録 14.A ... 236
- 付録 14.B ... 237
- 付録 14.C ... 241

第 15 章　分散媒体によるふく射の吸収と散乱　245

- 15.1　粒子の吸収・散乱 ... 246
- 15.2　大きな粒子の吸収・散乱 ... 247
- 15.3　小さな粒子の吸収・散乱 ... 250
- 15.4　ミー散乱 (Mie scattering) ... 252
- 15.5　多分散粒子群のふく射特性 ... 256
- 15.6　実在粒子のふく射物性 ... 258
- 15.7　繊維媒体のふく射特性 ... 259
- 15.8　分散媒体の独立散乱と従属散乱 ... 261
- 付録 15.A ... 262
- 付録 15.B ... 263

参考文献　267

索　引　285

第1部

光の放射と吸収

第1章　概論

1.1　光とエネルギー

　ビッグバン理論によると，宇宙の始まりは素粒子と光(光子)が混沌とした超高温の塊であったとされている．それから0.1秒後には，光と素粒子は相互に変換しながら平衡状態を保っていた．ビッグバンの3分後には原子核の合成がほぼ終了し，物質と光は，もはや互いに変換されなくなった．このとき，光子とニュートリノの海に水素やヘリウム原子核と電子がプラズマ状態で存在し，電子，原子核，光子のエネルギーは平衡状態にあった[1]．

　この後，約2500年までは，光のエネルギーを質量に換算した等価密度が物質の密度より大きく[2]，宇宙は光に支配されていた．以後，宇宙の膨張によって温度が低下し，物質の質量が光の等価質量より大きくなって物質優勢の時代となる．さらに，ビッグバンから30万年後に宇宙の温度が3000Kまで低下すると，プラズマ中の電子が原子核に捕獲され，光と原子は相互作用を及ぼさなくなった．その結果，宇宙は光に対して透明になり，宇宙の晴れ上がりが起こったといわれている[*1]．現在は，2.7K[3]の黒体ふく射が宇宙に充満している．

　宇宙が透明になってから現在まで百数十億年が経過していると考えられているが，物質

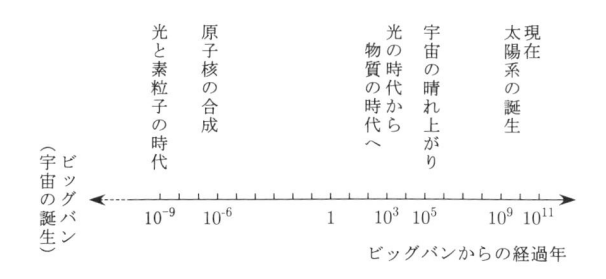

図 1.1　宇宙の創世と光の相互作用

[*1] これらの数値はビックバン理論の文献で大きく異なっている．

と光は相互作用をまったく停止したわけではない．恒星が生まれて色々な原子が合成されるようになると，それらを構成する分子の内部エネルギーが光となって放射され，また，それらの光が物質と相互作用をして内部エネルギーとなる．つまり，光と物質は内部エネルギーを介して相互作用を及ぼしている．図 1.1 は光と宇宙の関係を示したものである．

時間が経過し，いまから約 50 万年前，人類は火を使い始め太陽以外のエネルギーを扱えるようになった．人類は，火を利用し始めた頃から，光をエネルギーとして利用することを炎に手をかざすことで経験的に行っている．後述するように，炎で加熱される物体から放射される光は，大部分が目に見えない赤外線である．これらの光は，全て電磁波として扱うことができる．

18 世紀後半に始まった産業革命によって，人類は化石燃料をエネルギー源として大量に消費できるようになった．製鉄や火力発電に使用する燃焼炉では，物体を加熱する手段は，電磁波（赤外線）によるふく射によって行われている．1960 年代になると，アポロ計画をはじめとする宇宙開発が急速に進展し，宇宙環境において，ふく射による熱制御が重要な役割を演じてきた．

最近では，化石燃料の燃焼により排出される二酸化炭素（CO_2）やメタンなどの地球温暖化ガスによる地球環境の危機が問題となっている．地球温暖化の原因は，温暖化ガスの排出で人類が地球のふく射エネルギーバランスを壊したことによると考えられている．

このように，物質は内部エネルギー（熱）を介して光と相互作用を及ぼしている．また，光とエネルギーを制御して利用しながら環境と調和した科学技術を発展させることが次世代の人類に与えられた課題でもある．図 1.2 は人間と光との関わりを現在の時間軸で示している．

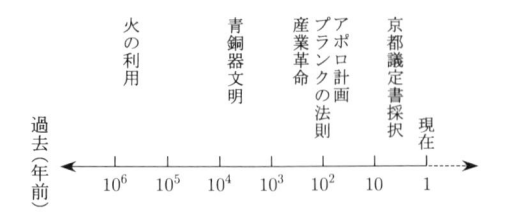

図 1.2 人間と光との関係

本書は，光と物質との作用を論じ，いかにして光のエネルギーを工学的に利用するかを命題として，ふく射によるエネルギーの放射と伝播を議論する．

1.2 ふく射

ふく射(輻射)[4,5]とは，車の輻(や=スポーク)のように1点からエネルギーや光，粒子が放射[4,6]される現象，あるいは放射されるものの総称である．英語のradiation[7]も同様な意味で用いられる．したがって，物体から四方八方に直線的に放射されるものは，光に限らず，α線，中性子線などの高エネルギー粒子や音波などの波動まで，ふく射の対象となるものは広範囲に及ぶ．

本書では，ふく射として光(電磁波)を取り上げ，光の伝播と物質との相互作用について述べる．特に，物質内部の分子の熱運動，つまり内部エネルギーにより放射される光である熱ふく射 (thermal radiation) と，それによるエネルギー輸送現象である「ふく射伝熱 (radiative heat transfer)」を中心に議論する．

図1.3に示すように熱ふく射による伝熱現象は，物質の内部エネルギーの一部が光として放射され，空間を伝播し，他の物質に到達し，物質に吸収され，内部エネルギーに変換されるプロセスを経てエネルギーが移動する現象である．このエネルギー輸送現象は，物質が介在して内部エネルギーが移動する熱伝導や対流による伝熱現象とは異なり，必ずしも物体間にエネルギー輸送媒体を必要としない．

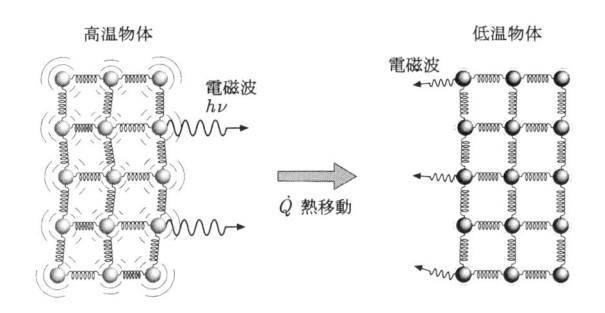

図1.3 ふく射によるエネルギー輸送の微視的理解

物体から放射された光は，直線的に伝播し，他の物体に直接作用する．そのため，遠方の物体の影響も考慮する必要がある．一方，熱や物質が広がる現象である拡散 (diffusion) は，粒子のエネルギーや物質が近傍の粒子と衝突などで干渉しながら徐々に均質化する現象で，ふく射とは対照的な現象である．このことから，ふく射によるエネルギー伝播の解析は，伝導伝熱や対流伝熱の伝熱解析とは異なった手法を用いることが多い．つまり，対

流や熱伝導では物体近傍の作用が主なので，解析の手法として微分方程式を用いて広範囲な計算が可能であるが，ふく射伝熱では，対象とする系に存在する全ての物体を対象とした積分方程式を解く場合が多い．

前述のように，空間を伝播する電磁波をふく射 (radiation) といい，内部エネルギーの一部が電磁波として放射される「放射」(emission) とは区別する．つまり，ふく射は電磁波によるエネルギーの総称であり，それが物質から放射される電磁波か外来の電磁波が物質に照射されてから反射されたものであるかは関知しない．しかし，放射の用語を用いる場合は，その電磁波は物質から放射されたものであることを暗黙に示している．

一部のテキストなどでは，radiation[7]の用語に「放射」を用いているものも多い．この場合は，emission[8]に対応した用語に「射出」[4, 6]を使用することに注意する．例えば，本書では物体が電磁波エネルギーを出す割合として「放射率」(第3章) を使用するが，radiation に「放射」を用いた場合，この用語は「射出率」となる．黒体から放射されるエネルギー束は本書では黒体放射能 (第 2.1 節) を用いるが，射出率を使う場合には黒体射出能という．ふく射・放射・射出の関係を図 1.4 に示す．太陽などの高温物体の場合は，外部放射の反射は無視できるので，ふく射と放射の区別は重要ではない．しかし，低温の物体からのふく射は，外来ふく射の反射が無視できないので，ふく射と放射に関する概念の区別は重要となる．

radiation	emission
ふく射 ⟷	放射
放射 ⟷	射出

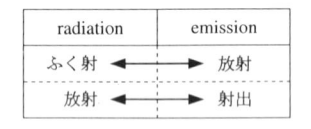

図 1.4 ふく射の用語

1.3 電磁波

光とは，狭義には可視光を意味するが，一般的に，光は電磁波または光子（フォトン）と同義である．

物体中の電荷が変動することによって電磁波が発生し空間を伝播する．この電磁波は波長 λ の波動であり，波長にかかわらず真空中を光速 $c_0 = 2.998 \times 10^8 \,\mathrm{m/s}$ で伝播する．本書では，電磁波の特性を表す指標として主に波長を用いる[*2]．そのほかに，振動

[*2] 物体中では光速が変化するので，波動の普遍パラメータとして角振動数や振動数を使用するのが適当であるが，本書では，慣例に従い主に波長 λ を使用する．また，本書では，特に断らない限り，λ は真空中の電磁波の波長とする．

数 ν [Hz], 角振動数 ω [rad/s], 波数 η [1/cm] を用いる場合もある. これらのパラメータは以下の関係がある.

$$\nu = \frac{\omega}{2\pi} = \frac{c_0}{\lambda} = c_0 \eta \tag{1.1}$$

可視光および赤外線の領域では, 波長 λ は [μm] を使用する場合が多く, 分光分析の領域では波数 η として 1cm 中の波の数 [1/cm] または [cm^{-1}] を用いることが多いので, 式 (1.1) を用いると, これらの関係は,

$$\eta\,[1/\text{cm}] = \frac{10\,000}{\lambda\,[\mu\text{m}]} \tag{1.2}$$

となる.

振動数 ν の電磁波は,

$$E = h\nu \tag{1.3}$$

のエネルギーをもつ光子 (フォトン) または光量子の集団としても考えることができる. ここで, h はプランク常数 (Planck constant) で 6.626×10^{-34} [J·s] である. 式 (1.3) の単位に [J] を用いるが, 高エネルギー物理では, 1 個の電子が 1 V の電位差で加速されるときの運動エネルギー 1 [eV] を用いる場合もある. eV とこれまでの単位との関係は次式となる.

$$1\,[\text{eV}] = 1.60 \times 10^{-19}\,\text{J}, \quad h\nu\,[\text{eV}] = \frac{1.243}{\lambda\,[\mu\text{m}]} \tag{1.4}$$

電磁波は, 波長によって種々の異なる性質をもち, 物質との相互関係も波長によって異なる. 図 1.5 は, 広範囲な波長の電磁波についてその領域[*3]と物質との相互関係をまとめたものである.

（1）電波：radiofrequency waves

波長 0.3 m 以上の電磁波は, 電波としてテレビやラジオで使用されている. 電波は, 主に電子回路によって導体中の電子の流れを変動させて放射される. 電磁波は, 導体中や電磁場中の電子と干渉し, それを利用したアンテナと電子回路によって検出することができる.

（2）マイクロ波：microwaves

波長 0.3 m〜1 mm の電磁波をマイクロ波という. マイクロ波は, マグネトロンを用いて放射することができる. 波長 1 cm 以上のマイクロ波は雲などの微小水滴を透過するので, レーダや宇宙にある衛星との通信に使用される.

[*3] 波長領域とその呼び方は, 時代や文献で若干異なっている場合がある.

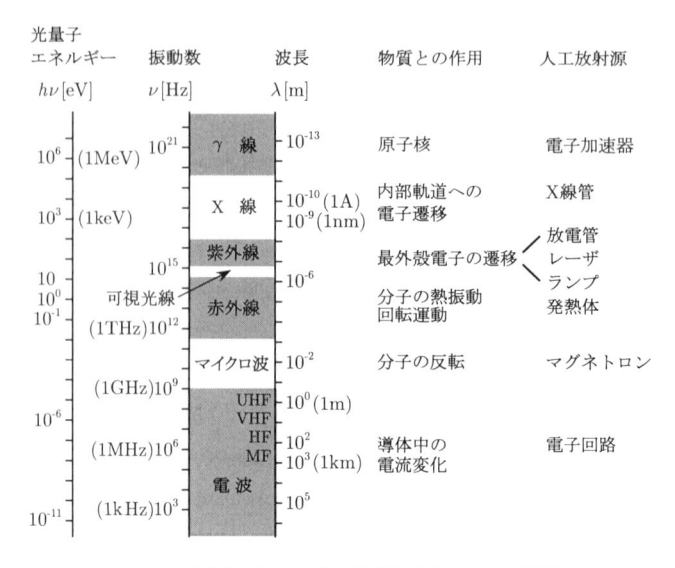

図 1.5 電磁波の波長による特性と物質との相互関係

マイクロ波は，分子の回転やアンモニア分子などの反転に作用し，吸収・放射される．電子レンジは，波長 122 mm のマイクロ波で水分子の回転運動を励起して水を含む食品を加熱するものである．

（3）赤外線：infrared

赤外線は，人間が見ることのできる限界(赤)である $0.78\,\mu m$ から 1 mm までの波長の電磁波である．赤外線は幾つかの領域に分類され[9]，近赤外線 (near infrared)，赤外 (intermediate infrared)，遠赤外 (far infrared) [*4]に分類される場合もあるが，その波長分類は分野によって諸種の定義がある[10]．赤外線は，物体の熱現象と密接な関係があり，絶対零度以上の物質は電磁波を放射する．太陽から地球に到達する電磁波エネルギーの約半分は赤外線である．

赤外線は，分子の伸縮・湾曲による振動，およびその他の分子振動エネルギーや固体を構成する分子間の格子振動エネルギーに密接な関係がある．つまり，物質の内部エネルギーである分子の熱振動によって赤外線を吸収・放射する．例えば，波長 $5\,\mu m$ 以上の赤

[*4] 最近，遠赤外線という用語が多く用いられているが，文献[9]では，$25\,\mu m$ 以上の電磁波を遠赤外線と定義している．宣伝に使用される遠赤外線は波長 $3\,\mu m$ 以上の赤外線を指している場合が多い．また，遠赤外線が物体の内部深くに浸透し，特別な効果を生じるなどの誤解を招く表現があるので注意が必要である．

1.3 電磁波

外線は，水やガラスの表面で吸収され内部エネルギーに変換されるのでほとんど透過しない．このことから，赤外線はしばしば熱線と呼ばれる．赤外線と物質の相互作用がふく射エネルギーの放射と吸収に関与するので，ふく射伝熱ではこの領域の電磁波が重要な問題となる．

（4）可視光：light

人間の目に見える電磁波を可視光という．人間が感じることのできる電磁波は $0.39 \sim 0.78\,\mu m$ なので，その波長域が可視領域となる．可視光は，固体を高温に加熱することによって放射することができる．また，ガスを封入したガラス管に放電電子などで原子に衝突させ励起することによっても特定の波長の可視光が得られる．

太陽光は幅広い波長域の電磁波を放射しているが，一番強い強度の波長は約 $0.5\,\mu m$ であり，可視光のほぼ中央にある．可視光は，波長によって赤から紫までの各種の色に見える．人間は，種々の波長成分を有する光を感じ，脳の演算を介した複合現象として色を感じる．太陽光に近い広い波長分布の光の集合を人間は白と感じる．人間は $0.59\,\mu m$ の光を黄色と感じるが，赤 $(\lambda = 0.69\,\mu m)$ と緑 $(\lambda = 0.54\,\mu m)$ のみの波長の混合光でも黄色と感じる[11]．また可視光は，水や有機液体，ガラスや各種結晶などの多くの誘電体を透過する．

可視光は，原子の最外殻電子の軌道遷移によるエネルギー差で放射・吸収される場合が多い．電磁波と原子の最外殻電子軌道遷移との関係が物体の色などの光学特性に大きな影響を与える．クリプトンガスに電子を当てて最外殻電子を励起し，それが元の軌道に戻るときに波長 $0.6057802105\,\mu m$ の光が放射される．この光は，1983年まで長さの基準として用いられていた．金属は，自由電子の運動のために可視光以上の波長の電磁波に対して不透明である．

高温物体からのふく射エネルギーは可視光がかなりの部分を占めるので，ふく射伝熱において可視光の伝播と放射・吸収も重要である．特に，可視光域の吸収特性は，太陽エネルギーの吸収と密接に関係するため，宇宙空間での熱制御や地球環境問題でますます重要になってきている．

（5）紫外線：ultraviolet

目に見えない短波長の電磁波で，約 $0.01\,\mu m$ から $0.39\,\mu m$ までを紫外線という．紫外線は，放電管に封入したガスを電子で励起することによって放射される．蛍光灯は，水銀ガスを電子で励起して波長 $0.2537\,\mu m$ の紫外線を放射し，それを蛍光体に照射すること

によって可視光に変換している．

　紫外線は原子の電子軌道の遷移で放射・吸収されるが，式 (1.3) で表した光子のエネルギーレベルが可視光より大きいので，最外殻電子軌道だけでなく，内側の電子軌道にも作用する．物質の化学結合にも作用するので，化学反応に紫外線が用いられる場合がある．

　太陽からのふく射エネルギーのかなりの割合が紫外線である．それは，生物の組織に変化を与えるため，太陽の紫外線が 直接 地上に到達すると生物にとって有害である．しかし，大気上層のオゾン層が紫外線の大部分を吸収するので，生物は地上で生存できる．近年，フロンなどによるオゾン層の破壊が観測されており，地上の生物にとって問題になってきている．

（6）X線：X-rays

　電子を高電圧で加速し重金属に衝突させるとX線が発生する．この電磁波は，式 (1.3) で表した光子のエネルギーが大きく，エネルギー量子としての特性が顕著である．このため，この領域の電磁波は波長より式 (1.4) の [eV] で特徴づけられることが多い．X線のエネルギーレベルは，おおむね 100 eV から 0.2 MeV である．

　X線は，原子の内部電子の軌道にも影響を及ぼす．さらに，密度の小さい物質を容易に透過するので，物体の透視に使用されている．

（7）γ線：gamma rays

　さらに光子のエネルギーが大きくなると，電磁波は原子核にも 直接 作用する．この領域の電磁波がγ線である．γ線は，放射性同位元素や高エネルギー加速器から放射される．その光子のエネルギーは 1 GeV にも達する．

　X線やγ線の領域の電磁波は，物質の熱振動に比べて光子エネルギーが遥かに大きいので，ふく射伝熱とは直接 関係しない場合が多い．

1.4　熱力学的平衡と熱ふく射

　有限温度の物体は，内部エネルギーをもつ．内部エネルギーは分子間のポテンシャルエネルギーや分子の運動エネルギーなどの微視的なエネルギーの総和である．つまり，内部エネルギーは物体を作り上げているたくさんの分子・原子の不規則・複雑運動であるエネルギーの一つの形態である．いま，図 1.6 に示すような気体分子と固体分子の集団を考える．この分子集団は外界から隔離されているものとする．分子集団は，近傍の分子と連

1.4 熱力学的平衡と熱ふく射

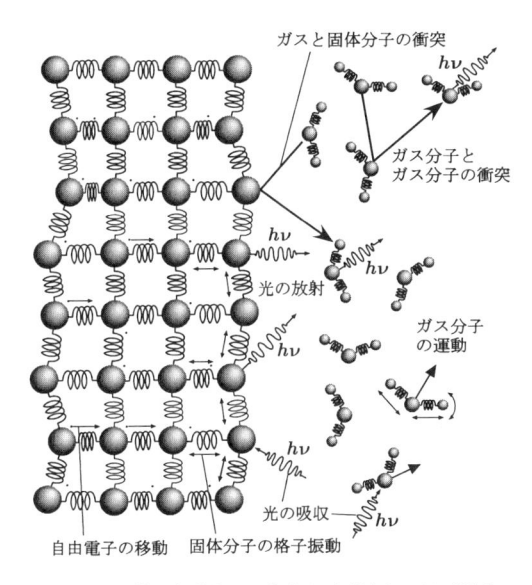

図 1.6 固体・気体分子の集合と電磁波との相互間系

動した振動をしたり，気体分子同士の衝突や気体分子と固体との衝突を繰り返し，長時間経た後に一定状態になる．この状態が熱力学的平衡状態 (thermodynamical equilibrium) である．このときの分子集団の温度は一様で，微視的に見ると分子同士はエネルギーの授受を行っているが，熱力学的平衡状態での巨視的なエネルギーの移動はなくなる．

一方，物質を構成する原子は電荷をもっているので，原子が振動することによって電磁波を放射する．したがって，物質中の荷電粒子が電磁波を出すことなしに，物質の力学的相互作用のみで平衡状態を保つことは不可能である．もし，図 1.6 の分子集団を物質と内部の運動エネルギーだけ遮断し，電磁波を透過する物質で隔離すると，原子中の電荷の振動により電磁波が放出されるので，系の内部エネルギーが減少する．この系が熱力学的平衡状態に保たれるためには，電磁波も空間に閉じ込める必要がある．

◇　◇　◇　Example　◇　◇　◇

地球は，物質の授受を遮断され真空中に隔離された系と考えることができる．しかし，太陽からのふく射エネルギーを遮断してしまうと，宇宙に赤外線を放射して地球の温度は低下してしまう．つまり，図 1.7 に示すように，地球の温度は太陽からのふく射エネルギーと地球が放射するエネルギーのバランスで決定される．

★　　★　　★　　★　　★

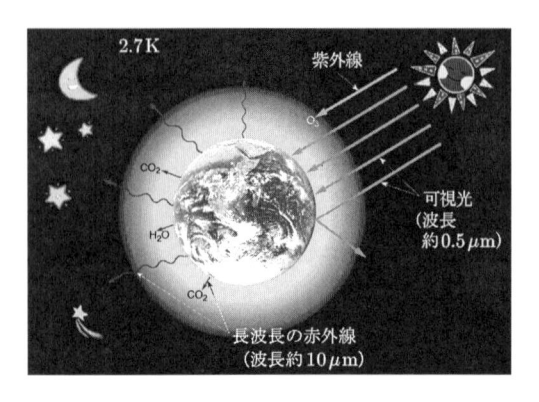

図 1.7 地球と宇宙の熱力学的平衡

　熱力学的平衡状態を保つには運動エネルギーだけでなく電磁波と内部エネルギーとの平衡も保たれなければならない．物体の内部エネルギーの減少によって電磁波の放射が行われ，電磁波を吸収することによって内部エネルギーが増大するから，熱力学的平衡状態にある系は電磁波の放射と吸収も平衡状態にある．

　統計力学のエネルギー等分配の法則によると，自由度が N の粒子（分子または原子）が熱力学的平衡の場合，その粒子がもつエネルギーは各自由度ごとに等しく分配されて，その平均は次式となる．

$$\bar{\varepsilon} = \frac{1}{2} kT \tag{1.5}$$

ここで，k はボルツマン定数 (Boltzmann constant) [J/K] である．R を一般ガス定数 [J/(mol·K)]，N_A をアボガドロ数 $= 6.022137 \times 10^{23}$ とすると，k は次式で表される．

$$k \equiv \frac{R}{N_A} = 1.38066 \times 10^{-23} \text{ J/K} \tag{1.6}$$

◇　　◇　　◇　　Example　　◇　　◇　　◇

（1）単原子気体

　ヘリウムなどの単原子気体は，原子を質量 m の質点と考えて運動エネルギーのみに着目すると，x, y, z 方向の運動エネルギー $m v_x^2/2,\ m v_y^2/2,\ m v_z^2/2$ に関して等しく分配されるから，これらの平均値は，

$$\frac{m \bar{v}_x^2}{2} = \frac{m \bar{v}_y^2}{2} = \frac{m \bar{v}_z^2}{2} = \frac{kT}{2} \tag{1.7}$$

1.4 熱力学的平衡と熱ふく射

である．したがって，ガス原子 1 個当たりのエネルギーは，$v^2 = v_x^2 + v_y^2 + v_z^2$ を用いて，

$$\bar{\varepsilon} = \frac{m\bar{v}^2}{2} = \frac{3}{2}kT \tag{1.8}$$

1 モル (mol) のガスのエネルギーは，N_A 個の原子集合体のエネルギーである．これを温度で微分して式 (1.6) を用いると，単原子気体の 1 モルの定積比熱が $C_v = 3R/2$ [J/(mol·K)] となる．

（2）2 原子気体

酸素，窒素などの 2 原子気体は，鉄亜鈴のような二つの質点の剛体結合と考える．原子の結合軸方向の回転自由度は実際上無視できる．このガス分子は，単原子気体と同様な分子の並進運動エネルギーのほかに 2 方向の回転に関する自由度をもつ．これらの 5 自由度に関してエネルギーが等しく分配されるから，分子 1 個の平均エネルギーは，

$$\bar{\varepsilon} = \frac{5}{2}kT \tag{1.9}$$

1 モルのガスのエネルギーを温度で微分して，2 原子気体の定積比熱は $C_v = 5R/2$ [J/(mol·K)] となる．

（3）結晶体

原子や分子の結合体である結晶は，各粒子が平衡位置のまわりに振動している．これらの粒子は x, y, z 方向の位置エネルギーと運動エネルギーが等しく分配されるので，1 粒子当たり 6 自由度を有する．また，N 個の粒子を一つの集合体と考え $N \gg 1$ とすると，系の自由度は近似的にその粒子数に等しい．したがって，N 個の粒子で構成される結晶体のもつエネルギーは，

$$E = N\frac{6}{2}kT \tag{1.10}$$

1 モルの粒子で構成される結晶体のエネルギーから，比熱は $C = 3R$ [J/(mol·K)] となる．

★　　★　　★　　★　　★

H_2O や CO_2 などの多原子気体は，回転の自由度や分子内の原子の振動の自由度をもつので，上記の例より複雑になる．また，これらの回転や振動は赤外領域の電磁波と密接に相互作用を及ぼし合う．これらについては，第 12 章「物質と電磁波との相互作用」の章で述べる．

図 1.6 に示したように，固体と気体の異なる粒子が共存する系が熱力学的平衡の場合は，各粒子の各自由度における平均エネルギーが等しくなる．

プラズマは，イオン・原子・分子などの重い粒子と軽い電子の混合物と考えることができる．大気圧下のアルゴンガス中でアーク放電させたときにできるアルゴンプラズマは，電子とイオン・原子が各自由度でほぼ同じ平均エネルギーをもち，熱力学的平衡状態にあるとみなすことができる[12]．一方，蛍光灯で用いられるような低圧の水銀蒸気を封入しグロー放電で発生するプラズマは，イオンと原子の平均運動エネルギーが式 (1.5) で換算して室温となるが，電子の平均運動エネルギーは 20 000 K 以上になる．つまり，低圧のグロー放電プラズマは，イオン・原子と電子の平均運動エネルギーが異なり，この状態では熱力学的平衡でなく温度は規定できない．このプラズマから放射されるふく射は熱ふく射ではない．

熱力学的平衡状態の物体を構成する個々の粒子の内部エネルギーは，全て同じ値をもっているわけではない．統計力学によると，ある自由度の内部エネルギー ε_i をもつ粒子数の分布は，次式のボルツマン分布となる[*5]．

$$N(\varepsilon_i) = \frac{N_0}{\sum_i e^{-\varepsilon_i/(kT)}} \, e^{-\varepsilon_i/(kT)} \tag{1.11}$$

ここで，N_0 は系を構成する粒子の数である．つまり，熱力学的平衡状態にある系では，各粒子の自由度ごとの平均運動エネルギーが等しいだけでなく，その運動エネルギーの分布も式 (1.11) に従う必要がある．レーザ発振をする媒体は，逆転分布といわれるボルツマン分布と異なるエネルギー分布となっているので，このような媒体から放射される電磁波も熱ふく射ではない．

1.5 局所熱力学的平衡とふく射伝熱

いままでの議論では，系が熱力学的平衡の場合を考えてきた．熱力学的平衡状態では巨視的なエネルギーの移動はないから，伝熱現象も起こらない．熱ふく射は，熱力学的平衡状態にある物体から放射される電磁波であるから，ふく射伝熱は明らかな矛盾を含むことになる．

この矛盾を解決するために，局所熱力学的平衡の概念を導入する．いま，考えている系の一部が十分数の多い粒子で構成されている場合を考える．この局所粒子集団は，互い

[*5] 実際には第 14.3 節で示す縮退度を考慮する必要があるが同じ結果となる．

1.5 局所熱力学的平衡とふく射伝熱

に衝突や干渉を繰り返しながら，その衝突の時間間隔に比べてゆっくりと内部エネルギーが変化する．このとき，局所粒子集団における粒子の各自由度ごとの平均エネルギーは等しく，内部エネルギーの分布は式 (1.11) のボルツマン分布をしている．このような場合，系は局所熱力学的平衡 (local thermodynamical equilibrium) にあるという．

局所熱力学的平衡系では，温度分布が一様でないので熱の移動は起こるが，その変化は物質の内部運動の緩和時間に比べて緩やかである．つまり，系内の微小要素を構成する粒子群は，各時間で熱力学的平衡状態になっている．したがって，局所熱力学的平衡状態の物体から放射される電磁波も熱力学的平衡状態の熱ふく射とみなすことができる．

◇　　◇　　◇　Example　◇　　◇　　◇

1 気圧 (= 0.101 MPa)，300 K の窒素ガス分子の平均速度を二乗平均速度の平方根 $\sqrt{\overline{v^2}}$ とすると，その値は式 (1.8) から 667 m/s である．このとき，分子が衝突するまでの平均の距離(平均自由行程)は，約 0.066 μm である[13]から，窒素ガス分子は毎秒 1.0×10^{10} 回衝突を繰り返している．つまり，1 μs の温度変化でも，その間に分子は 10 000 回衝突している．また，1/1 000 cc (= 10^{-9}m^3) のガスでも 2.44×10^{16} 個の分子を含むから，1 cc の容器内で 1 ms で起こる温度変化の場合でも，ガスは十分 局所熱力学的平衡の仮定を満足している．

★　　　★　　　★　　　★　　　★

このような系では局所の温度が定義できて，熱力学的平衡状態の状態量である密度，粘度，熱伝導率などの巨視的熱物性値が使用できる．一般に，伝熱で扱われる系は局所熱力学的平衡状態である．しかし，前節の低圧グロー放電プラズマや非常に高速な変化では局所熱力学的平衡が成り立たない場合も多い．局所熱力学的平衡と熱物性値との関係は著者の解説がある[14]．

第2章 黒体ふく射

2.1 黒体放射能

黒体 (blackbody) は理想的な吸収体であり，黒体に到達した電磁波を全て吸収し，分子の格子振動などの内部エネルギーに変換する．黒体が外部と局所熱力学的平衡状態（1.5節参照）にあるとき，単位時間・単位面積当たりに放射されるエネルギーは，

$$E_b = \sigma T^4 \tag{2.1}$$

で表される．ここで，E_b は黒体放射能 (black body emissive power) [W/m^2] である[*1]．σ はステファン - ボルツマン定数 (Stefan-Boltzmann constant) で，$\sigma = 5.670 \times 10^{-8}$ W/(m$^2 \cdot$ K^4) である．

キルヒホッフの法則（詳細な説明は 3.3 節参照）によると，黒体は理想的な放射体でもある．白色表面が可視光に対して良好な放射体であると直感的に感じられるのは，外部からの反射光も物体自身の放射光として認識されるからである．

表 2.1 に各温度における黒体放射能を示す．E_b は絶対温度 T [K] の 4 乗に比例する量で，室温近傍の 300 K では E_b は 460 W/m^2 であるが，太陽表面温度に相当する 5 762 K では 62.5 MW/m^2 の膨大なエネルギーが放射される．

表 2.1 各温度における黒体放射能

T	E_b
300 K	460 W/m^2
1 500 K	290 kW/m^2
5 762 K	62.5 MW/m^2

上記の例でも示すように，黒体と周囲の熱移動量は放射熱量と吸収熱量の差で表される．表面積 A [m^2] で温度 T_1 の黒体の小物体と，それを囲む温度 T_2 の黒体が，局所熱力

[*1] 一般に用いられている原子崩壊による放射線（α 線，γ 線，β 線）を放射する性質を表す放射能 (radioactivity) とは異なるので注意すること．

学的平衡にあるとき面間のエネルギー移動量の最大値 $Q_{\max}$ [W] は,

$$Q_{\max} = A\,\sigma\,(T_1^4 - T_2^4) \tag{2.2}$$

で表される.

◇　◇　◇　Example　◇　◇　◇

人間の体温は 310 K 近傍で,標準的な日本人の体表面積は 1.8 m^2 だから [15],人体から放射されるエネルギーは,式 (2.1) から最大 940 W に達する.人の標準的な代謝(熱エネルギーの生成量)は約 100 W なので,実にその 10 倍近い熱量をふく射で失っていることになる.それでも人間が凍死しないのは,人体が周囲からほぼ同量の電磁波を吸収しているからである.しかし,スキー場などの外気温が低いところでは,ふく射の遮断が断熱に重要な役割を果たす.

★　　★　　★　　★　　★

◇　◇　◇　Example　◇　◇　◇

高さ 1 m の黒体平板が空気中に垂直に置かれている.平板の温度 T_w が 300 K で周囲温度 T_∞ が 290 K とする.このとき,自然対流による熱伝達率 h_c [W/(m$^2\cdot$K)] は [16] 約 2.3 W/(m$^2\cdot$K) である.一方,温度差が小さい場合に,放射による等価熱伝達率 h_r は,次式で近似できる.

$$h_r \equiv \frac{\sigma\,(T_w^4 - T_\infty^4)}{T_w - T_\infty} = \sigma\,(T_w^3 + T_w^2 T_\infty + T_w T_\infty^2 + T_\infty^3) \simeq 4\,\sigma\,T_m^3 \tag{2.3}$$

$T_m = 295$ K として,上式を計算すると,$h_r = 5.8$ W/(m$^2\cdot$K) となり,h_c の 2 倍以上の値となる.

★　　★　　★　　★　　★

上記のように,常温付近で温度差が小さい場合でも,熱伝達率が小さいときにはふく射伝熱の占める割合は大きい.また,極低温で用いられる高性能断熱層では,ふく射伝熱の遮断が重要となる.

2.2　プランクの法則

黒体は理想化された物体で,全ての電磁波を吸収する物体は実在しない.しかし,図 2.1 に示すように,大きな空洞に小さな孔をあけると,その孔から入射した電磁波は空洞

2.2 プランクの法則

内で反射を繰り返し，ついには全て空洞の内部エネルギーに変換される．空洞内の表面積に比べて孔が小さいと，入射電磁波は熱力学的平衡状態に影響を与えない．このような擬似黒体効果を hohlraum（空洞）効果という．天気の良い日中，奥の深い洞穴が壁の色に関係なく黒く見えるように，小さな孔を開けた空洞は，近似的に黒体とみなすことができる．

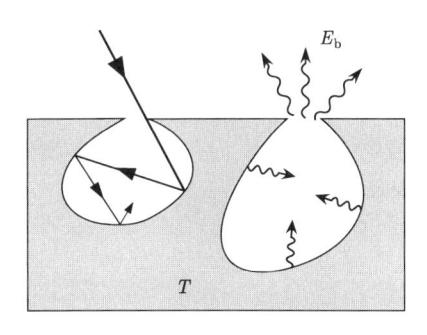

図 2.1 等温空洞の小さな孔に入射するふく射と空洞の孔から放射されるふく射

この空洞から出てくるふく射も黒体からの放射とみなすことができる．空洞放射は温度のみの関数として与えられ，空洞の大きさや形状に依存しない．空洞放射の波長ごとの強度分布の測定結果を検討することによって，プランク (Max Planck) は，プランクの法則 (Planck's law) と呼ばれる黒体放射の単色放射分布の式を導いた．この理論は，エネルギー量子の仮定で初めて可能となったもので，この研究が量子力学の先駆けとなった．以下に，プランクの法則を導く[*2]．

2.2.1 空洞内の電磁波

いま，一辺が L の立方体で構成される空洞を考える．空洞壁は，等温で空洞内のふく射と熱力学的平衡状態になっているものとする．このとき，空洞内の電磁波は壁面を節とする種々の波長と振動モードの定常波規準振動の集合になっている．空洞内の電場 $E(x,y,z,t)$ [V/m] はマクスウェルの方程式，

$$\frac{\partial^2 E}{\partial x^2} + \frac{\partial^2 E}{\partial y^2} + \frac{\partial^2 E}{\partial z^2} = \frac{1}{c_0^2}\frac{\partial^2 E}{\partial t^2} \tag{2.4}$$

[*2] 初めての読者は，2.3 節以後の結果だけを参照してもよい．

を満足する．ここで，c_0 は真空中の光速である．立方体の空洞壁で $E=0$ の境界条件で得られる固有振動解は，

$$E(x,y,z,t) = A \sin \frac{n_1 \pi x}{L} \sin \frac{n_2 \pi y}{L} \sin \frac{n_3 \pi z}{L} \sin 2\pi \nu t \qquad (2.5)$$

ここで，$\nu\,[1/\mathrm{s}]$ は波の振動数である．壁面での境界条件を満足するためには，n_1, n_2, n_3 は 0 または正の整数で次式を満足する．

$$n_1^2 + n_2^2 + n_3^2 = \frac{4L^2}{c_0^2} \nu^2 \qquad (2.6)$$

これらの関係は，1 次元の弦の振動と類似である．しかし，1 次元問題では弦の長さと振動数が決まると振動モードは一つしかないが，3 次元の振動では式(2.6)を満足するモードは多数存在でき，n_1, n_2, n_3 の 1 組に対して一つの固有振動モードが定まる．図 2.2 に境界の振動がない条件において 1 次元と 2 次元の振動モードを示す．

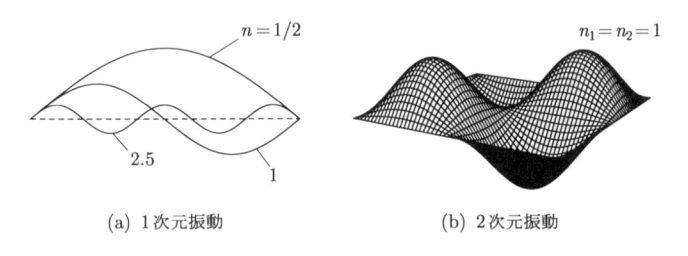

(a) 1 次元振動　　　(b) 2 次元振動

図 2.2 境界が固定された振動モードの例

振動数が $\nu \sim \nu + \mathrm{d}\nu$ の間にある固有振動モードの数は，後述の付録 2.A を参照して次式で与えられる．

$$N(\nu)\,\mathrm{d}\nu = \frac{8\pi L^3}{c_0^3} \nu^2 \,\mathrm{d}\nu \qquad (2.7)$$

この振動モードの一つが物質の粒子一つに対応すると考えると，$N(\nu)\,\mathrm{d}\nu$ の波動モードが電磁波のエネルギーを空洞中に蓄えることになる．一般に，空洞の大きさは電磁波の波長に比べて十分大きいので，式 (2.7) は空洞の形状によらず空洞の体積のみで表される．式 (2.7) を空洞の体積で除すと，単位体積当たりの振動モードの数が次式で与えられる．

$$N_V(\nu)\,\mathrm{d}\nu = \frac{8\pi}{c_0^3} \nu^2 \,\mathrm{d}\nu \qquad (2.8)$$

2.2 プランクの法則

2.2.2 波動モードの平均エネルギーと量子仮説

前項の議論では，空洞内に存在する波動モードの数がそれぞれの振動数で明らかになったが，それらのもつエネルギーは不明である．振動数 ν の個々の電磁波動モードが ϵ のエネルギーをもつとすると，空洞内の電磁波は空洞壁面とエネルギー交換を行い，熱力学的平衡を保っている．つまり，電磁波モードの集合は式 (1.11) で示した温度 T のボルツマン分布をしているはずである．

空洞内にある $N(\nu)\,d\nu$ 個の各定常波は $2 \times (kT/2)$ の単位体積当たりの平均エネルギーを蓄えるから[17]，空洞内に蓄えられる振動数 $\nu \sim \nu+d\nu$ の範囲の電磁波の単位体積当たりのエネルギーは，

$$E_{V,\nu}\,d\nu = \frac{8\pi\nu^2}{c_0^3} kT\,d\nu \; [\mathrm{J/m^3}] \tag{2.9}$$

で表される．これを，レーリー - ジーンズの分布 (Rayleigh - Jeans distribution) という．

式 (2.9) を振動数について 0 から ∞ まで積分すると，空洞内にある全電磁波エネルギーが計算できるが，明らかにこの積分値は無限大となって発散する．

プランクは，空洞からのふく射強度の波長分布についての実験結果を表す実験式を作り，実験結果を正確に記述する理論を作り上げた[18]．空洞の空間が温度 T の空洞壁面と熱力学的平衡にあるとき，エネルギー ε を有する電磁波動モードの数は式 (1.11) から次式で表される．

$$n_i = C e^{-\varepsilon_i/kT} \tag{2.10}$$

ここで，C は定数である．プランクは電磁波モードのエネルギー，つまり電磁波の振幅は，連続的に変化することができず，ある飛び飛びの値だけが可能であるとした (量子仮説)．この飛び飛びのエネルギー値の間隔は電磁波の周波数に比例し，$h\nu$ に等しいとした．ここで，h はプランクの常数 ($h = 6.626 \times 10^{-34}\,[\mathrm{J\cdot s}]$) である．この仮定を導入すると，$ih\nu$ ($i = 0, 1, 2, ...$) のエネルギーをもつ電磁波モードの数は，

$$n_i = C e^{-\varepsilon_i/kT}, \quad \varepsilon_i = ih\nu \quad (i = 0, 1, 2, ...) \tag{2.11}$$

すなわち，波動モードの平均エネルギーは，

$$\bar{\varepsilon} = \frac{\displaystyle\sum_{i=0}^{\infty} n_i\,\varepsilon_i}{\displaystyle\sum_{i=0}^{\infty} n_i} \tag{2.12}$$

で表される．式 (2.11) を用いて後述の付録 2.B を参照すると，この平均値は次式となる．

$$\bar{\varepsilon} = \frac{h\nu}{e^{h\nu/kT} - 1} \tag{2.13}$$

単位空洞体積当たりの波動モードの数は，式 (2.8) で与えられるから，空洞内に貯えられる振動数 $\nu \sim \nu + d\nu$ の範囲の電磁波の単位体積当たりのエネルギーは，

$$E_{b,V,\nu}\,d\nu = \bar{\varepsilon}\,N_V(\nu)\,d\nu = \frac{8\pi h}{c_0^3}\frac{\nu^3}{e^{h\nu/kT}-1}\,d\nu \tag{2.14}$$

となる．

空洞に小さな孔をあけたとき，式 (2.14) の密度の電磁波が光速 c_0 で放射される．この電磁波は，放射面と垂直な方向へ単位立体角 Ω [sr：steradian] 当たりのふく射強度 $(c_0/4\pi)E_{V,\nu}\,d\nu$ で放射される．第 3.1.1 項で示すように，孔の表面積当たりの放射エネルギーは，このふく射強度を全半球方向に積分することによって与えられるから，

$$E_{b,\nu}\,d\nu = \int_{2\pi}(c_0/4\pi)E_{V,\nu}\cos\theta\,d\Omega = \frac{c_0}{4}E_{b,V,\nu}\,d\nu \tag{2.15}$$

となる．式 (2.14) を代入して，

$$E_{b,\nu}\,d\nu = \frac{2\pi h\nu^3}{c_0^2}\frac{1}{e^{h\nu/kT}-1}\,d\nu \tag{2.16}$$

となる．上式を式 (1.1) を用いて波長 λ の関数に変換すると，波長 $\lambda \sim (\lambda+d\lambda)$ の範囲における放射エネルギーは次式となる．これがプランクの法則である．

$$E_{b,\lambda}\,d\lambda = \frac{2\pi c_0^2 h}{\lambda^5}\frac{1}{e^{c_0 h/(\lambda kT)}-1}\,d\lambda \tag{2.17}$$

後述の付録 2.C を参照して式 (2.16) を全振動数について積分すると，黒体ふく射の全エネルギー量が，

$$E_b = \int_0^\infty E_{b,\nu}\,d\nu = \frac{2\pi^5 k^4}{15 c_0^2 h^3}T^4 = \sigma T^4 \tag{2.18}$$

となり，黒体放射能の式 (2.1) と等しくなる．

◇　◇　◇　Example　◇　◇　◇

温度 300 K の壁面と熱力学的平衡状態の真空空洞の単位体積当たりのエネルギーと比熱を計算してみよう．

式 (2.14) を全振動数について積分すると，単位体積当たりの真空に貯えられるエネルギーは，付録 2.C と式 (2.18) を参考にして，$4\sigma T^4/c_0 = 6.1 \times 10^{-6}$ J/m^3 と

なる．また，これを温度で微分することによって，単位体積当たりの真空の比熱は $16\sigma T^3/c_0 = 8.2 \times 10^{-8}$ J/(m^3·K) となる．つまり，真空の空間でもエネルギーと比熱が存在する．この量は，工学的なスケールでは大きくない．

宇宙空間は 2.7 K の黒体ふく射で満たされている[3)]．式 (2.14) を $h\nu$ で除して付録 2.C を参考にして全振動数で積分すると，単位体積当たりの光子数が計算できる．つまり，単位体積当たり 4.0×10^{-14} J/m^3 のふく射エネルギーが存在し，4.0×10^8 個/m^3 の光子が含まれる．広大な宇宙空間の保有するふく射エネルギーは膨大なものとなる．

★　　★　　★　　★　　★

空間が屈折率 n の媒体で満たされているとき，電磁波は速度 c_0/n で伝播するから，

$$c = \nu\lambda, \quad nc = c_0 \tag{2.19}$$

の関係を用いて，式 (2.16) を変形すると単色放射能は，

$$E_{b,\lambda} = \frac{2\pi c_0^2 h}{n^2 \lambda^5} \frac{1}{e^{c_0 h/n\lambda kT} - 1} \tag{2.20}$$

振動数によらず n が一定ならば，式 (2.18) を変形して，

$$E_b = \frac{n^2 2\pi^5 k^4}{15 c_0^2 h^3} T^4 = n^2 \sigma T^4 \tag{2.21}$$

が得られる．

2.3　黒体の単色放射能

プランクの法則から式 (2.17) を書き直す．波長 $\lambda \sim (\lambda + \mathrm{d}\lambda)$ [μm] の範囲に含まれる単位面積当たりの黒体放射エネルギーを $E_{b,\lambda}\,\mathrm{d}\lambda$ [W/m^2] とすると，黒体の単色放射能 $E_{b,\lambda}$ [W/(m^2·μm)] として，次式で与えられる．

$$E_{b,\lambda} = \frac{C_1}{\lambda^5 [e^{C_2/\lambda T} - 1]} \tag{2.22}$$

ここで，$C_1 = 3.742 \times 10^8$ W·μm^4/m^2，$C_2 = 1.439 \times 10^4$ μm·K である．ただし，波長は [μm] を用いている．

式 (2.22) に示すように，単色放射能 E_b は温度と波長との関数であり，それぞれの黒体温度 T [K] により図 2.3 のような分布を示す．図 2.3 中の破線は，各温度における単色

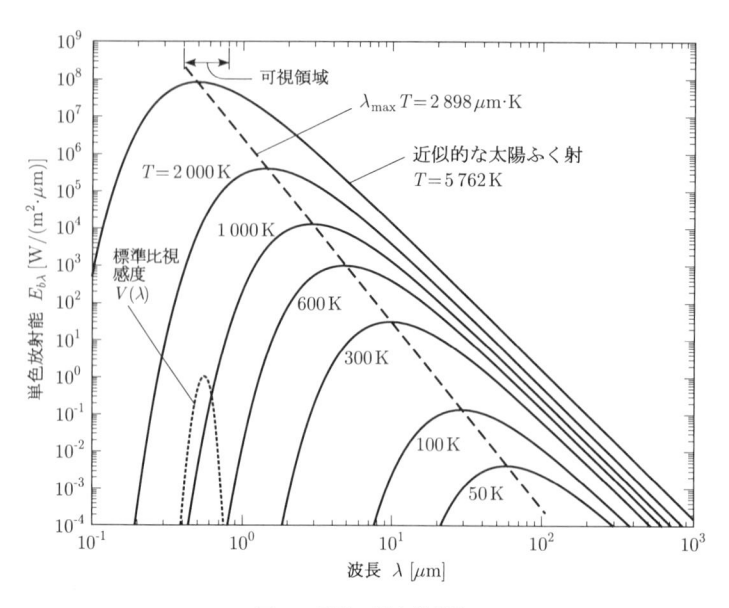

図 2.3 黒体の単色放射能

放射能が最大値を示す波長 $\lambda_{\max}$ [μm] で,次式で表される.

$$\lambda_{\max} [\mu\mathrm{m}] = \frac{2\,898}{T\,[\mathrm{K}]} \simeq \frac{3\,000}{T\,[\mathrm{K}]} \tag{2.23}$$

つまり 5 762 K の黒体放射に近い太陽光は,約 0.5 μm 近傍の波長の光が主であり,常温に近い物体 ($T \simeq 300$ K) では約 10 μm の赤外線を主に放射している.

電磁波の波長域で,光として人間に認識される波長は,0.39 〜 0.78 μm の比較的狭い範囲である.この領域の光は,第 12 章で示すように目の水晶体の主成分である水を透過する.

人間の視覚は,波長により異なる感度を有しており,実験に基づいて標準比視感度が図 2.4 のように定められている [19].標準比視感度は,視覚が明るい光に順応しているときの明所視 $V(\lambda)$ と,暗がりで順応しているときの暗所視 $V'(\lambda)$ の 2 種類の感度が存在する.一般の測光量は明所視に基づいているが,その感度が最大となる点は $\lambda = 0.555$ μm で,太陽光の $\lambda_{\max}$ にほぼ等しい.これは偶然ではなく,人間の進化の過程で太陽光に順応したものであろう.人間の目は,波長 $\lambda = 0.555$ μm の黄緑の光に比べて,$\lambda = 0.46$ μm の青や 0.65 μm の赤は 1/10 の感度しかない.

2.4 黒体放射分率

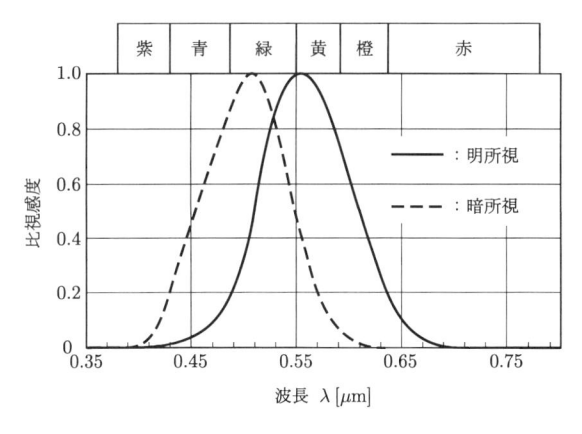

図 2.4 標準比視感度

電磁波は，$h\nu$ [J] のエネルギーをもった光子として考えることもできる．式 (2.16) を $h\nu$ で除して付録 2.C を参考に全振動数域で積分すると，単位面積・単位波長・単位時間当たりの光子の放射個数が求められる．温度 T の黒体から放射される光子の総数 M_p [個/(m²・s)] は次式で与えられる．

$$M_p = 1.52 \times 10^{15} T^3 \tag{2.24}$$

上式に示すように，常温域で黒体が放射する光子数は膨大な数である．

空洞放射に対するプランクの法則式 (2.22) は，エネルギーの量子性を導入して成り立つが，ほかに空洞が波長より著しく大きいという仮定を導入している．しかし，空洞が波長と同程度になると，空洞内の電磁波モードが制限され，式 (2.8) が必ずしも成り立たない場合がある．このような微小空洞を作ることによって物体からの放射を制御することが可能である．著者らは，デバイス製造技術を用いて微小方形空洞を放射面上に密集配置し，物体面からの熱放射の波長特性を制御することに成功している[20, 21]．

2.4 黒体放射分率

ふく射の波長分布を考えるとき，黒体放射においてどの波長の電磁波がどの程度の割合で放射されるかを見積もることが重要である．その評価には，温度 T の全黒体放射に対して波長 λ_1 と λ_2 の波長域の黒体放射エネルギーの割合を知る必要がある．この割合は，次式で定義される黒体放射分率 (fraction of blackbody emissive power) $F(\lambda T)$ を使用

することによって，表わすことができる．

$$F(\lambda T) \equiv \frac{\int_0^\lambda E_{b,\lambda}\,\mathrm{d}\lambda}{\int_0^\infty E_{b,\lambda}\,\mathrm{d}\lambda} = \frac{\int_0^\lambda E_{b,\lambda}\,\mathrm{d}\lambda}{\sigma T^4} \tag{2.25}$$

つまり，波長 λ_1 と λ_2 の波長域の黒体放射エネルギーは，

$$E_{b,\lambda_1-\lambda_2} = \sigma T^4 [F(\lambda_2 T) - F(\lambda_1 T)] \tag{2.26}$$

となる．式 (2.26) を用いることによって，特定の波長域の放射エネルギー割合を見積もることができる．例えば，太陽光に相当する 6 000 K の黒体放射の内，波長 5 μm 以下の放射エネルギーの割合は，$F(30\,000) = 0.995$ であるが，300 K の常温黒体では $F(1\,500) = 0.013$ しかない．2.2 節および付録 2.C を参照すると，

$$E_{b,\lambda} = \frac{C_1}{\lambda^5(\exp[C_2/\lambda T] - 1)} \tag{2.27}$$

ここで，

$$C_1 = 2\pi h c_0^2 = 3.742 \times 10^8 \ (\mathrm{W} \cdot \mu\mathrm{m}^4)/\mathrm{m}^2$$
$$C_2 = h c_0/k = 1.439 \times 10^4 \ \mu\mathrm{m} \cdot \mathrm{K}$$
$$\sigma = \frac{C_1 \pi^4}{15 C_2^4} = 5.670 \times 10^{-8} \ \mathrm{W}/(\mathrm{m}^2 \cdot \mathrm{K}^4)$$

h, c_0, k は，それぞれプランク定数，光速，ボルツマン定数である．したがって，$\xi = C_2/(\lambda T)$ とおいて，

$$F(\lambda T) = \frac{1}{\sigma T^4} \int_0^\lambda E_{b,\lambda}\,\mathrm{d}\lambda = \frac{15}{\pi^4} \int_\xi^\infty \frac{\xi^3}{e^\xi - 1}\,\mathrm{d}\xi \tag{2.28}$$

$F(\lambda T)$ は，多くのふく射伝熱のテキストに数表として与えられている．式 (2.28) は，次式 (2.29) の級数に展開できる[22]．

$$F(\lambda T) = \frac{15}{\pi^4} \sum_{n=1}^\infty \left[\frac{e^{-n\xi}}{n}\left(\xi^3 + \frac{3\xi^2}{n} + \frac{6\xi}{n^2} + \frac{6}{n^3}\right)\right] \tag{2.29}$$

上式の項数は，実用上 3 個程度の項を取れば十分であるが，10 項までとると，4 桁以上の精度で $F(\lambda T)$ を計算することができる．図 2.5 はこの値と，その微分である $E_{b\lambda}/T^5 \ [\mathrm{W}/(\mathrm{m}^2 \cdot \mu\mathrm{m} \cdot \mathrm{K}^5)]$ を示したものである．

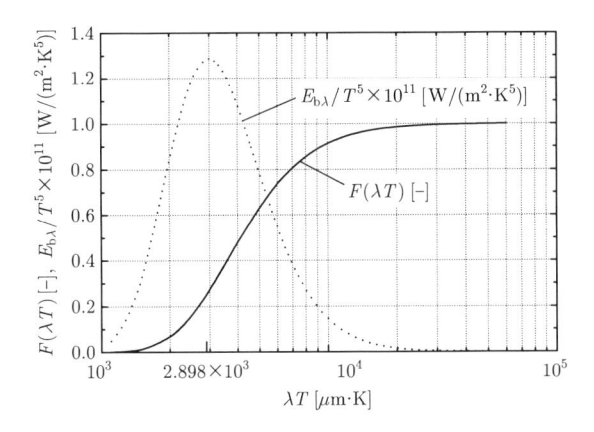

図 2.5 黒体放射分率 $F(\lambda T)$ と $E_{b\lambda}/T^5$

付録 2.A

式 (2.6) より，一辺が L の立方体空洞に存在する電磁波モードは次式を満足する．

$$n_1^2 + n_2^2 + n_3^2 = \left(\frac{2L\nu}{c_0}\right)^2 \tag{2.30}$$

上式を波長で書き直すと，

$$n_1^2 + n_2^2 + n_3^2 = \left(\frac{2L}{\lambda}\right)^2 \tag{2.31}$$

例えば，$L = \sqrt{27}/2\,\mu\mathrm{m}$ の空洞内の波長 1 μm の電磁波の波動モードを考える．$[n_1, n_2, n_3]$ の取りうる値は $[3,3,3]$, $[5,1,1]$, $[1,5,1]$, $[1,1,5]$ で，四つの固有振動モードが可能である．

波長に比べて十分大きい空洞を考えると，振動数が $\nu \sim \nu + \mathrm{d}\nu$ の間にある固有振動モードの数は次式で与えられる．

$$\frac{2L\nu}{c_0} < \sqrt{n_1^2 + n_2^2 + n_3^2} < \frac{2L\nu}{c_0} + \frac{2L\,\mathrm{d}\nu}{c_0} \tag{2.32}$$

上式は，n_1, n_2, n_3 を x, y, z 座標と考えたとき，半径 $(2L\nu/c_0) < r < [(2L\nu/c_0) + (2L\,\mathrm{d}\nu/c_0)]$ で $x, y, z > 0$ の領域の体積に等しい．つまり，許される振動モードの数は半径 r，厚さ $\mathrm{d}r$，球殻の体積の $1/8$ と等しいから，

$$\text{許される周波数モードの数} = N(\nu) = \frac{1}{8} 4\pi r^2 \,\mathrm{d}r = 4\pi \left(\frac{L\nu}{c_0}\right)^3 \mathrm{d}\nu \tag{2.33}$$

で与えられる．

電磁波は，横波であり同一の振動方向について直交する二つの波が存在できるから，上式を 2 倍することによって，振動数が $\nu \sim \nu + d\nu$ の間にある固有振動モードの数は，次式で与えられる．

$$N(\nu)\,d\nu = \frac{8\pi L^3}{c_0^3}\nu^2\,d\nu \tag{2.34}$$

付録 2.B

式 (2.11), (2.12) から，

$$\bar{\varepsilon} = \frac{\displaystyle\sum_{i=0}^{\infty}\varepsilon_i\,C\,e^{-\varepsilon_i/kT}}{\displaystyle\sum_{i=0}^{\infty}C\,e^{-\varepsilon_i/kT}} \tag{2.35}$$

量子仮説により，ε_i の取りうる値は $h\nu, 2h\nu, 3h\nu, \ldots$ だけであるから，$x^i = e^{-ih\nu/kT}$ とすると，

$$\bar{\varepsilon} = \frac{h\nu x \displaystyle\sum_{i=0}^{\infty} i\,x^i}{\displaystyle\sum_{i=0}^{\infty} x^i} \tag{2.36}$$

2 項級数を用いると，上式の分子は $h\nu x/(1-x)^2$，分母は等比級数だから $1/(1-x)$ である．したがって，

$$\bar{\varepsilon} = \frac{h\nu x}{(1-x)} = \frac{h\nu}{e^{h\nu/kT}-1} \tag{2.37}$$

となり式 (2.13) が導かれる．

一方，波動モードのエネルギーが連続な値を取りうるとすると，式 (1.11) のボルツマン分布を用い，波動のエネルギーを積分することにより平均エネルギーは次式となる．

$$\bar{\varepsilon} = \frac{\displaystyle\int_0^{\infty}\varepsilon\,C\,e^{-\varepsilon/kT}\,d\varepsilon}{\displaystyle\int_0^{\infty}C\,e^{-\varepsilon/kT}\,d\varepsilon} \tag{2.38}$$

式 (2.38) の分子を部分積分して値を求めると，平均エネルギーは，

$$\bar{\varepsilon} = kT \tag{2.39}$$

となり，式 (2.37) と異なった値となる．

付録 2.C

$\xi = h\nu/kT$ として式 (2.16) を積分すると,

$$E_b = \int_0^\infty E_{b,\nu}\, d\nu = \frac{2\pi k^4 T^4}{c_0^2 h^3} \int_0^\infty \frac{\xi^3}{e^\xi - 1}\, d\xi \tag{2.40}$$

被積分関数の分数を級数で表すと,

$$\int_0^\infty \frac{\xi^3}{e^\xi - 1}\, d\xi = \int_0^\infty \xi^3 \sum_{i=1}^\infty e^{-i\xi}\, d\xi = \Gamma(4) \sum_{i=1}^\infty \frac{1}{i^4} = 6\left(\frac{\pi^4}{90}\right) \tag{2.41}$$

ただし,

$$\int_0^\infty \xi^k \sum_{i=1}^\infty e^{-i\xi}\, d\xi = \Gamma(k+1) \sum_{i=1}^\infty \frac{1}{i^{k+1}} \tag{2.42}$$

$$\sum_{i=1}^\infty \frac{1}{i^4} = \frac{\pi^4}{90} \tag{2.43}$$

$$\sum_{i=1}^\infty \frac{1}{i^3} = \frac{\pi^3}{25.79436...} \tag{2.44}$$

$$\Gamma(4) = 6 \tag{2.45}$$

ここで, $\Gamma(x)$ はガンマ関数である. したがって, 式 (2.40) は次式となる.

$$E_b = \frac{2\pi^5 k^4}{15 c_0^2 h^3} T^4 = \sigma T^4 \tag{2.46}$$

第3章　ふく射の放射・吸収・反射

3.1　ふく射量

3.1.1　ふく射強度

物体から放射された電磁波は，空間を伝播して他の物体に到達し反射・吸収される．周波数 ν の電磁波を $h\nu$ のエネルギー粒子の集団と考えると，これらは空間をあらゆる方向に伝播している．いま，図 3.1 に示すように空間に仮想面を考えると，電磁波のエネルギー粒子はあらゆる角度でこの面を通過する．このエネルギー粒子の内，微小面積 dA を通り，その方向が面に垂直な微小立体角 $d\Omega$ 内にある単位時間当たりのエネルギー束を $d\Phi$ とする．この微小立体角の方向を $\hat{s}$ の単位ベクトルで表し，空間を位置ベクトル $\vec{r}$ で表すと，方向 $\hat{s}$ に伝播するふく射強度 (radiative intensity) が次式で定義される．

$$I(\vec{r}, \hat{s}) = \frac{d\Phi}{d\Omega \, dA} \; [\mathrm{W/(m^2 \cdot sr)}] \tag{3.1}$$

電磁波は空間中をあらゆる方向に伝播するので，ふく射強度 I は位置と方向の関数である．例えば，図 3.1 の dA を $\hat{s}$ 方向に通過するふく射強度と $-\hat{s}$ 方向に通過するふく射強度が独立に定義できる．

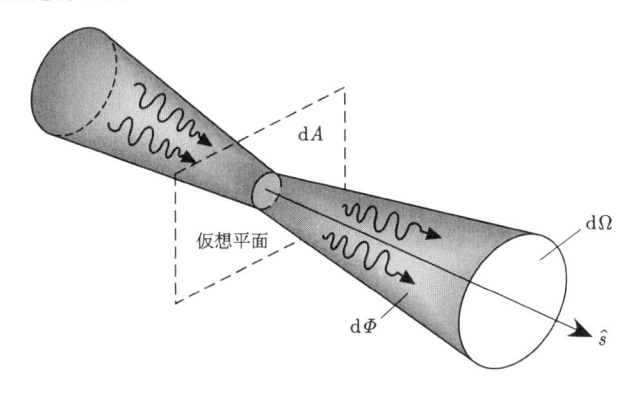

図 3.1 微小面 dA を通り面に垂直な方向 $\hat{s}$ のふく射強度

立体角 [sr] は，図 3.2 に示すように 2 次元平面の角度 [rad] とアナロジーがある．円周の角度は 2π [rad] であるが，全周方向の立体角は図 3.2 の定義から 4π [sr] となる．

図 3.3(a) のように，半径 r 面積 A_0 の面からふく射が放射されるとき，面と垂直な光路上にある仮想微小面 dA_1, dA_2 のふく射強度を考える．$S_1 > S_2 \gg r$ のとき，図 3.2 の微小立体角の定義から，

$$d\Omega_1 \simeq \frac{A_0}{S_1^2}, \quad d\Omega_2 \simeq \frac{A_0}{S_2^2} \tag{3.2}$$

一方，$dA_1 = dA_2$ とすると，A_0 から微小面に到達する電磁波のエネルギー $d\Phi_1$, $d\Phi_2$ は A_0 からの距離の 2 乗に反比例するから dA_1, dA_2 におけるふく射強度 I_1, I_2 は，

$$I_1 = \frac{d\Phi_1}{dA_1 \, d\Omega_1} = \frac{d\Phi_2 \, S_2^2/S_1^2}{dA_1 A_0/S_1^2} = \frac{d\Phi_2}{dA_2 \, A_0/S_2^2} = \frac{d\Phi_2}{dA_2 \, d\Omega_2} = I_2 \tag{3.3}$$

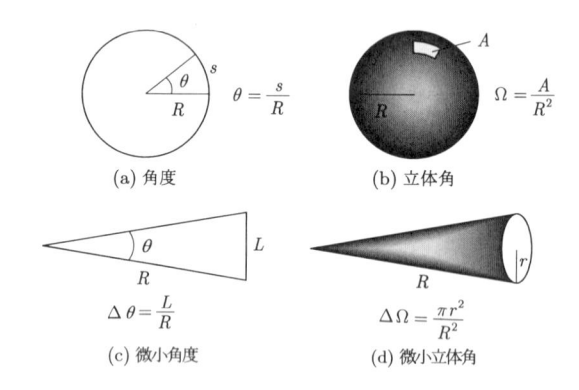

図 3.2 平面の角度と立体角との相関

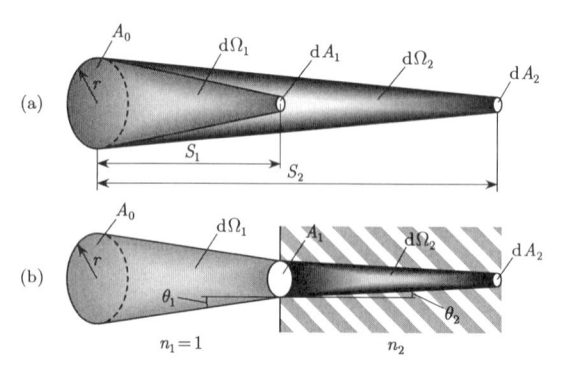

図 3.3 光路上のふく射強度

となり，放射源から真空中に放射される光路上のふく射強度は，その位置に関係なく一定である．

次に，図 3.3(b) に示すように屈折率 n_1 から屈折率 n_2 の媒体に電磁波が入射する場合を考える．媒体の境界における反射を無視すると，A_0 から A_1 を通過したエネルギー束 $d\Phi$ は減衰せずに dA_2 に到達する．一方，幾何光学のスネルの法則から，

$$\frac{\sin\theta_2}{\sin\theta_1} = \frac{n_1}{n_2} \tag{3.4}$$

が成り立つ．図 3.2 の微小立体角の定義から $d\Omega = \pi r^2/R^2$ であるから，上式を書き直すと，

$$n_1^2\, d\Omega_1 = n_2^2\, d\Omega_2 \tag{3.5}$$

となる．つまり，媒体 n_1 と n_2 中のふく射強度 I_1, I_2 との関係は次式となる．

$$I_1 = \frac{d\Phi}{dA_1\, d\Omega_1} = \frac{d\Phi\, n_1^2}{dA_2\, n_2^2\, d\Omega_2} = \frac{n_1^2}{n_2^2} I_2 \tag{3.6}$$

媒体 1 を真空 ($n_1 = 1$) として式 (3.3), (3.6) を考慮すると，屈折率 n の媒質に吸収・散乱がない場合，同一光路上のふく射強度は位置に無関係に I/n^2 が一定である．

図 3.1 で波長 $\lambda \sim (\lambda + d\lambda)$ のふく射エネルギー束を $d\Phi'$ とすると，単位波長当たりの単色ふく射強度が，次のように定義される．

$$I_\lambda(\vec{r}, \hat{s}, \lambda) = \frac{d\Phi'}{d\Omega\, dA\, d\lambda} \; [\mathrm{W/(m^2 \cdot sr \cdot \mu m)}] \tag{3.7}$$

3.1.2 ふく射熱流束

図 3.1 の dA を通過する光子エネルギーはあらゆる方向から入射するので，負の方向に入射するエネルギーを負のエネルギー束と考えて，全ての方向から入射するエネルギーの総和を取ることによって dA におけるふく射熱流束が定義できる．つまり，図 3.4 のように θ でふく射が放射されるとき，dA の投影面積は $dA\cos\theta$ であるから，dA におけるふく射熱流束 (radiative heat flux) $q\,[\mathrm{W/m^2}]$ [*1] は，

$$q = \int_{4\pi} I\cos\theta\, d\Omega \tag{3.8}$$

[*1] ふく射熱流束は，本来局所熱力学的平衡にある系のふく射エネルギーの相対的移動を表すものであり，一般的な電磁波 (局所熱力学的平衡系でないものも含む) の場合はエネルギー束 (flux) が適当であるが，本書では熱ふく射を扱うので，従来の慣例に従って熱流束を用いる．

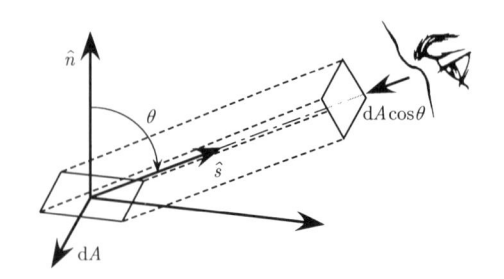

図 3.4 角度 θ から見た $\mathrm{d}A$ の投影面積

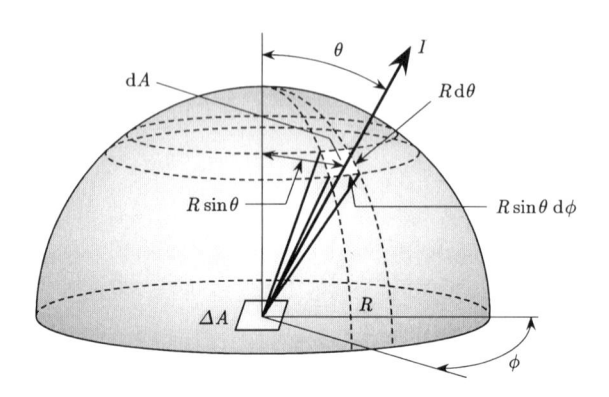

図 3.5 極座標を用いた立体角と半球積分

で定義される．ここで，$\int_{4\pi} \mathrm{d}\Omega$ は全周方向の積分を表す．空間中の仮想平面に正方向成分の積分 q^+ と負方向積分の絶対値 q^- に分割する．図 3.5 の座標系を用いると $\mathrm{d}\Omega = \sin\theta\,\mathrm{d}\theta\,\mathrm{d}\phi$ と表されるので，上式の積分は次式で計算される．

$$q^+ = \int_{2\pi} I\cos\theta\,\mathrm{d}\Omega = \int_0^{2\pi}\int_0^{\pi/2} I(\theta,\phi)\cos\theta\sin\theta\,\mathrm{d}\theta\,\mathrm{d}\phi \tag{3.9}$$

$$q^- = -\int_{-2\pi} I\cos\theta\,\mathrm{d}\Omega = -\int_0^{2\pi}\int_{\pi/2}^{\pi} I(\theta,\phi)\cos\theta\sin\theta\,\mathrm{d}\theta\,\mathrm{d}\phi \tag{3.10}$$

$$q = \int_0^{2\pi}\int_0^{\pi} I(\theta,\phi)\cos\theta\sin\theta\,\mathrm{d}\theta\,\mathrm{d}\phi = q^+ - q^- \tag{3.11}$$

式 (3.9) 〜 (3.11) のふく射熱流束は空間中の任意の点で定義できるが，その検査面を物体の表面と一致させると種々のふく射量が定義される．

3.1.3 放射能と射度, 外来照射量

物体面上の微小面 dA から物体が電磁波を放射している場合を考える. その単位時間当たりの放射エネルギー量を dQ [W] とすると, 放射能 (emissive power) E [W/m^2] は次式で定義される.

$$E = \frac{dQ}{dA} \tag{3.12}$$

物体から放射される電磁波のふく射強度を I_e とすると, 式 (3.9) を物体表面に適用して,

$$E = \int_{2\pi} I_e \cos\theta \, d\Omega = \int_0^{2\pi} \int_0^{\pi/2} I_e(\theta,\phi) \cos\theta \sin\theta \, d\theta \, d\phi \tag{3.13}$$

でも表される. 放射能の単位波長当たりの強度が単色放射能 E_λ [W/(m$^2 \cdot \mu$m)] である.

等温空洞内のふく射強度は全ての方向で等しいから, 空洞から放射される黒体放射は, 等しいふく射強度 I_b [W/(m$^2 \cdot$sr)] で全半球方向に放射している. 式 (3.13) を用いると, 黒体放射能 E_b が次式で与えられる.

$$E_b = \int_0^{2\pi} \int_0^{\pi/2} I_b \cos\theta \sin\theta \, d\theta \, d\phi = 2\pi I_b \int_0^{\pi/2} \cos\theta \sin\theta \, d\theta = \pi I_b \tag{3.14}$$

黒体放射能と黒体ふく射強度は次式の関係がある.

$$E_b(T) = \pi I_b(T), \quad E_{b,\lambda}(\lambda,T) = \pi I_{b,\lambda}(\lambda,T) \tag{3.15}$$

◇　◇　◇　Example　◇　◇　◇

100 W の電球を直径が 70 mm の球として対流などによる熱損失 [23] も考慮すると, ふく射強度は約 1.7×10^3 W/(m$^2 \cdot$sr) である. また, 5 780 K の黒体とみなせる太陽表面のふく射強度は 2.0×10^7 W/(m$^2 \cdot$sr) である. 一方, 出力 5 mW で直径 1 mm の He-Ne レーザの拡がり角は 4.03×10^{-4} rad [24] で, 図 3.2 の関係を使うと, $d\Omega = 1.28 \times 10^{-7}$ sr であるから $I = 4.97 \times 10^8$ W/(m$^2 \cdot$sr) となる. つまり出力 5 mW のレーザのふく射強度は太陽表面の 24 倍以上である.

★　　★　　★　　★　　★

◇　◇　◇　Example　◇　◇　◇

地球は平均半径 $R = 1.496 \times 10^{11}$ m で太陽を周回しており, 大気圏外での太陽からの到達する単位面積当たりのエネルギーは $d\Phi/dA = 1.37 \times 10^3$ W/m^2 である [9]. 太陽の

半径 $r = 6.96 \times 10^8$ m とすると，式 (3.1) と 図 3.2 を参考にして，太陽光のふく射強度は $I = 2.01 \times 10^7$ W/(m$^2 \cdot$ sr)．ふく射は真空中を減衰しないで到達するので，大気圏外のふく射強度は太陽表面のふく射強度と同じである．太陽を黒体と考え，式 (3.15) を用いると，太陽の等価温度は 5 780 K となる．

★　　★　　★　　★　　★

可視領域の光の強度を表す測光量 E_v [lm/m$^2 \equiv$ lx：ルックス] は，光束発散度 (luminous emittance) といい，図 2.4 に示した明所視の比較感度 $V(\lambda)$ を用いて次式で定義される．

$$E_v = K_m \int_0^\infty V(\lambda) E_\lambda \, \mathrm{d}\lambda \tag{3.16}$$

ここで，K_m はふく射量と測光量を結び付ける係数で，$K_m = 683$ lm/W(lm：ルーメン) である．以下では，添字 v を付けて測光量を表す．物体面からのふく射強度の測光量は輝度 I_v [cd/m^2]（cd：カンデラ）といい，上式と同様に，

$$I_v(\vec{r}, \hat{s}) = K_m \int_0^\infty V(\lambda) \, I_\lambda(\vec{r}, \hat{s}) \, \mathrm{d}\lambda \tag{3.17}$$

で換算される．

◇　　◇　　◇　　Example　◇　　◇　　◇

表 3.1 は，各種放射源のふく射強度と輝度を示したものである[23, 19]．蛍光管と 1 000 K の黒体を比較すると，1 000 K の黒体は蛍光管に比べて 1/3 000 の輝度しかないが，ふく射強度は逆に 300 倍大きい．つまり，高温の炉などを直視すると蛍光管と比較してさほど明るく感じないが，目には有害である．面積 $1/(6 \times 10^5)$ m^2 で温度 2 045 K（白金の融点）の黒体から放射される光度を 1979 年まで 1 cd と定義していた．

表 3.1 各種放射面のふく射強度と可視光強度

放射面	全ふく射強度 [W/(m$^2 \cdot$ sr)]	輝度 [cd/m^2]
白熱電球 100 W	1.7×10^3	3.1×10^4
蛍光灯 36 W (公称 40 W)	5.6×10^1	7.8×10^3
黒体面 1 000 K (727 ℃)	1.8×10^4	2.7×10^0
黒体面 2 042 K (1 769 ℃)	3.1×10^5	6.0×10^5
黒体面 5 762 K (5 489 ℃)	2.0×10^7	1.8×10^9

★　　★　　★　　★　　★

物体が黒体でない場合は，外部からふく射の照射を受けると，その一部が反射され，物体面からふく射されるエネルギーが見かけ上増大する．この見かけ上の熱流束を射度

(radiosity) $J\,[\mathrm{W/m^2}]$ といい，式 (3.9) から次式で定義される．

$$J = \int_0^{2\pi} \int_0^{\pi/2} I(\theta,\phi)\cos\theta\sin\theta \,\mathrm{d}\theta\,\mathrm{d}\phi \tag{3.18}$$

測光量では，外部から反射する成分が光源の光束発散度に比べて著しく小さい場合が多いので，射度 J と放射能 E に対する測光量の概念が明確ではない，ここでは，放射能の測光量を射度と同様に光束発散度 (luminous emittance) とする．

物体上にふく射が入射する場合，その単位面積当たりの熱流束 $G\,[\mathrm{W/m^2}]$ を外来照射量（入射熱流束）(irradiance) といい，式 (3.10) を物体表面に適用して次式で定義される．

$$G = -\int_0^{2\pi} \int_\pi^{\pi/2} I(\theta,\phi)\cos\theta\sin\theta\,\mathrm{d}\theta\,\mathrm{d}\phi \tag{3.19}$$

表 3.2 は，各種のふく射量と測光量についてまとめたものである．ただし，光学や物理の分野では，*の量をふく射強度としているので注意が必要である

表 3.2 ふく射量と測光量

ふく射量	測光量
ふく射束 [W] radiant flux	光束 [lm] luminous flux
放射能 [W/m²] emissive power	光束発散度 [lx] luminous emittance
外来照射量（入射熱流束） irradiation [W/m²]	照度 [lx] illuminance
射度 [W/m²] radiosity	光束発散度 [lx] luminous exitance
——* [W/sr]	光度 [cd] luminous intensity
ふく射強度 [W/(m²·sr)] radiative intensity	輝度 [cd/m²] luminance

3.2 物体面の放射率・吸収率・反射率

局所熱力学的平衡にある物体は，熱ふく射を放射し，外部からの電磁波を吸収・反射する．熱ふく射の放射量を同じ温度の黒体と比較したものが放射率 (emissivity) であり，電磁波の吸収と反射を入射ふく射と比較したものが，それぞれ吸収率 (absorptivity)，反射率 (reflectivity) である．これらの諸量は，一見同種の量に思われるが，それぞれ異なった特性をもつとともに適用範囲により種々の定義がある．

3.2.1 放射率

温度 T の局所熱力学的平衡の物体から放射される熱ふく射を考える.物体表面 dA から $\hat{s}_0$ 方向 (天頂角 θ, 方位角 ϕ) に放射される単色ふく射強度を $I_\lambda(\lambda, \hat{s}_0, T)$ とすると, dA から放射されるエネルギーは $d\phi' = I_\lambda(\lambda, \hat{s}_0, T)\cos\theta\, d\Omega\, dA$,これと同一温度 T の単色黒体ふく射エネルギー $I_{b,\lambda}(\lambda, T)\cos\theta\, d\Omega\, dA$ で除した値を単色・指向放射率 (spectral directional emissivity) $\varepsilon_{\theta,\lambda}$ として,次式で定義する.

$$\varepsilon_{\theta,\lambda}(\lambda, \hat{s}_0, T) \equiv \frac{d\Phi'}{I_{b,\lambda}(\lambda, T)\cos\theta\, dA\, d\Omega} = \frac{I_\lambda(\lambda, \hat{s}_0, T)}{I_{b,\lambda}(\lambda, T)} \tag{3.20}$$

式 (3.15) で表される黒体ふく射強度は,温度 T が定まると放射方向 $\hat{s}_0$ によらず一定である.式 (3.20) の放射率で,特に表面に垂直な方向のものを垂直・単色放射率 $\varepsilon_{\lambda,n}$ として,その波長による変化を図 3.6 に,また指向放射強度の分布例を図 3.7 に示す.

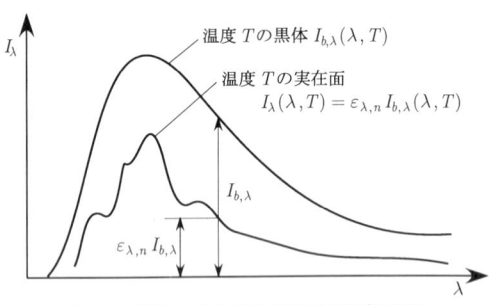

図 3.6 黒体と実在面の垂直単色放射強度

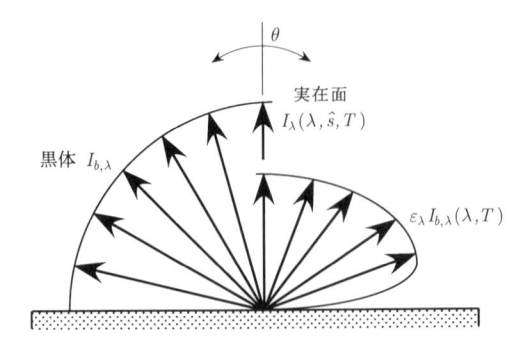

図 3.7 黒体と実在面の指向放射強度

3.2 物体面の放射率・吸収率・反射率

式 (3.20) を全波長域で積分すると，全指向放射率 (total directional emissivity) $\varepsilon_\theta(\hat{s}_0, T)$，半球方向に積分すると，単色（半球）放射率〔spectral (,hemispherical) emissivity〕$\varepsilon_\lambda(\lambda, T)$，両方積分することによって全（半球）放射率〔total (,hemispherical) emissivity〕$\varepsilon(T)$ が，それぞれ 式 (3.21)〜(3.23) のように定義される．

$$\varepsilon_\theta(\hat{s}_0, T) \equiv \frac{\int_0^\infty I_\lambda(\lambda, \hat{s}_0, T)\,d\lambda}{\int_0^\infty I_{b,\lambda}(\lambda, T)\,d\lambda} = \frac{\int_0^\infty I_\lambda(\lambda, \hat{s}_0, T)\,d\lambda}{I_b(T)} \tag{3.21}$$

$$\varepsilon_\lambda(\lambda, T) \equiv \frac{\int_{2\pi} I_\lambda(\lambda, \hat{s}_0, T) \cos\theta\,d\Omega}{\int_{2\pi} I_{b,\lambda}(\lambda, T) \cos\theta\,d\Omega} = \frac{E_\lambda(\lambda, T)}{E_{b,\lambda}(\lambda, T)} \tag{3.22}$$

$$\varepsilon(T) \equiv \frac{\int_{2\pi}\int_0^\infty I_\lambda(\lambda, \hat{s}_0, T)\,d\lambda \cos\theta\,d\Omega}{\int_{2\pi}\int_0^\infty I_{b,\lambda}(\lambda, T)\,d\lambda \cos\theta\,d\Omega} = \frac{E(T)}{E_b(T)} \tag{3.23}$$

各種の放射率の定義に対して，方向 $\hat{s}_0$ の関数として扱うものに「指向」の用語を，式 (3.9) に示すようにこれを半球方向に積分したものについて必要に応じ「半球」，単位波長当たりの量に「単色」，全波長域で積分したものに「全」という用語を付加して区別する．この定義は，反射率や吸収率についても適用する．特に指向性量について，面に垂直方向の値に「垂直」を付加する．

3.2.2 吸収率

放射率は物体の温度により定まる物体固有の値であるが，吸収率は物体固有の特性ではなく，外部からの入射ふく射の波長や方向に依存する量である．その意味では反射率も同様に入射ふく射に依存する量である．図 3.8 に示すように，方向 $\hat{s}_i(\theta_i, \phi_i)$ からふく射強度 $I_{\lambda,i}(\lambda, \hat{s}_i)$ で入射する電磁波は，dA に $I_{\lambda,i}(\lambda, \hat{s}_i)\cos\theta_i\,d\Omega_i\,dA$ のエネルギーを照射するが，その入射ふく射エネルギーの内 $-Q_a(\lambda, \hat{s}_i)$ だけ吸収し，物体の内部エネルギーに変換されるとき，単色指向吸収率 $\alpha_{\lambda,\theta_i}(\lambda, \hat{s}_i)$ は次式で定義される．ここで，物体面の法線ベクトルを正方向とすると，吸収されるエネルギーは負の値となる．

$$\alpha_{\lambda,\theta_i}(\lambda, \hat{s}_i) \equiv \frac{-Q_a(\lambda, \hat{s}_i)}{I_{\lambda,i}(\lambda, \hat{s}_i)\cos\theta_i\,dA\,d\Omega_i} \tag{3.24}$$

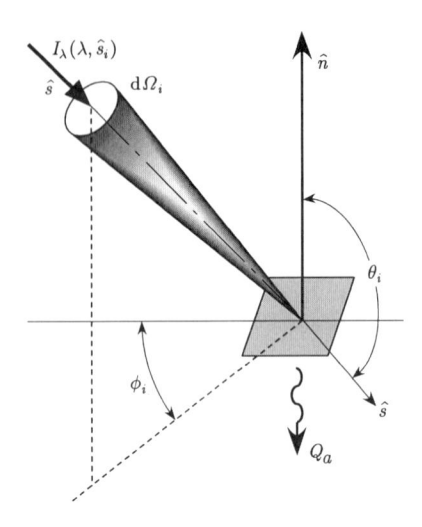

図 3.8 物体面への入射ふく射と吸収

放射率と同様に，全指向吸収率 $\alpha_\theta(\hat{s}_i)$，単色（半球）吸収率 $\alpha_\lambda(\lambda)$，全（半球）吸収率 α をそれぞれ次式で定義する．

$$\alpha_\theta(\hat{s}_i) \equiv \frac{\int_0^\infty -Q_a(\lambda, \hat{s}_i)\, \mathrm{d}\lambda}{\mathrm{d}A\, \cos\theta_i\, \mathrm{d}\Omega_i \int_0^\infty I_{\lambda,i}(\lambda, \hat{s}_i)\, \mathrm{d}\lambda} \tag{3.25}$$

$$\alpha_\lambda(\lambda) \equiv \frac{\int_{-2\pi} -Q_a(\lambda, \hat{s}_i)\, \mathrm{d}\Omega_i}{\mathrm{d}A\, \mathrm{d}\lambda \int_{-2\pi} I_{\lambda,i}(\lambda, \hat{s}_i) \cos\theta_i\, \mathrm{d}\Omega_i} \tag{3.26}$$

$$\alpha \equiv \frac{\int_0^\infty \int_{-2\pi} -Q_a(\lambda, \hat{s}_i)\, \mathrm{d}\Omega_i\, \mathrm{d}\lambda}{\mathrm{d}A \int_0^\infty \int_{-2\pi} I_{\lambda,i}(\lambda, \hat{s}_i) \cos\theta_i\, \mathrm{d}\Omega_i\, \mathrm{d}\lambda} \tag{3.27}$$

ここで，$\int_{-2\pi} \cos\theta_i\, \mathrm{d}\Omega_i$ の積分範囲は $\hat{s}_i(\theta_i, \phi_i)$，$\pi/2 < \theta_i < \pi$，$0 < \phi_i < 2\pi$ であり，面に入射する方向の半球方向の積分を式 (3.10) に表す．このとき，入射ふく射に対して $\cos\theta_i$ は負の値であることに注意する．

これらの量は，任意の波長と入射方向の入射ふく射強度 $I_{\lambda,i}(\lambda, \hat{s}_i)$ により異なった値となり，物体温度によって一義的に定まる放射率の基準 $I_{b,\lambda}$ とは異なることに注意しなければならない．つまり，$I_{\lambda,i}(\lambda, \hat{s}_i)$ は，黒体ふく射のように等方性で広い波長分布をもつ場

3.2 物体面の放射率・吸収率・反射率

合もあれば，レーザ光のように指向性が強く単色の場合もある．次節のキルヒホッフの法則で示すように，$\alpha_{\lambda,\theta}(\lambda,\hat{s}_i)$ は温度 T の局所熱力学的平衡状態にある物体固有の値であるが，$\alpha_\theta(\hat{s}_i), \alpha_\lambda(\lambda), \alpha$ は，共に入射電磁波の指向・波長特性で異なる値となる．

3.2.3 反射率

$\hat{s}_i(\theta_i,\phi_i)$ 方向から入射する電磁波 $I_{\lambda,i}(\lambda,\hat{s}_i)$ は，一部が吸収され，一部は反射される．実在物体の表面では，反射は入射角に依存し，反射光のふく射強度も反射角度の関数として複雑な分布を示す場合が多い．図 3.9 に示すように，反射電磁波の強度は，入射ふく射 I_i の波長 λ，入射角 $\hat{s}_i(\theta_i,\phi_i)$ だけでなく反射角 $\hat{s}_r(\theta_r,\phi_r)$ にも依存する関数となる．

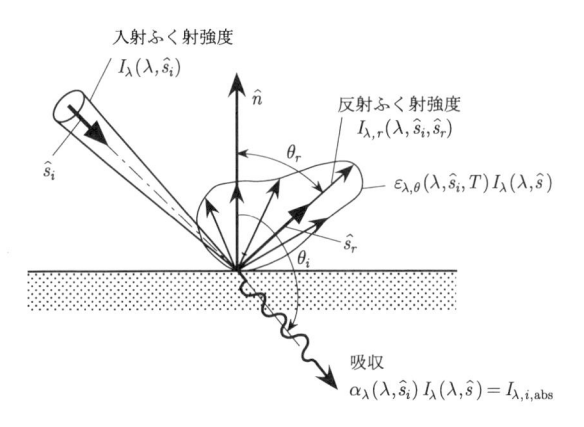

図 3.9 入射ふく射に対する反射の指向性

図 3.10 に示すように，方向 $\hat{s}_i(\theta_i,\phi_i)$ からふく射強度 $I_{\lambda,i}(\lambda,\hat{s}_i)$ で入射する電磁波は，dA に $I_{\lambda,i}(\lambda,\hat{s}_i)\cos\theta_i\, d\Omega_i\, dA$ のエネルギーを照射するが，その入射ふく射エネルギーの内，方向 $\hat{s}_r(\theta_r,\phi_r)$ にふく射強度 $I_{\lambda,r}(\lambda,\hat{s}_i,\hat{s}_r)$ で反射されるとき，単色 2 方向反射関数 (spectral, bidirectional reflection function) $\rho_{\lambda,\theta_i,\theta_r}(\lambda,\hat{s}_i,\hat{s}_r)$ [1/sr] [*2]は，次式で定義される．

$$\rho_{\lambda,\theta_i,\theta_r}(\lambda,\hat{s}_i,\hat{s}_r) \equiv \frac{I_{\lambda,r}(\lambda,\hat{s}_i,\hat{s}_r)}{-I_{\lambda,i}(\lambda,\hat{s}_i)\cos\theta_i\, d\Omega_i} \tag{3.28}$$

ここで，添え字 r は反射成分を表す．つまり，単色 2 方向反射関数は，$\hat{s}_i$ で入射した電磁

[*2] $\rho_{\lambda,\theta_i,\theta_r}(\lambda,\hat{s}_i,\hat{s}_r,)$ は単色 2 方向反射率ということもあるが，この量は単位をもち，1 より大きな値をとることもある．そのため，ここでは他の反射率と異なった用語を用いる．

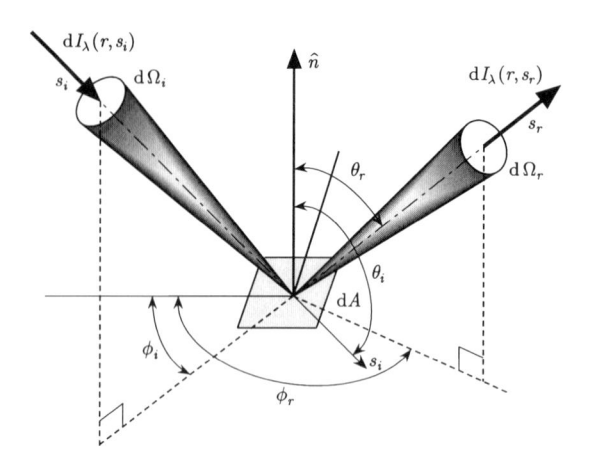

図 3.10 物体面への入射ふく射と反射

波が $\hat{s}_r$ に反射する確率密度関数を表している.

単色指向吸収率 $\alpha_{\lambda,\theta_i}$ と同様に反射率を入射ふく射方向 $\hat{s}_i$ との関数と考え，反射ふく射を半球方向に積分することによって単色・指向・半球反射率 (spectral, directional hemispherical reflectivity) $\rho_{\lambda,\theta_i}(\lambda, \hat{s}_i)$ が次式で定義される.

$$\rho_{\lambda,\theta_i}(\lambda, \hat{s}_i) \equiv \frac{\int_{2\pi} I_{\lambda,r}(\lambda, \hat{s}_i, \hat{s}_r) \cos\theta_r \, d\Omega_r}{-I_{\lambda,i}(\lambda, \hat{s}_i) \cos\theta_i \, d\Omega_i} \tag{3.29}$$

この反射率は，物体の物性値だけでなく，表面の微細構造や物体の内部構造まで考慮する必要があり，物質の固有の値から理論的に導出可能な "完全平面" で均質物体の反射特性とは大きな隔たりがあるのが普通である.

図 3.11 に示すように，ここでは，乱反射面と鏡面の二つの典型的な反射面を考える. 前者は，入射した電磁波が半球方向に等しいふく射強度で散乱される面で後者は，$\hat{s}_i(\theta_i, \phi_i)$ で入射した光が，入射ふく射束の拡がり角 $d\Omega_i$ を保存したまま反射角 $\hat{s}_r(\pi - \theta_i, \pi - \phi_i)$ で反射する面である.

金属を蒸着した面や，よく磨いた金属面は，典型的な鏡面であり，可視光に対して十分厚い酸化マグネシウムや硫酸バリウム層は，完全な乱反射面に近い. 多くの物質で，表面の粗い物体は乱反射面に近い. しかし，机を斜めから見るとわかるように，そのような物体でも，ごく浅い入射角の光は鏡面反射される場合も多い.

物体が鏡面の場合，入射電磁波の立体角は保存され ($d\Omega_i = d\Omega_r$)，他方向への反射波は

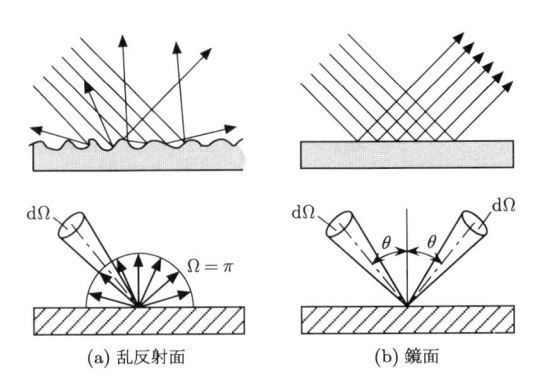

3.2 物体面の放射率・吸収率・反射率

図 3.11 鏡面反射と乱反射面

ない.また,入射角と反射角は $\theta_r = \pi - \theta_i$ との関係があるので,式 (3.29) から 単色鏡面反射率は次式で表される.

$$\rho^S_{\lambda,\theta_i}(\lambda, \hat{s}_i) \equiv \frac{I_{\lambda,r}(\lambda, \hat{s}_r)\cos(\pi - \theta_i)\,d\Omega_i}{-I_{\lambda,i}(\lambda, \hat{s}_i)\cos\theta_i\,d\Omega_i} = \frac{I_{\lambda,r}(\lambda, \hat{s}_r)}{I_{\lambda,i}(\lambda, \hat{s}_i)} \quad (3.30)$$

物体面が拡散面の場合,反射ふく射強度は反射方向によらず一定であるから,単色拡散反射率は,

$$\rho^D_{\lambda,\theta_i}(\lambda, \hat{s}_i) \equiv \frac{I_{\lambda,r}(\lambda)\int_{2\pi}\cos\theta_r\,d\Omega_r}{-I_{\lambda,i}(\lambda, \hat{s}_i)\cos\theta_i\,d\Omega_i} = \frac{\pi\,I_{\lambda,r}(\lambda)}{-I_{\lambda,i}(\lambda, \hat{s}_i)\cos\theta_i\,d\Omega_i} \quad (3.31)$$

物体面が,鏡面反射と拡散反射の両方の性質をもつとき,単色・指向半球反射率 $\rho_{\lambda,\theta_i}(\lambda, \hat{s}_i)$ は次式で表される.

$$\rho_{\lambda,\theta_i}(\lambda, \hat{s}_i) = \rho^S_{\lambda,\theta_i}(\lambda, \hat{s}_i) + \rho^D_{\lambda,\theta_i}(\lambda, \hat{s}_i) \quad (3.32)$$

式 (3.29) を入射角の半球方向に積分することによって,単色半球反射率 (spectral hemispherical reflectivity) が次式で定義される.

$$\rho_\lambda(\lambda) = \frac{\int_{-2\pi}\rho_{\lambda,\theta_i}(\lambda, \hat{s}_i)\,I_{\lambda,i}(\lambda, \hat{s}_i)\cos\theta_i\,d\Omega_i}{\int_{-2\pi}I_{\lambda,i}(\lambda, \hat{s}_i)\cos\theta_i\,d\Omega_i} \quad (3.33)$$

上式を全波長について積分すると,全半球反射率 (total hemispherical reflectivity) が定義される.

$$\rho = \frac{\int_0^\infty\int_{-2\pi}\rho_{\lambda,\theta_i}(\lambda, \hat{s}_i)\,I_{\lambda,i}(\lambda, \hat{s}_i)\cos\theta_i\,d\Omega_i\,d\lambda}{\int_0^\infty\int_{-2\pi}I_{\lambda,i}(\lambda, \hat{s}_i)\cos\theta_i\,d\Omega_i\,d\lambda} \quad (3.34)$$

3.3 キルヒホッフの法則

3.3.1 熱力学的平衡系におけるキルヒホッフの法則

ここまでの議論では，物体の放射率と吸収率は別々に扱ってきた．本項では，局所熱力学的平衡な系における物体の放射率と吸収率との関係を明らかにし，その適用限界を述べる．

図 3.12 に示すように，温度 T の等温壁で覆われた空洞内に面積 $\mathrm{d}A$ の微小物体を配置する．この物体は，全表面が凸面で構成されているものとする．物体の温度も T で周囲の空洞と熱力学的平衡状態にある．第 2.2 節に示したように，等温空洞内のふく射は黒体ふく射であるから，熱力学的平衡状態の微小物体にも等しい黒体放射強度のふく射が入射している．

いま，物体の全半球吸収率を α とすると，物体に吸収されるエネルギーは $\alpha E_b\, \mathrm{d}A$ である．温度 T の物体が放射するエネルギーは，物体の全半球放射率を ε として $\varepsilon E_b\, \mathrm{d}A$ である．物体と空洞は熱力学的平衡状態にあるから，実質の熱流束は 0 である．したがって，次式が成り立つ．

$$\alpha(T) = \varepsilon(T) \tag{3.35}$$

上式がキルヒホッフの法則 (Kirchhoff's law) の一表現である．吸収率は，第 3.2.2 項で示したように入射ふく射の関数であるから，式 (3.35) は，物体と等温の黒体ふく射が入

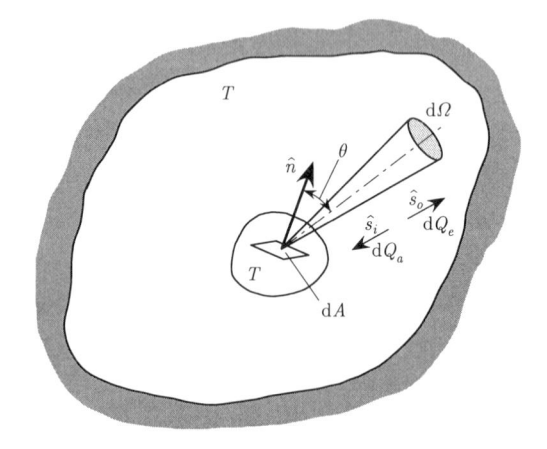

図 3.12 温度 T の等温空洞内に置かれた面積 $\mathrm{d}A$ の微小物体のエネルギー授受

3.3 キルヒホッフの法則

射する場合に成り立つ関係である．実際，われわれが対象とする系は，局所熱力学的平衡状態にある系のエネルギー移動を問題とするので，エネルギー移動のない熱力学的平衡系の関係式 (3.35) はこのままでは使用できない．そこで，以下にキルヒホッフの法則の詳細を議論する．

3.3.2 単色指向放射率・吸収率に対するキルヒホッフの法則

図 3.12 に示したように，物体上の微小平面を dA とすると，温度が T の空洞ふく射と熱力学的平衡状態にある．ここで，面 dA から微小角 $d\Omega$ で $\hat{s}_0(\theta, \phi)$ 方向に放射される波長 λ の電磁波エネルギー dQ_e は，式 (3.20) の定義を用いて，

$$dQ_e = I_\lambda(\lambda, \hat{s}_0)\cos\theta\, d\Omega\, d\lambda\, dA = \varepsilon_{\lambda,\theta}(\lambda, \hat{s}_0) I_{b,\lambda}(\lambda, T)\cos\theta\, d\Omega\, d\lambda\, dA \tag{3.36}$$

一方，dA に $\hat{s}_i(\theta_i, \phi_i)$ から入射する単位波長当たりの電磁波エネルギーに着目すると，黒体のふく射強度 $I_{b,\lambda}(\lambda, T)$ は，方向によらず一定であるから，dA にも一様な強度で入射する．微小面 dA の単色指向吸収率を $\alpha_{\lambda,\theta_i}$ とすると，dA に吸収される波長 λ の電磁波エネルギー dQ_a は，式 (3.24) の定義を用いて，

$$dQ_a = -\alpha_{\lambda,\theta_i}(\lambda, \hat{s}_i)\, I_{b\lambda}(\lambda, T)\cos\theta_i\, d\Omega\, d\lambda\, dA \tag{3.37}$$

物体と空洞は熱力学的平衡を保っているから，dA から空洞に放射されるエネルギーと，空洞から dA へ入射するエネルギーは等しくなければならないから，$dQ_e - dQ_a = 0$ である．これと，式 (3.36), (3.37) から，次式が得られる．

$$\varepsilon_{\lambda,\theta}(\lambda, \hat{s}_0) = \alpha_{\lambda,\theta}(\lambda, \hat{s}_i) \tag{3.38}$$

ここで，$\hat{s}_i = -\hat{s}_0$ である．これが，単色指向放射率と単色指向吸収率のキルヒホッフの法則の一般形である．この法則は，物体に波長 λ の電磁波が入射したときの吸収率とその波長のふく射に対する物体の放射率との関係を表している．この関係は波長 λ の電磁波のふく射と吸収の関係を表しており，式 (3.38) には何の制限も付いていない．第 3.4.4 項に示すように，図 3.12 の空洞内が温度 T の放射・吸収性媒体で満たされているときも式 (3.38) が成り立つので，この関係は不透明な物体表面だけでなくガスなどのようなふく射性媒体にも適用可能である．このキルヒホッフの法則に，種々の条件を加えることによって様々な表現が成立する．

3.3.3 灰色面と拡散面

物体表面の放射ふく射強度が放射角によらず一様の場合，その面を乱射面という．また，入射ふく射電磁波に対して，ふく射強度が一様で半球方向に反射する面を乱反射面という．それら両者の特性を兼ね備えた面を拡散面 (diffuse surface) またはランバート面 (Lambert surface) という．黒体も拡散面である．

式 (3.22) と式 (3.26) に定義の単色 (半球) 放射率と単色 (半球) 吸収率を比較すると，

(1) 表面の放射率・吸収率が角度によらない (拡散面) 場合，または，
(2) 表面へ入射するふく射強度が入射角によらず一定 (等方性入射) の場合

に次式が成り立つ．

$$\left.\begin{aligned}\varepsilon_\lambda(\lambda) &\equiv \frac{\int_{2\pi} I_{b,\lambda}(\lambda,T)\,\varepsilon_{\lambda,\theta}(\lambda,\hat{s}_0)\cos\theta\,\mathrm{d}\Omega}{\int_{2\pi} I_{b,\lambda}(\lambda,T)\cos\theta\,\mathrm{d}\Omega} \\ &= \frac{\int_{-2\pi} I_{\lambda,i}(\lambda,\hat{s}_i)\,\alpha_{\lambda,\theta_i}(\lambda,\hat{s}_i)\cos\theta_i\,\mathrm{d}\Omega_i}{\int_{-2\pi} I_{\lambda,i}(\lambda,\hat{s}_i)\cos\theta_i\,\mathrm{d}\Omega_i} \equiv \alpha_\lambda(\lambda)\end{aligned}\right\} \quad (3.39)$$

単色放射率と単色吸収率が波長によらず一定の場合，その物体を灰色体 (gray body) または灰色面 (gray surface) という．つまり，全指向放射率と全指向吸収率について，

(a) $\varepsilon_{\lambda,\theta}$ と $\alpha_{\lambda,\theta}$ が波長によらず一定 (灰色面)，または，
(b) 表面への入射ふく射強度が物体と同一温度 T の黒体または灰色体の場合

に次式が成り立つ．

$$\left.\begin{aligned}\varepsilon_\theta(\hat{s}_0) &\equiv \frac{\int_0^\infty I_{b,\lambda}(\lambda,T)\,\varepsilon_{\lambda,\theta}(\lambda,\hat{s}_0)\,\mathrm{d}\lambda}{\int_0^\infty I_{b,\lambda}(\lambda,T)\,\mathrm{d}\lambda} \\ &= \frac{\int_0^\infty I_{\lambda,i}(\lambda,\hat{s}_i)\,\alpha_{\lambda,\theta_i}(\lambda,\hat{s}_i)\,\mathrm{d}\lambda}{\int_0^\infty I_{\lambda,i}(\lambda,\hat{s}_i)\,\mathrm{d}\lambda} \equiv \alpha_{\theta_i}(\hat{s}_i)\end{aligned}\right\} \quad (3.40)$$

3.3 キルヒホッフの法則　　　　　　　　　　　　　　　　　　　　　　　　**47**

条件 (1), (2) と条件 (a), (b) のいずれかが満足されるとき，全（半球）放射率 ε と全（半球）吸収率 α には次の関係がある．

$$\varepsilon = \alpha \tag{3.41}$$

が成り立つ．式 (3.35) の関係は，条件 (2) と条件 (b) を満足している．

これらの関係より，吸収率の大きい物質は放射率が大きいことがわかる．特に，黒体は理想的な放射体であり，物体の吸収率と放射率は 1 を越えることはない[*3]．これは，局所熱力学的平衡の物体に対して全ての放射率と吸収率の表現に当てはまる．

白色の可視光に対し，拡散反射面の吸収率 $\ll 1$ の場合は白く見え，吸収率 $\simeq 1$ の場合は黒く見える．吸収率 α_λ が波長によらず一様の場合は灰色に見え，α_λ が波長に対して一定でないときは，物体に色が付いて見えることは容易に想像できる．しかし，ふく射伝熱で扱う電磁波の波長域は可視領域よりはるかに広く，長波長域では可視領域とはまったく違う吸収率を示す物体が多いことは注意を要する．

◇　　◇　　◇　　Example　◇　　◇　　◇

白い塗料は太陽光の波長域 ($0.2 < \lambda < 3\,\mu\text{m}$) の光に対する全半球吸収率は小さいが，常温付近 ($3 < \lambda < 100\,\mu\text{m}$) のふく射に対してほぼ黒体として扱うことができる．つまり，常温近傍の放射特性向上のためには，黒い塗料の必要はなく，太陽光の吸収を考えると，むしろ白色塗料の方が有効な場合が多い．

水，ソーダガラス，多くのセラミックス，人の表皮，衣服などは，遠赤外線といわれている長波長域の熱ふく射に対して，良好な放射・吸収体なので，特別な遠赤外線放射物質は必要ない．

★　　　★　　　★　　　★　　　★

3.3.4　地球の放射率・吸収率とふく射平衡温度

地球の平均温度は太陽からのふく射と地球が外宇宙に放射するエネルギーのバランスで決定される．図 3.13 に示すように，地球を半径 r の球として，地球の大気圏外における太陽からの照射エネルギー束は，$q_{\text{sol}} = 1.37$ kW/m^2 とする[9]．そのふく射スペクト

[*3] 遠赤外線を格別多く放射するものとして宣伝されている物質でも，局所熱力学的平衡が成り立つ限り同一温度の黒体より遠赤外線を多く放射することはない．

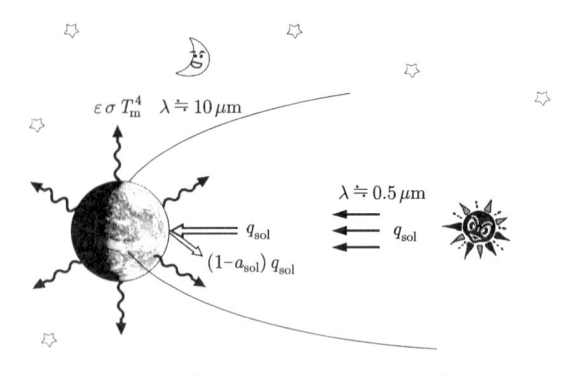

図 3.13 地球のエネルギーバランスと平衡温度

ルは 5 780 K の黒体放射と類似で，中心波長は 0.5μm である．地球表面が拡散面で，地球の温度を一定とした場合，2.7 K の外宇宙からの照射を無視すると，式 (3.23) と式 (3.27) の定義を用いて地球の平均温度 T_m は，

$$\pi r^2 q \times \alpha_{\rm sol} = 4\pi r^2 \sigma T_m^4 \varepsilon \tag{3.42}$$

で与えられる．ここで，$\alpha_{\rm sol}$ は太陽光ふく射に対する物体の全半球吸収率であり，地球は常温近傍の物体であるから 10μm 近傍の電磁波を放射している．さらに，常温近傍では吸収率と放射率は物体温度に依存しないとする．

地球表面を灰色体と仮定すると，地球の平均温度は吸収率・放射率によらず $T_m =$ 279 K (6 ℃) となる．

一方，太陽ふく射に対する地球の吸収率は計測結果から 0.70 であるから，常温近傍の地球の放射率を 1 とすると，式 (3.42) から地球の平均温度は 255 K (–18 ℃) となる．これは，実際の地球の平均温度約 288 K (15 ℃) よりかなり低い．同様な計算を金星と火星に対してまとめたものが表 3.3 である．–18 ℃では地球表面は雪と氷で覆われる．太陽光に対する雪の全半球吸収率と全半球放射率は，それぞれ 0.28 と 0.97 であるから，地球の平均温度は 204 K (–69 ℃) となり，さらに低下する．

実際には，大気中の CO_2 などの存在による温室効果のために，地球の温度が 204 K より高いのは最近議論されているとおりである．しかし，この計算例でもわかるように，温室効果なしでは人類が生存しえないことも事実である．金星の大気は 90 気圧の CO_2 と亜硫酸ガスであり，温室効果が著しい．火星の大気は CO_2 が主成分であるが，気圧が低いために温室効果はあまり高くないことが表 3.3 からわかる．

3.4 ふく射性媒体の放射・吸収・散乱

表 3.3 惑星のふく射平衡温度と平均温度

惑星	太陽ふく射 [kW/m^2]	太陽光に対する吸収率 α_{solar}	ふく射平衡温度 K (℃)	平均温度 K (℃)
金星	2.62	0.22	225 (-48)	750 (477)
地球	1.37	0.70	255 (-18)	288 (15)
火星	0.59	0.84	216 (-57)	226 (-47)

1996 年における人類の全エネルギー消費量 Q は 1.1×10^{13} W である．これは，地球自身の発熱量として考えられるから，式 (3.42) は次式となる．

$$Q + \pi r^2 q_{\text{sol}} \alpha_{\text{solar}} = 4 \pi r^2 \sigma T_m^4 \varepsilon \tag{3.43}$$

地球の半径を 640 km として，表 3.3 のモデルで平均温度を計算すると，人類の消費エネルギーが 2 倍になっても，地球の平均温度は 0.006 K しか上昇しない．一方，大気中の CO_2 濃度が 2 倍になると地球の平均温度は約 2 K 上昇するといわれている[25]．

3.4 ふく射性媒体の放射・吸収・散乱

第 3.3 節では，電磁波が物体を透過しない場合の物体とふく射の相互作用について論じてきた．しかし，電磁波は一般に物質を透過する．金属でさえも表面のごく薄い層の物体内部に電磁波が進入する．O_2 や N_2 などの同一 2 原子分子ガスの多くは，熱ふく射領域の電磁波に対して相互作用を及ぼさないが，CO_2 や H_2O，O_3 などの多原子分子ガスは熱ふく射を放射・吸収する．雲や塵，火炎中の煤などは，それらを含む媒体中を通過する電磁波の一部を吸収・散乱し，自らもふく射を放射する．このように，電磁波と物質が相互作用する媒体をふく射性媒体という．

ふく射性媒体と電磁波の相互作用は特別な場合ではなく，一般的な現象である．むしろ，ふく射を透過しない物体面と電磁波の相互作用が特殊な場合であるといえる．本節では，ふく射性媒体と電磁波の相互作用を述べる．

3.4.1 吸収係数

いま，単位体積当たり N_p 個の粒子で構成されているふく射性媒体を考える．この粒子サイズは，原子程度の大きさの場合もあれば惑星のように非常に大きいものまで任意である．図 3.14 に示すように厚さ dS，断面積 dA のふく射性媒体の微小体積に，ふく射強度 I_λ のふく射が面に垂直に入射する場合を考える．

このとき，入射する単色ふく射エネルギー $(I_\lambda d\Omega\, dA\,[\text{W}/\mu\text{m}])$，の一部が吸収されて

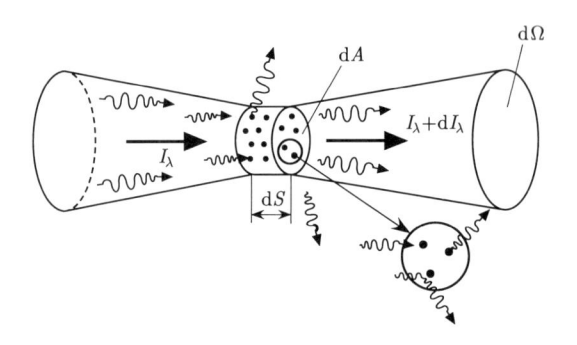

図3.14 ふく射性媒体の微小体積に入射するふく射の吸収と散乱

粒子の内部エネルギーに変換される．このうち，微小体積に吸収される単色ふく射エネルギーを $dE_{abs,\lambda}$ [W/μm] とする．これは，負の値で入射エネルギーと透過する層の厚さに比例する[*4]．したがって，物質とふく射強度の比例常数として吸収係数 (absorption coefficient) κ_λ [1/m] が次式で定義される．

$$\kappa_\lambda \equiv \frac{-dE_{abs,\lambda}}{I_\lambda\, d\Omega\, dA\, dS} \tag{3.44}$$

微小体積要素を透過した前後のふく射強度の変化は次式となる．

$$(dI_\lambda)_{abs} = -\kappa_\lambda I_l\, dS \tag{3.45}$$

この微小体積は，$N_p\, dA\, dS$ の粒子を含むから，粒子1個当たりのエネルギーの吸収量と微小体積に照射されるふく射量を考えると，ふく射に対する粒子の等価断面積が吸収断面積 (absorption crosssection) C_{abs} [m^2] として次式で定義される．

$$C_{abs} \equiv \frac{\kappa_\lambda}{N_p} \tag{3.46}$$

粒子の直径 d_p がふく射の波長に比べて十分大きい黒体球の場合，C_{abs} は球の投影面積 $\pi d_p^2/4$ である．

3.4.2 散乱係数と位相関数

図3.14に示したように，ふく射が微小体積を透過するとき，入射ふく射エネルギーの一部は媒体中の粒子によって方向を変えられる．この現象を散乱 (scattering) といい，物

[*4] 電磁波の電場強度が非常に強い場合は，物質と電磁波の相互作用はふく射強度に比例しない．その場合は非線形光学で扱う．

3.4 ふく射性媒体の放射・吸収・散乱

体と電磁波との反射・回折・屈折の複合作用によって生じる．この作用によって，物質は電磁波を内部エネルギーに変換しないので，散乱によるエネルギー吸収はない．散乱によって方向を変えられたために減少した入射電磁波のエネルギー量を $dE_{\text{scat},\lambda} < 0$ とすると，これも透過厚さと入射ふく射エネルギーに比例するから[*5]，式 (3.44) と同様に散乱係数 (scattering coefficient) σ_s [1/m] が次式で定義される．

$$\sigma_{s,\lambda} \equiv \frac{-\,dE_{\text{scat},\lambda}}{I_\lambda \,d\Omega \,dA \,dS} \tag{3.47}$$

微小体積要素を透過した散乱による前後のふく射強度の変化は次式となる．

$$(dI_\lambda)_{\text{scat}} = -\sigma_{s,\lambda} I_\lambda \,dS \tag{3.48}$$

吸収係数と同様に，粒子 1 個が散乱するふく射エネルギーを考えると，ふく射に対する粒子の等価断面積が散乱断面積 (scattering crosssection) C_{scat} [m^2] として次式で定義される．

$$C_{\text{scat}} \equiv \frac{\sigma_{s,\lambda}}{N_p} \tag{3.49}$$

散乱断面積は波動と物体の相互作用で定まるので，実際の粒子断面積より大きい値となることもありうる．粒子の散乱は第 15.1 節で述べる．

方向 $\hat{s}$ から入射したふく射は微小体積で全周方向に散乱される．この特性は，物体面における 2 方向反射と同様に散乱される方向 $\hat{s}'$ で異なる．一方，入射したふく射が全周方向に等しく散乱される場合を等方散乱という．これは，物体面の乱反射と類似な現象である．散乱の指向性を表すために次の位相関数 (phase function) が用いられる．

$$\Phi(\hat{s} \to \hat{s}') \equiv \frac{\hat{s} \text{ から } \hat{s}' \text{ に散乱されるふく射強度}}{\text{媒体が等方散乱の場合の散乱ふく射強度}} \tag{3.50}$$

全周方向に散乱されたふく射エネルギーのバランスから，位相関数は次式を満足する．位相関数は，式 (3.28) の 2 方向反射関数と同様で，$\hat{s}$ 方向に入射したふく射が $\hat{s}'$ に散乱される確率密度関数である．つまり，全周方向に散乱される確率は 1 であるから，

$$\frac{1}{4\pi}\int_{4\pi} \Phi(\hat{s} \to \hat{s}') \,d\Omega = 1 \tag{3.51}$$

媒体が等方散乱の場合，媒体に散乱されたふく射は全周方向に等しく散乱される．このとき，位相関数の定義から等方散乱媒体では，

$$\Phi = 1 \tag{3.52}$$

である．

[*5] 電磁波の電場強度が非常に強い非線形光学領域ではこの関係が成り立たない．

3.4.3 減衰係数

微小要素に入射するふく射は，吸収または散乱されて微小要素を出るときに減衰する．したがって，媒体の減衰係数 (extinction coefficient) β_λ [1/m] が次式で定義される．

$$\beta_\lambda \equiv \kappa_\lambda + \sigma_{s,\lambda} \tag{3.53}$$

また，減衰するふく射のうち，散乱による割合をアルベド (albedo) ω といい，次式で表される．

$$\omega \equiv \frac{\sigma_{s,\lambda}}{\beta_\lambda} \tag{3.54}$$

これは，物体面の反射率に対応する．

吸収断面積や散乱断面積と同様に，粒子の減衰断面積 (extinction crosssection) C_{ext} [m^2] が定義される．粒子の吸収・散乱・減衰断面積を幾何学的投影面積で除した値が，それぞれ吸収効率 (absorption efficiency) Q_{abs}，散乱効率 (scattering efficiency) Q_{scat}，減衰効率 (extinction efficiency) Q_{ext} である．これらの関係を 表 3.4 に示す．

表面積 A_t が凸面で構成される非球形粒子の場合，粒子の平均断面積は $A_t/4$ である[26]．

表 3.4 ふく射性媒体の変数

	断面積 [m^2]	係数 [1/m]	効率 [−]
減衰	C_{ext}	β_λ	Q_{ext}
吸収	C_{abs}	κ_λ	Q_{abs}
散乱	C_{scat}	$\sigma_{s,\lambda}$	Q_{scat}

3.4.4 媒体からの放射とキルヒホッフの法則

物体は内部エネルギーを電磁波として放射している．温度 T の微小体積要素から放射されるふく射強度を考えると，微小厚さ dS に比例した強度のふく射を放射する．外部からの入射ふく射がない場合，その強度 $dI_{e,\lambda}(\hat{s})$ は，

$$dI_{e,\lambda}(\hat{s}) = e_e\, dS \tag{3.55}$$

である．ここで，e_e は物質と温度で定まる定数である．

図 3.15 に示すように，黒体の空洞内部に微小体積要素があり，黒体と体積要素が温度 T の熱力学的平衡にある場合を考える．簡単のために，微小体積要素以外の空間は真空として，媒体の散乱を考慮しない状態を考える[*6]．微小体積に入射する波長 λ のふく射

[*6] ふく射性媒体のキルヒホッフの法則はこの条件を満足しなくても成り立つ[27]．

3.4 ふく射性媒体の放射・吸収・散乱

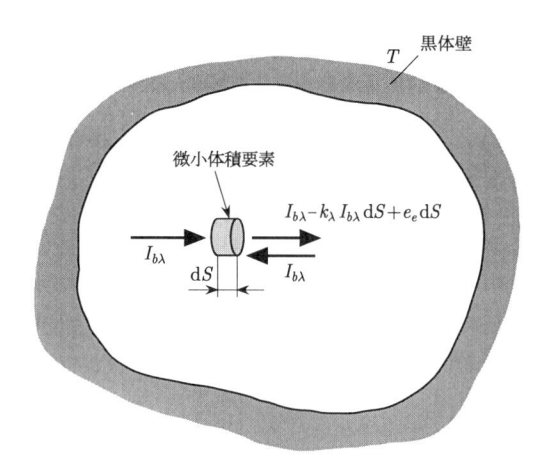

図 3.15 黒体面の空洞内部にある微小ふく射性媒体の熱力学的平衡

$I_{b,\lambda}(S,\hat{s})$ が媒体に吸収され減衰する．その減少量は式 (3.44) を参照して，

$$dI_{\text{abs},\lambda}(\hat{s}) = -\kappa_\lambda\, I_{b,\lambda}(T)\, dS \tag{3.56}$$

熱力学的平衡状態にある空洞内のふく射強度は一様だから，微小体積から出ていく放射強度

$$I_{b,\lambda}(T, S + dS, \hat{s}) = I_{b,\lambda}(T, S, \hat{s}) + dI_{b,\lambda} \tag{3.57}$$

も一様である．したがって，式 (3.55) と式 (3.56) の和は 0 となるから，ふく射性媒体のキルヒホッフの法則が次式で与えられる．

$$e_e = \kappa_\lambda\, I_{b,\lambda}(T) \tag{3.58}$$

つまり，温度 T の微小物体から放射されるふく射は，同温度の黒体ふく射が入射して吸収される量と等しい．

この関係は，第 1.5 節で議論したと同様に，局所熱力学的平衡が満足される媒体について一般的に成り立つ法則である．ふく射性ガスのようにガスの吸収が強い波長依存性をもつ場合でも，ガスの微小要素が局所熱力学的平衡状態にあれば式 (3.58) を満足する．上式の厳密な誘導は，プランクの著書[27]を参照されたい．

ここまでの議論では微小体積からのふく射を扱ってきた．検査体積の大きさが有限長で温度 T の媒体からのふく射強度は，媒体が放射したふく射を媒体自身が吸収する．したがって，式 (3.45) と式 (3.55) を考慮すると，放射・吸収性媒体のふく射輸送方程式は

次式となる.

$$dI_{e,\lambda}(S,\hat{s}) = \kappa_\lambda[I_{b,\lambda}(T) - I_{e,\lambda}(S,\hat{s})]\,dS \tag{3.59}$$

ここで，$I_{e,\lambda}(S,\hat{s})$ は放射・吸収性媒体の位置 S における $\hat{s}$ 方向のふく射強度である．右辺第1項は媒体の放射によるふく射増加分であり，右辺第2項は媒体の吸収による減少分である．厚さ S のふく射性媒体に対して，$I_{e,\lambda}(0,\hat{s}) = 0$ の境界条件で解くと，媒体からのふく射強度が，

$$I_{e,\lambda}(S,\hat{s}) = I_{b,\lambda}(T)[1 - \exp(-\kappa_\lambda S)] \tag{3.60}$$

で与えられる．ふく射性媒体の $\kappa_\lambda S$ が十分大きい場合，上式は黒体面のふく射強度と等しくなる．つまり，不透明物体表面の放射・吸収・反射は，ふく射性媒体の放射・吸収・反射の特別な場合と考えることもできる．

　ふく射性媒体のキルヒホッフの法則の議論から，ふく射性媒体から放射されるふく射は，同一温度の黒体ふく射強度 $I_{b,\lambda}$ より小さい値となる．これは，局所熱力学的平衡状態の物体について成り立つ．レーザによる光放射で，媒体が低温でも強力な光を放射するのは，媒体が非平衡状態にあるためである．

第II部

光の伝播とエネルギー交換

第4章 電磁波の伝播と物体間のエネルギー交換

4.1 電磁波伝播過程におけるスケール効果

前章までは，物体表面における熱(内部エネルギー)から電磁波，または電磁波から熱への変換過程について議論した．本章では，真空または媒体中の電磁波の伝播過程と，物体間のふく射エネルギー交換について述べる．

第1.3節で述べたように，ふく射は電磁波である．電磁波または光の伝播形態は，エネルギー束としての取扱いや波動的取扱い，光量子的取扱いができる．式 (2.24) に示したように，一般に，物体は膨大な数の光子を放射しているので，極低温度や極短時間の加熱などの場合を除き，ふく射エネルギーの伝播を光量子的に取扱うことはまれである．

物体と電磁波は，物体の大きさと電磁波の波長との関係で様々なかたちで相互に影響し合う．図 4.1 は，粒子が存在するときに電磁波の伝播に及ぼす影響を示したものである．電磁波が物体に到達すると，電磁波は物体に吸収・反射・回折・屈折され，その強度と分布を変化させる．

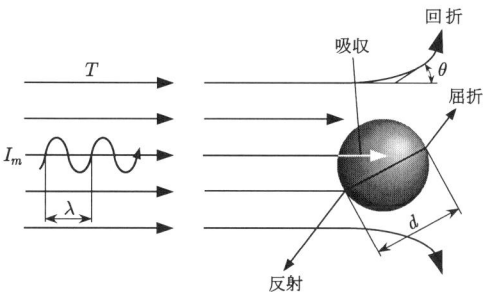

図 4.1 電磁波と粒子の相互作用

図 4.2 (a) に示すように，物体のスケールが電磁波の波長に比べて著しく大きい場合，電磁波の伝播はふく射束としてみなし，光線として取扱うことができる．この領域では，電磁波の伝播は幾何光学で解析できる．つまり，物体間のふく射エネルギーの伝播は，物

(a) $\lambda \ll d$　　　　　　(b) $\lambda \cong d$

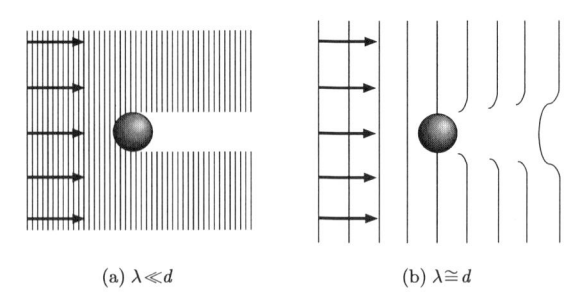

図 4.2 不透明粒子の直径が波長に比べて大きいとき (a) と，同程度の場合 (b) の電磁波の伝播と相互作用

体の形状やふく射物性で定まり，物体と電磁波との回折現象や電磁波相互の干渉などは無視できる．

一方，図 4.2 (b) のように，対象とする物体や取扱う系の大きさが電磁波と同程度の大きさになると，ふく射エネルギーの伝播は，もはやエネルギー束としての取扱いができなくなる．この場合は，電磁波を波動として取扱うことが必要となる．これが波動光学（または物理光学）と呼ばれる領域である．この領域では，電磁波相互の干渉や偏光，波動と物体との干渉効果が著しく現れる．ただし，惑星間物質による光散乱のように，対象とする物体のスケールが大きいときでも，光の角度変化が小さい場合には，波動光学的取扱いが必要な場合がある．

4.2 形態係数の概念

物体が波長に比べて十分大きく，幾何光学が適用できる物体間の巨視的ふく射エネルギー交換の解析に，しばしば形態係数が用いられる．形態係数 (configuration factor, view factor) は，従来から物体の形状と物体間の位置関係のみの関数，つまり幾何学的量として扱われてきた[28]．この定義では，物体表面が鏡面のときや拡散面と異なる場合，形態係数の取扱いが難しくなる．

そこで，形態係数本来の物理的意味に立ち返り，次の定義を導入する．

$$\text{形態係数 } F_{i,j} \equiv \frac{\text{表面 } A_j \text{ に到達するふく射エネルギー束}}{\text{表面 } A_i \text{ から放射される全ふく射エネルギー束}} \tag{4.1}$$

つまり，図 4.3 の面 A_i と A_j を考え，それぞれの温度を T_i, T_j とする．微小面 dA_i か

4.2 形態係数の概念

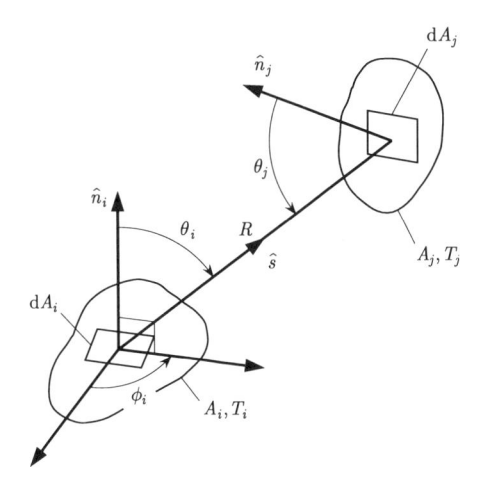

図 4.3 A_i と A_j 間の形態係数

ら面 A_j への形態係数 $F_{di,j}$ は，式 (4.1) を考慮して次式で定式化される．

$$\begin{aligned}
F_{di,j} &\equiv \frac{\int_0^\infty \int_{2\pi} \delta_i^j(\hat{s}) I_\lambda(\lambda, \hat{s}, T_i) \cos\theta_i \, d\Omega \, d\lambda}{\int_0^\infty \int_{2\pi} I_\lambda(\lambda, \hat{s}, T_i) \cos\theta_i \, d\Omega \, d\lambda} \\
&= \frac{\int_0^\infty \int_{2\pi} \delta_i^j(\hat{s}) \varepsilon_{\theta,\lambda}(\lambda, \hat{s}, T_i) I_{b,\lambda}(\lambda, T_i) \cos\theta_i \, d\Omega \, d\lambda}{\int_0^\infty \int_{2\pi} \varepsilon_{\theta,\lambda}(\lambda, \hat{s}, T_i) I_{b,\lambda}(\lambda, T_i) \cos\theta_i \, d\Omega \, d\lambda}
\end{aligned} \quad (4.2)$$

ここで，$\delta_i^j(\hat{s})$ は，$\hat{s}(\theta_i, \phi_i)$ 方向に放射されたふく射束が面 A_j に到達する場合は 1，到達しない場合は 0 である．

面 A_i の温度が一様のとき，$F_{i,j}$ は，式 (4.2) を積分することにより，次式で表される．

$$F_{i,j} = \frac{\int_{A_i} F_{di,j} \, dA_i}{A_i} \quad (4.3)$$

ここで，面 A_i の面積を A_i と表す．式 (4.2)，(4.3) で定義の形態係数は，もはや形状のみの関数ではなく，面の放射特性 $\varepsilon_{\theta,\lambda}$ の関数でもある．

系を構成する N 個の面が閉空間を構成する場合，面 A_i から放射されるふく射束はいずれかの面に到達するので，次式で示す形態係数の総和関係が導かれる．

$$\sum_{j=1}^{N} F_{i,j} = 1 \quad (4.4)$$

4.3 拡散面の形態係数

図 4.3 に示したように物体面間に遮るものがなく $\hat{n}_i \times \hat{n}_j < 0$ で，面要素が灰色・拡散面のとき，式 (4.2) の指向性と波長依存性がなくなるので，従来の形態係数の定義式が次のように得られる．

$$F_{i,j} = \frac{1}{A_i} \int_{A_i} \int_{A_j} \frac{\cos\theta_i \cos\theta_j}{\pi R^2} \, dA_j \, dA_i \tag{4.5}$$

ここで，θ_i, θ_j は，それぞれ $\hat{n}_i$, $\hat{n}_j$ と面 i, j とのなす角，R は面要素間の距離である．式 (4.5) より形態係数の相互関係が次のように導かれる．

$$A_i F_{i,j} = A_j F_{j,i} \tag{4.6}$$

式 (4.5) の積分は，単純形状については解析的手法によって解を得ることができる．これまで多くの形状について解析解が得られているが，ここでは，平行 2 長方形と直交 2 長方形についての代表例を 図 4.4, 図 4.5 にそれぞれ示す．図 4.4, 図 4.5 の形態係数は，それぞれ次式で与えられる．

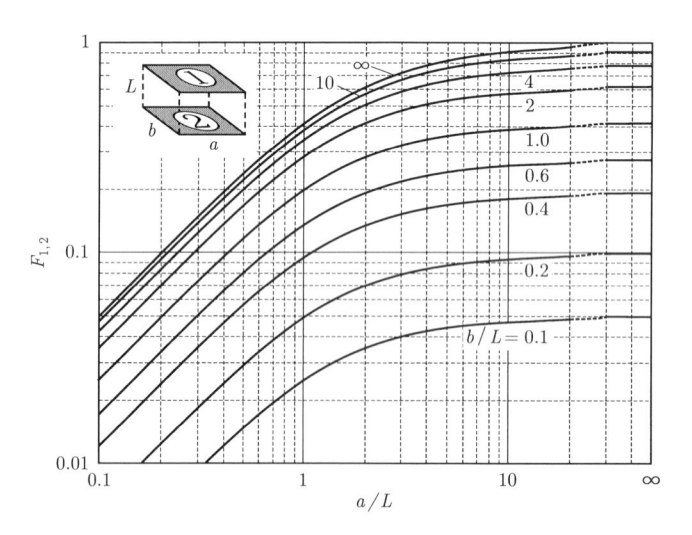

図 4.4 平行 2 長方形間の形態係数

4.3 拡散面の形態係数

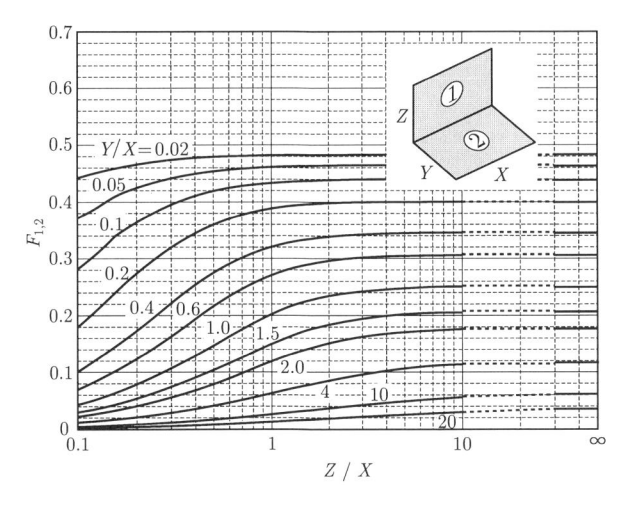

図 4.5 直交2長方形間の形態係数

$$
\left.\begin{array}{l}
A = X/L, \quad B = Y/L \\
F_{1,2} = \dfrac{2}{\pi A B}\left\{\dfrac{1}{2}\ln\left[\dfrac{(1+A^2)(1+B^2)}{1+A^2+B^2}\right] + A\sqrt{1+B^2}\tan^{-1}\dfrac{A}{\sqrt{1+B^2}} \right.\\
\left. \quad + B\sqrt{1+A^2}\tan^{-1}\dfrac{B}{\sqrt{1+A^2}} - A\tan^{-1}A - B\tan^{-1}B\right\}
\end{array}\right\} \quad (4.7)
$$

$$
\left.\begin{array}{l}
A = Y/X, \quad B = Z/X \\
F_{1,2} = \dfrac{1}{\pi A}\left\{A\tan^{-1}\dfrac{1}{A} + B\tan^{-1}\dfrac{1}{B} - \sqrt{A^2+B^2}\tan^{-1}\dfrac{1}{\sqrt{A^2+B^2}} \right.\\
\quad + \dfrac{1}{4}\ln\dfrac{(1+A^2)(1+B^2)}{1+A^2+B^2} + \dfrac{A^2}{4}\ln\dfrac{A^2(1+A^2+B^2)}{(1+A^2)(A^2+B^2)} \\
\left. \quad + \dfrac{B^2}{4}\ln\dfrac{B^2(1+B^2+A^2)}{(1+B^2)(B^2+A^2)}\right\}
\end{array}\right\} \quad (4.8)
$$

上記以外の形態係数については，文献[29]に集約されているので参照されたい．また，複雑形状の例として多段柱列群の形態係数の解析[30]もある．

形態係数の解析解は，式 (4.7), (4.8) のように，単純な形状でも複雑な式で表されるのが普通である．また，与えられた形状から少しでも変化すると解析解を得るのが困難な場合が多い．任意形状物体間の形態係数計算には，モンテカルロ法[31,32]やふく射光線追跡法[33]が用いられることもある．

4.4 電磁波の伝播

4.4.1 マクスウェルの方程式

ふく射によるエネルギー移動は電磁波の伝播である．電磁気学によれば，電場の変動は磁場の変動を引き起こし，逆に，磁場の変動は電場の変動を引き起こす．これらの電場と磁場の振動が空間を移動する現象が電磁波の伝播である．電場 $\vec{E}$ [V/m] と磁場 $\vec{H}$ [H/m] はベクトル量で時間と位置の関数であり，マクスウェルの方程式 (Maxwell's equations) を満足して伝播する．

均質等方な媒質中を伝播する電磁波が非線形効果を示すほど強くないとき，マクスウェルの方程式は次式で表される．

$$\nabla \cdot (\varepsilon \vec{E}) = \rho \tag{4.9}$$

$$\nabla \cdot (\mu \vec{H}) = 0 \tag{4.10}$$

$$\nabla \times \vec{E} = -\mu \frac{\partial \vec{H}}{\partial t} \tag{4.11}$$

$$\nabla \times \vec{H} = \varepsilon \frac{\partial \vec{E}}{\partial t} + \sigma_e \vec{E} \tag{4.12}$$

本章では，ε は媒質の誘電率 [C/(V·m)]，μ は透磁率 [H/m] = [V·s/(A·m)]，ρ は電荷密度 [C/m^3]，σ_e は電気伝導度 [A/(V·m)] である．また，∇ は微分演算子で x, y, z 方向の単位ベクトルを $\hat{e}_x, \hat{e}_y, \hat{e}_z$ として次式で定義される．

$$\nabla \equiv \hat{e}_x \frac{\partial}{\partial x} + \hat{e}_y \frac{\partial}{\partial y} + \hat{e}_z \frac{\partial}{\partial z} \tag{4.13}$$

4.4.2 真空中を伝播する平面波

真空中を伝播する電磁波を考える．真空中では電気伝導度と電荷密度は 0 で，式 (4.9)〜(4.12) 中の誘電率と透磁率は，それぞれ $\varepsilon_0 = 8.854 \times 10^{-12} = 10^7/(4\pi c_0^2)$ [C/(V·m)]，$\mu_0 = 1.257 \times 10^{-6} = 4\pi \times 10^{-7}$ [H/m] である．式 (4.9)，(4.11) と微分演算子 ∇ の性質を用いると，次の波動方程式が得られる．

$$\nabla^2 \vec{E} = \varepsilon_0 \mu_0 \frac{\partial^2 \vec{E}}{\partial t^2} \tag{4.14}$$

この波動方程式の解としては，球面波やレーザで用いられるガウスビームなど種々あるが，ここでは基本的な平面波について考える．電場の最大振幅が E_0 で x 方向のみの振幅

4.4 電磁波の伝播

をもち，その角振動数が ω の平面波は，

$$E(z,t) = Re\left[E_0 \exp\left\{i(\omega t - \frac{\omega z}{c_0} + \phi)\right\}\right] \quad (4.15)$$

で表される．ここで，i は虚数単位，$Re[\ ]$ は複素数の実部であり，ω は角振動数，ϕ は初期位相である．c_0 は真空中の光速で，

$$c_0 = \frac{1}{\sqrt{\varepsilon_0 \mu_0}} \quad (4.16)$$

の関係がある．式 (4.15) と同様に，磁場に関する平面波の解が求められる．また，式 (4.11)，(4.12) から，

$$\vec{H} = \sqrt{\frac{\varepsilon_0}{\mu_0}}\,\hat{e}_z \times \vec{E} \quad (4.17)$$

の関係が得られる．これから $\vec{E}$, $\vec{H}$, $\hat{e}_z$ は互いに右手直交ベクトルをなすことがわかる．つまり，図 4.6 に示すように，この電磁場は電場と磁場は直交し，それらと垂直方向に進行する波動である．

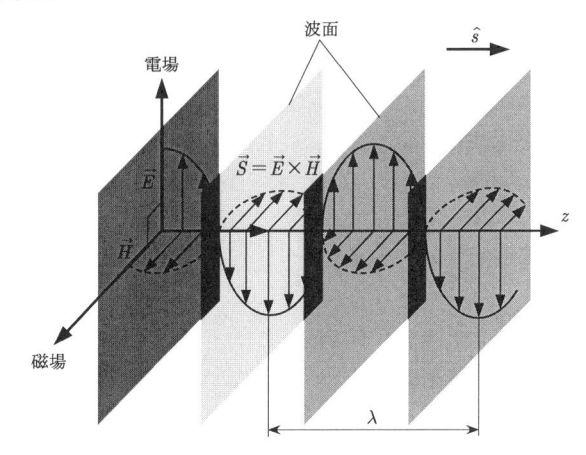

図 4.6 z 方向に伝播する平面波の電磁場

この平面波は $x-y$ 面に一様に広がっているが，この電磁波エネルギー束はポインティングベクトル (Poynting vector)

$$\vec{S} \equiv \vec{E} \times \vec{H} \quad (4.18)$$

で表される．これは，単位時間に単位面積を通過する電磁波のエネルギーを表しているが，角振動数 ω で振動する量である．電磁波の振動数は熱エネルギーの移動に比べて非

常に早いので，この時間平均が実際のふく射束となる．つまり，振幅 E_0 [V/m] の平面波のふく射熱流束 q [W/m²] は，式 (4.17) と $c_0 = 1/\sqrt{\varepsilon_0 \mu_0}$ との関係を使って上式の時間平均をとると，

$$q = \frac{1}{2}\varepsilon_0 c_0 E_0^2 \tag{4.19}$$

で与えられる．

4.4.3 均質媒体中の電磁波の伝播

半導体や金属のように導電性の媒体に対しても，電磁波によって誘起される ρ は実質的に 0 として扱うことができる．したがって，式 (4.9)～(4.12) から次の波動方程式が得られる．

$$\nabla^2 \vec{E} = \varepsilon \mu \frac{\partial^2 \vec{E}}{\partial t^2} + \mu \sigma_e \frac{\partial \vec{E}}{\partial t} \tag{4.20}$$

上式を満足し，実在媒体中を z 方向に伝播する平面波は，媒体の複素屈折率 $m \equiv n - ik$ を導入して次式で表される[*1]．

$$\begin{aligned} E(z,t) &= Re\left\{ E_0 \exp\left[i\left(\omega t - \frac{\omega m z}{c_0} + \phi\right) \right] \right\} \\ &= \exp\left(-\frac{\omega k z}{c_0}\right) \times Re\left\{ E_0 \exp\left[i\left(\omega t - \frac{\omega n z}{c_0} + \phi\right) \right] \right\} \end{aligned} \tag{4.21}$$

ここで，複素屈折率の実部 n と虚部 k は，ε, μ, σ_e, c_0 と以下の関係がある．

$$n^2 - k^2 = \varepsilon \mu c_0^2 \tag{4.22}$$

$$nk = \frac{\sigma_e \mu}{4\pi \nu \varepsilon_0 \mu_0} = \frac{\sigma_e \mu \lambda_0 c_0}{4\pi} \tag{4.23}$$

または，

$$n^2 = \frac{\varepsilon \mu c_0^2}{2}\left[1 + \sqrt{1 + \left(\frac{\lambda_0 \sigma_e}{2\pi c_0 \varepsilon}\right)^2} \right] \tag{4.24}$$

$$k^2 = \frac{\varepsilon \mu c_0^2}{2}\left[-1 + \sqrt{1 + \left(\frac{\lambda_0 \sigma_e}{2\pi c_0 \varepsilon}\right)^2} \right] \tag{4.25}$$

このとき，式 (4.21) の波動の位相速度 c は，

$$c = \frac{c_0}{n} \tag{4.26}$$

[*1] 式 (4.21) の波動の時間項の i の前の符号を $+$ で表記したが，この符号は $-$ をとるものもある．その場合は，複素屈折率の虚部の記号は $+$ となる．$m \equiv n + ik$ の表記は物理学の分野で採用される場合が多いので注意が必要である．

4.4 電磁波の伝播

である.この場合の波動のポインティングベクトルの時間平均は,

$$\bar{S} = \frac{n}{2c_0\,\mu} E_0^2 \exp\left(-\frac{2\omega k z}{c_0}\right) \approx \frac{n\,\varepsilon_0\,c_0}{2} E_0^2 \exp\left(-\frac{2\omega k z}{c_0}\right) \quad (4.27)$$

で与えられる.一般に,ふく射伝熱で扱う電磁波の振動数では,μ は真空中の値 μ_0 とほぼ同一である.

式 (4.9)〜(4.12) の μ, ε, σ_e は,ω または振動数 ν の関数であるから,複素屈折率 m も電磁波の振動数によって定まる物質固有の値である.

◇ ◇ ◇ Example ◇ ◇ ◇

$n = 1.33$, $k = 0$ の水中にルビーレーザを集光し,焦点で $10^{14}\,\mathrm{W/m^2}$ のエネルギー束が得られたとき,電場の最大振幅は,式 (4.27) から,$E_0 = 2.4 \times 10^8\,\mathrm{V/m}$ である.実際,このような高強度の電場中では,電場は物質と非線形に作用し,水は誘電破壊を起こす[34].このとき,電離した電子によって発光が起こることがある.

★ ★ ★ ★ ★

誘電体等の透明媒体 (transparent medium) では,複素屈折率の虚部は 0 である.金属などの導電性媒体では k は有限の値をもち,電磁場は媒体中で減衰する.$z = 0$ において $\bar{S}_0$ のエネルギー流束をもつ電磁波が媒体中を dz だけ伝播したときの減衰は,式 (4.27) を微分して

$$\mathrm{d}\bar{S} = -\frac{2\omega k}{c_0}\bar{S}_0 = -\frac{4\pi k}{\lambda_0}\bar{S}_0 \quad (4.28)$$

微小体積要素を透過した前後のふく射強度の変化,式 (3.45) と比較することによって,媒質の吸収係数 $\kappa\,[1/\mathrm{m}]$ は次式となる.

$$\kappa_\lambda = \frac{4\pi k}{\lambda_0} \quad (4.29)$$

つまり,波長 λ_0 の電磁波は,媒体中を $1/\kappa_\lambda$ 伝播すると e^{-1} だけ減衰する.

◇ ◇ ◇ Example ◇ ◇ ◇

波長 $1.06\,\mu\mathrm{m}$ の YAG レーザ光がアルミニウムに入射する場合を考えよう.この波長におけるアルミニウムの複素屈折率は $m = 1.2 - 10\,i$ だから[35],式 (4.29) より,$1/\kappa_\lambda = 8.4\,\mathrm{nm}$ である.

★ ★ ★ ★ ★

この例のように，金属などの導体では電磁波は表面の極薄い層で減衰して反射・吸収されるために，不透明媒体 (opaque medium) として扱うことができる．また，このような媒質は，ごく薄い表面の変化に大きく影響を受けるので，金属表面の酸化膜や汚れ，結晶構造の変化によって反射率や放射率等のふく射に対する性質が著しい影響を受ける．

4.5 レーザ光の伝播

4.5.1 レーザ発振

レーザ (laser : light amplification by stimulated emission of radiation) は，電波の発信器と同様に，位相がそろったコヒーレント (coherent) な光を発振する装置である．レーザ光は，熱放射とは異なる光放射であるが，放射電磁波が単波長でコヒーレントであることなどから，レーザ加工などの高エネルギー機器にも用いられる．また，その集光特性は波動特性が強く現れる．本節では，レーザ光の伝播について概説する．

第2章に示したように，物質を構成する原子あるいは分子は，多数のエネルギー準位があり，この物質を構成する粒子が基底条件よりもエネルギーの高い励起状態にあるとき，エネルギーのより低い状態に遷移することによって光が放射される．同様に，粒子が光を吸収することによってエネルギー準位が高い励起状態になる．

物質が局所熱力学的平衡状態にあるときは，エネルギー準位の粒子数分布はボルツマン分布となっている．このとき，物質に吸収される光と物質から放射される光は等しく，キルヒホッフの法則が成り立つので，光の増幅は起こらない．一方，物質のエネルギー準位がボルツマン分布と異なり，高いエネルギー準位の粒子数が低い準位の粒子数より多い反転分布と呼ばれるエネルギー状態になると，物質は光の誘導放出を行う．この状態になったレーザ媒質を光共振器に挿入すると，レーザ発振が得られる[34]．

4.5.2 レーザ光と他の放射光との違い

白熱電灯やロウソクの光は，高温物質から放射される熱放射である．このとき，高温物質は局所熱力学的平衡状態にあり，放射光は広い波長分布をもっている．また，物質を構成する粒子から放射される光は，互いに独立の位相で放射される．さらに，局所熱力学的平衡状態の高温物質から放射される光は，全て同一の方向に放射することはできない．

ネオン管やナトリウムランプ，蛍光灯は，電子で分子を励起して光を放射するために，

4.5 レーザ光の伝播

ある特定の波長の光を放射することができる．しかし，熱放射の場合と同様に，各粒子から放射される光は単独波長の光でも，それぞれの放射光の位相が異なるフォトンの集合となる．このような，位相の異なる波の集合は，後述の第 14.4 節で議論するように，自然拡がりによる放射光の波長分布が存在する．

一方，反転分布状態にあるレーザ媒質の光増幅は，放射する光の位相が同一 (コヒーレント) なので波長分布のない単波長の放射光が得られる．レーザ光は，このように物質から放射される光の位相が揃っているので，電気回路で発信したラジオ波のように連続した単波長の電磁波を放射することができる．レーザは，ラジオ波に比べて著しく波長の短い電磁波を連続して発信できるので，高速度情報通信に不可欠なものとなってきている．

4.5.3 レーザ光の伝播

光共振器内の電磁波は，近軸近似 (paraxial approximation)[36)] を導入したマクスウェルの波動方程式の解の一つとしてガウス型ビームが得られる．電界の強さ $E(x,y,z,t)$ を用いると，ガウス型ビームは，次式で与えられる[24)]．

$$\left.\begin{array}{r}E(x,y,z) = \dfrac{w_0}{w(z)} \exp\left\{-\dfrac{x^2+y^2}{w^2(z)}\right\} \\ \times \exp\left[-i\left\{\dfrac{2\pi z}{\lambda} + \dfrac{\pi(x^2+y^2)}{\lambda R(z)} - \tan^{-1}\left(\dfrac{z}{z_0}\right)\right\}\right]\end{array}\right\} \quad (4.30)$$

ただし，i は虚数単位で，

$$\left.\begin{array}{l} w(z) = w_0 \left[1 + \left(\dfrac{z}{z_0}\right)^2\right]^{1/2} \\ R(z) = z\left[1 + \left(\dfrac{z_0}{z}\right)^2\right] \\ z_0 = \dfrac{\pi w_0^2}{\lambda} \end{array}\right\} \quad (4.31)$$

である．これは，ガウス型ビームの基本モードであり，式 (4.30) に従い波動が伝播する．中心軸からの半径 $r = \sqrt{x^2+y^2}$ とすると，ビーム断面内の振幅分布は，$\exp[-r^2/w^2(z)]$ となっており，ビーム径 $w(z)$ のガウス分布となる．また，$w(z)$ は，$z=0$ で最小値 w_0 をとり，z と共に徐々に大きくなる．$z=0$ をその意味でビームウエストという．軸上の振幅 $w_0/w(z)$ が z の関数となっているのは，z と共にビームが拡がっているためである．$2w_0$ に対応した拡がり角は，

$$\theta = \dfrac{2\lambda}{\pi w_0} \quad [\text{rad}] \quad (4.32)$$

で表される.つまり波長が短いほど,また,ウエストビーム径が大きいほどレーザの拡がり角は小さくなる.

式 (4.30) は,レーザ発振器内の電場を表すと同時にレンズで集光したときの波動の伝播も表している.図 4.7 は,He-Ne レーザ ($\lambda = 0.633\,\mu\mathrm{m}$) で,ビーム幅 2 mm のレーザーを焦点距離 5 mm のレンズで集光したときの波面を表している.焦点より離れた点では波面は球面であるが,焦点では波面は平面で,そこでのビーム幅は点にならずに有限の値 w_0 をとる.

ガウス分布のビーム幅は,そのウエスト径 w_0 で,近似的に次式で与えられる.

$$w_0 = \frac{\lambda R}{\pi w_p} \tag{4.33}$$

ここで,w_p はレンズに入射するビームの幅,R は波面の曲率半径または焦点距離,λ はレーザ光の波長 (単位は [mm] または [μm]) である.

図 4.7 の例では,$w_0 = 1.01\,\mu\mathrm{m}$ であり,出力 10 mW のレーザでも焦点で約 3×10^9 W/m^2 のエネルギー束が得られる.

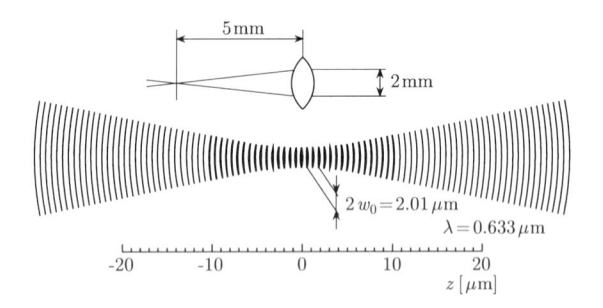

図 4.7 レンズで集光したレーザービムの波面

◇　◇　◇　Example　◇　◇　◇

レーザ光は単波長の平面波である.これを精度の良いレンズを用いて集光した場合,幾何光学で考えると焦点は点となり,単位面積当たりのふく射エネルギー束の強度は無限大となる.つまり,小さなレンズとレーザで核融合も可能となるほど強いふく射束が得られてもよいはずである.波動光学で扱えば,焦点の径が波長程度になると,実際は焦点が有限の大きさになる.図 4.7 のように,集光されたエネルギー束は焦点で最大になるが,有限の値をもつ.

★　　★　　★　　★　　★

第5章 任意黒体間のふく射エネルギー交換

式 (4.5) の形態係数を用いた拡散面で構成される物体面間のふく射エネルギー交換の解析は，単純な形状についてのものは多くの計算法がある[37]．しかし，これらの古典的手法を実際の複雑形状に適用しようとすると不可能な場合が多い．計算可能な場合でも煩雑な計算や膨大な計算時間が必要となる[38]．しかし，物体が黒体で一様温度のとき，任意形状物体のふく射伝熱が比較的容易に計算可能である[39]．

5.1 単一物体からのふく射伝熱

図 5.1 に示すように，温度 T_1 で有限の大きさをもつ任意形状黒体 B と，それを囲む半径 R の球面 C を通過するふく射エネルギーを考える．いま，物体 B 上の面要素 dA_1 から球面 C 上の面要素 dA_2 へ単位時間当たりに放射されるふく射エネルギー量 dQ は次

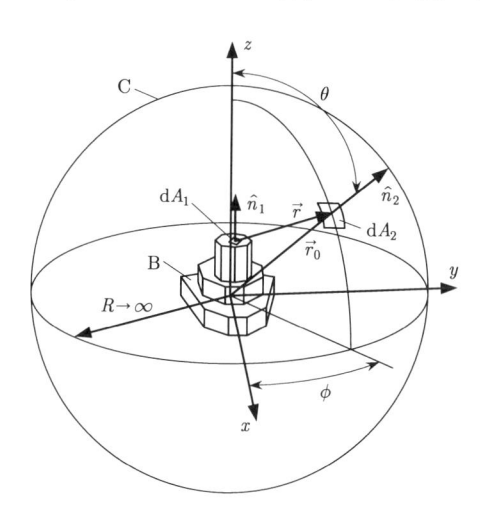

図 5.1 単一物体からのふく射モデル

式となる.

$$dQ = \frac{\sigma}{\pi} T_1^4 \frac{\cos\theta_1 \cos\theta_2}{|\vec{r}|^2} dA_1 dA_2 \tag{5.1}$$

ここで，$\vec{r}$ は図 5.1 に示す位置ベクトル，θ_1, θ_2 は $\vec{r}$ と dA_1, dA_2 の法線がなす角 (図 4.3) である.

図 5.1 の座標系で，立体角

$$d\Omega = \frac{dA_2}{|\vec{r_0}|^2} = \sin\theta \, d\phi \, d\theta \tag{5.2}$$

が一定の場合には，球面 C の半径 R が変化しても dQ は変化しない．dA_1 と dA_2 との間に遮る物体がないとき，$R \to \infty$ の極限を考えると，図 5.1 における $\vec{r}$ と $\vec{r_0}$ は一致し $\theta_2 = 0$ となるから，式 (5.1) は次式となる.

$$dQ = \frac{\sigma}{\pi} T_1^4 \cos\theta_1 \, dA_1 \sin\theta \, d\phi \, d\theta \tag{5.3}$$

式 (5.3) を球面 C 上の全域について積分し，さらに dA_1 についても物体 B 上での積分を行うと，B から周囲に放射される単位時間当たりのふく射エネルギー量 Q は次式となる.

$$Q = \frac{\sigma}{\pi} T_1^4 \int_0^\pi \int_{-\pi}^\pi \left[\int_B \cos\theta_1 \, dA_1 \right] \sin\theta \, d\phi \, d\theta \tag{5.4}$$

いま，球面 C について $R \to \infty$ の極限を考えているから，$\cos\theta_1 dA_1$ は，dA_1 を $\vec{r_0}$ に垂直な平面へ投影した面積となる．また物体 B は等温黒体であるから dA_2 から見えない部分は $\vec{r_0}$ 方向のふく射エネルギーの伝播に関与しない．したがって，式 (5.4) 中の [ ] の積分は，$\vec{r_0}(\theta, \phi)$ と垂直な平面上に物体 B を投影したときの全投影面積に相当する．この投影面積は，現在 発達しているコンピュータグラフィックの手法を用いて容易に計算できる.

既存のふく射解析の多くは面要素間の形態係数を基礎に解析しているが，任意形状 3 次元物体では形態係数を定義するための基準面積も明確に定められない場合が多い．そこで，物体形状に固有の値をとるパラメータとして，式 (5.4) 中の積分部分をふく射有効面積 A^R として次式で定義する[39]．

$$A^R = \frac{1}{\pi} \int_0^\pi \int_{-\pi}^\pi \left[\int_B \cos\theta_1 \, dA_1 \right] \sin\theta \, d\phi \, d\theta \tag{5.5}$$

温度 T_1 の等温黒体 B を囲む球面 C が温度 T_∞ の等温黒体面で構成されるとき，B から C へのふく射伝熱量 Q は次式によって簡単に表される.

$$Q = \sigma(T_1^4 - T_\infty^4) A^R \tag{5.6}$$

5.1　単一物体からのふく射伝熱

つまり，A^R は物体 B と周囲環境との直接交換面積 (direct exchange area)[40] に相当する．

5.1.1　単純形状のふく射有効面積

N 個の黒体面要素で構成される物体を考えると，物体面 i から放射されるふく射エネルギー，$\sigma T_1^4 \sum_{i=1}^{N} A_i$ のうち，物体自身に吸収されるエネルギーは，

$$Q_{\text{abs}} = \sum_{i=1}^{N} \sum_{j=1}^{N} F_{i,j}\, \sigma T_1^4\, A_i \tag{5.7}$$

となる．したがって，等温黒体面で構成される物体が仮想球面に放射するエネルギーを考えて式 (5.6) と 式 (5.7) を比較すると，物体のふく射有効面積は次式で表される．

$$A^R = \sum_{i=1}^{N} A_i - \sum_{i=1}^{N} \sum_{j=1}^{N} F_{i,j}\, A_i \tag{5.8}$$

図 5.2 (a), (b) に示すように，全ての面が平面または凸面で構成される物体のふく射有効面積は物体の表面積と等しい．図 5.2 (c) に示すようなチャンネルのふく射有効面積は，面 i の片面の面積を A_i とすると，式 (5.8) と形態係数の相互則式 (4.5) から次式で計算される．

$$A^R = 2\sum_{i=1}^{3} A_i - A_1(4\,F_{1,2} + 2\,F_{1,3}) \tag{5.9}$$

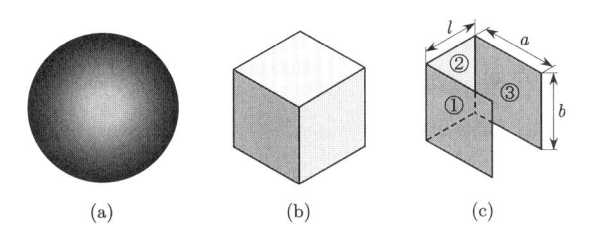

図 5.2　単純形状物体の例

◇　◇　◇　Example　◇　◇　◇

図 5.3 に示すような鉄製アングルを 1 000 K の加熱炉中で均一に加熱してから 300 K の常温中に取出した．このふく射有効面積は，図 4.5 の形態係数と式 (5.8) から $A^R = $

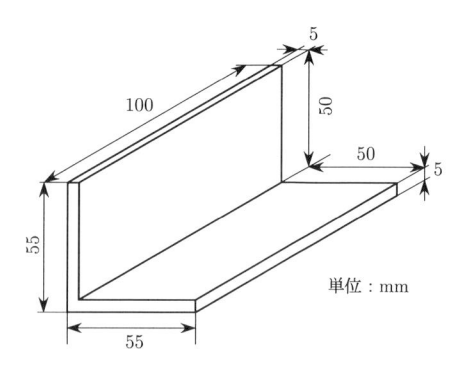

図 5.3 Lアングルのふく射伝熱

$2.06 \times 10^{-2}\,\mathrm{m}^2$ である．物体表面は酸化膜に覆われているので黒体で近似し，対流による伝熱や物体面の温度分布の不均一性が無視できる場合を考える．このときの放熱量は式 (5.6) より，$Q = 1.16\,\mathrm{kW}$ となる．

★　　　★　　　★　　　★　　　★

実在の物体では，表面は黒体でなく，内部の温度分布や表面温度分布も一様でないため，上記の伝熱量とは異なる値となる．しかし，上記のふく射伝熱量は，実在物体のふく射伝熱量の最大値を示している．

対流伝熱が無視できて，物体が黒体で，かつ物体内部の温度分布が一様な場合は，物体の熱容量 C [J/K] が与えられると各温度における冷却速度の最大値が次式で計算できる．

$$C\frac{\mathrm{d}T}{\mathrm{d}t} = -\sigma A^R (T^4 - T_\infty^4) \tag{5.10}$$

上式を解くことによって，初期温度 T_0 の物体が温度 T_1 まで冷却する時間 t_1 は次式で与えられる．

$$t_1 = \frac{C}{4T_\infty^3 \sigma A^R}\left\{2\arctan\frac{T_1}{T_\infty} - 2\arctan\frac{T_0}{T_\infty} - \ln\frac{(T_1 - T_\infty)(T_0 + T_\infty)}{(T_1 + T_\infty)(T_0 - T_\infty)}\right\} \tag{5.11}$$

この近似が成り立つためには，各温度で物体内の温度がほぼ一様でなければならない．物体内の温度が一様であるためには，次式で定義されるビオ数 (Biot number) Bi が 1 に比べて十分小さい必要がある[41]．

$$Bi \equiv \frac{h_r L}{k} < 0.1 \tag{5.12}$$

5.1 単一物体からのふく射伝熱

上式で，$L\,[\mathrm{m}]$ は代表長さ，$k\,[\mathrm{W/(m\cdot K)}]$ は物体の熱伝導率であり，h_r は等価ふく射熱伝達率〔式 (2.3)〕である．上の例の場合は，材質を $k=27\,\mathrm{W/(m\cdot K)}$ の軟鉄として L を板厚にとると $Bi=0.01$ となり，温度は厚み方向に一様と考えられるが，最大長さを L とすると $Bi=0.30$ であり，面方向には温度分布があると考えられる．このように，加熱炉から取り出した直後の放熱量以外は，実在物体のふく射伝熱量は本項の値より小さいのが普通である．

5.1.2 任意物体のふく射伝熱

任意形状物体を多角形平面で構成される多面体の座標 (x,y,z) で近似する．次に，アフィン変換 (affin transformation) [42)] を用いて，物体を z 軸のまわりに ϕ，y 軸のまわりに θ 回転させた座標系 (x',y',z') に次式の線形変換を行う．

$$\begin{pmatrix} x' \\ y' \\ z' \end{pmatrix} = \begin{bmatrix} \cos\theta\cos\phi & \cos\theta\sin\phi & -\sin\theta \\ -\sin\phi & \cos\phi & 0 \\ \sin\theta\cos\phi & \sin\theta\sin\phi & \cos\theta \end{bmatrix} \begin{pmatrix} x \\ y \\ z \end{pmatrix} \tag{5.13}$$

図 5.4 で $\vec{r}_0$ の方向 $(\sin\theta\cos\phi,\,\sin\theta\sin\phi,\,\cos\theta)$ に垂直な平面に投影された座標は，式 (5.13) の変換を行った座標系の (x',y') 平面 (図 5.5) となる．式 (5.5) の積分 $\left[\int_B \cos\theta_1\,dA_1\right]$ は，図 5.5 の投影面積と等しくなる．各方位の投影面積 $A(\phi,\theta)$ が計算で

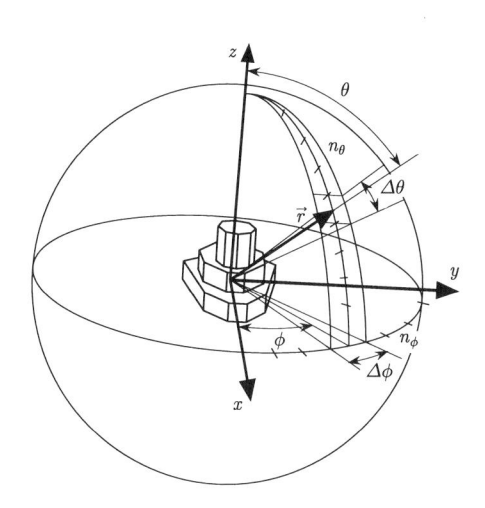

図 5.4 球面座標分割

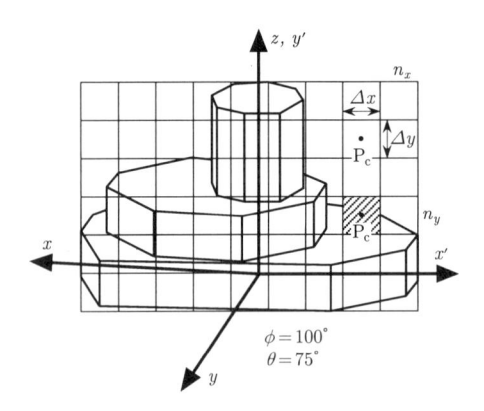

図 5.5 $x'-y'$ 平面上の画素分割

きると，図 5.4 の座標分割を用いて任意形状物体のふく射有効面積が次式で計算される．

$$A^R = \frac{1}{\pi} \sum_{i=1}^{4n_\phi} \sum_{j=1}^{n_\theta} A(\phi, \theta) \sin\theta \, \Delta\theta \, \Delta\phi \tag{5.14}$$

図 5.6 は，凹状チャンネルの有効ふく射面積の数値計算結果を式 (5.8) を用いて解析的に求めたふく射有効面積 A_a^R と比較したものである．図中には画面分割数 n_x, n_y と球面分割数 n_ϕ, n_θ による変化を示している．画面分割数が増大すると解析精度は急速によくなり，$n_x, n_y > 80$ でほぼ一定となる．球面分割数は，$n_\phi, n_\theta > 5$ で 0.1% 以下の誤差でふく射有効面積の計算が可能であることがわかる．

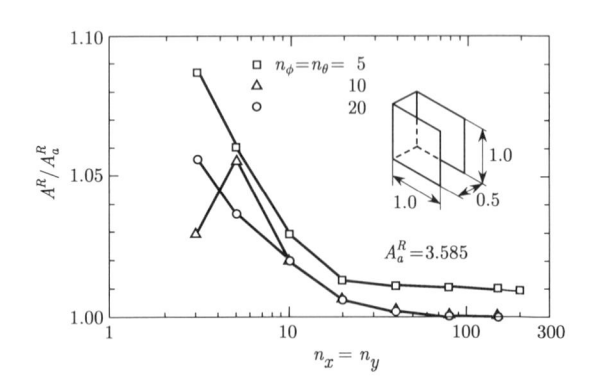

図 5.6 凹状チャンネルの有効ふく射面積と画面分割数と球面分割数による変化

5.1 単一物体からのふく射伝熱

任意形状 3 次元物体の黒体放射の例として，図 5.7 に示す自動車用クランクシャフトの多面体モデルを考える．図は，181 面の四角形と八角形で構成された多面体モデルである．このクランクシャフトのふく射有効面積 $A^R\,[\mathrm{m^2}]$ を計算した結果を 図 5.8 に示す．A^R は，投影面積を求めるための画面分割数 n_x, n_y と，式 (5.5) の積分を求めるための球座標の分割数 n_θ, n_ϕ の増大と共に急激に一定値 $(0.141\,\mathrm{m^2})$ に収束する．図 5.8 の場合では n_y, $n_z > 40$ で A^R の収束値との誤差は 0.5% 以下となっている．

この例のように，物体形状が複雑な場合でも，画面要素数が比較的少ないにもかかわらず，ふく射有効面積を精度よく表すことができる．また，本節の手法はピンフィン放熱

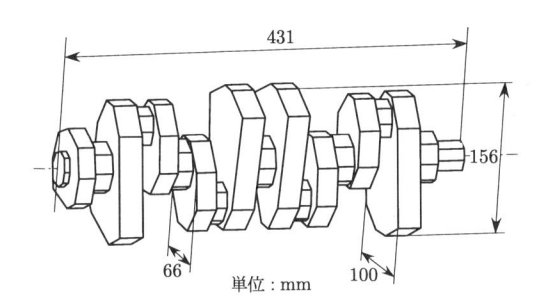

図 5.7 クランクシャフトの多面体モデル

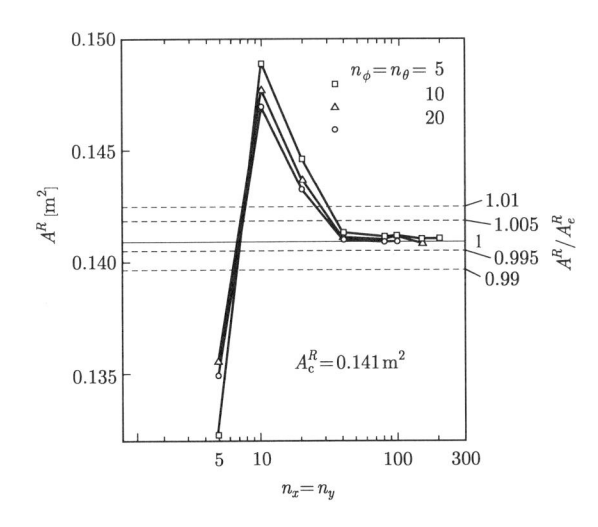

図 5.8 クランクシャフトのふく射有効面積

器[43]などの複雑形状に対しても適用可能である．最近のコンピュータグラフィックや画像処理技術を用いると，各方位での投影面積の計算は容易なので，比較的少ない球面座標分割で有効ふく射面積の計算が可能である．

図5.9は，複雑形状の投影面積測定例として市販のデジタルカメラを用いて人間の投影面積を測定した例である[44]．この例では，物体から5m以上離れて撮影し，得られたデジタル画像を2階調化する．近傍に面積が既知の物体を置き，それと比較することによって画素数から容易に投影面積を求めることができる．レンズの収差などが精度に影響を与えるが，予備計測によると3%以内の誤差で投影面積を推定することができた[44]．物体を多方向から撮影し，式(5.5)によってそのふく射有効面積を計算し，式(5.6)からふく射伝熱量を推定できる[45]．

図5.9 デジタルカメラによる複雑形状の投影面積の測定

5.2 任意形状の多物体間のふく射伝熱

5.2.1 2物体間のふく射有効面積

ふく射有効面積の概念を用いると，Hottelの提案した2次元物体に適用可能な接線法[40]を3次元物体に適用できる[39]．この手法によって，各種物体のふく射伝熱量の最大値の推定が可能である．

図5.10に示すような二つの任意形状等温黒体B_1とB_2を考える．二つの物体は，それぞれ互いに交わらず，全面が凸面で構成される曲面C_1，C_2で囲むことができる位置関係にあるとする．B_1とB_2の温度が等しい場合，二つの物体からそれらを囲む曲面

5.2 任意形状の多物体間のふく射伝熱

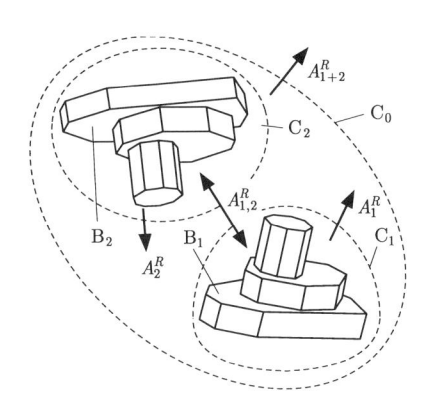

図 5.10 2 物体間のふく射エネルギー交換

C_0 にふく射されるエネルギー量 Q_{1+2} と，B_1，B_2 各一つだけのふく射エネルギー Q_1，Q_2 は，それぞれ

$$Q_{1+2} = \sigma T^4 A_{1+2}^R, \quad Q_1 = \sigma T^4 A_1^R, \quad Q_2 = \sigma T^4 A_2^R \tag{5.15}$$

となる．そこで，図 5.10 の 3 次元モデルに Hottel らの 2 次元接線法[40] を 3 次元物体に拡張し適用する[39] と，B_1 から B_2 へのふく射エネルギー Q_{1+2} は次式となる．

$$Q_{1,2} = Q_{2,1} = \sigma T^4 \left(\frac{A_1^R + A_2^R - A_{1+2}^R}{2} \right) = \sigma T^4 A_{1,2}^R \tag{5.16}$$

つまり，任意形状黒体 1 から 2 へのふく射有効面積 $A_{1,2}^R$ は，個々の物体のふく射有効面積 A_1^R，A_2^R，A_{1+2}^R を計算することによって，次式で計算できる．

$$A_{1,2}^R = \frac{A_1^R + A_2^R - A_{1+2}^R}{2} \tag{5.17}$$

ここで，$A_{1,2}^R$ は，B_1，B_2 の形状とそれらの相対位置のみで定まる値であり，$A_{1,2}^R$ は，物体 B_1 と B_2 の直接交換面積[40] に相当する．

5.2.2 多物体間のふく射伝熱

任意形状 3 次元物体間のふく射伝熱の一例として，図 5.7 のクランクシャフト（ただし，全長は長さ l）を考えよう．このクランクシャフトが，図 5.11 に示すような黒体平面②～⑦で構成される $a \times b \times c$ の直方体の中央に置かれた場合を考える．

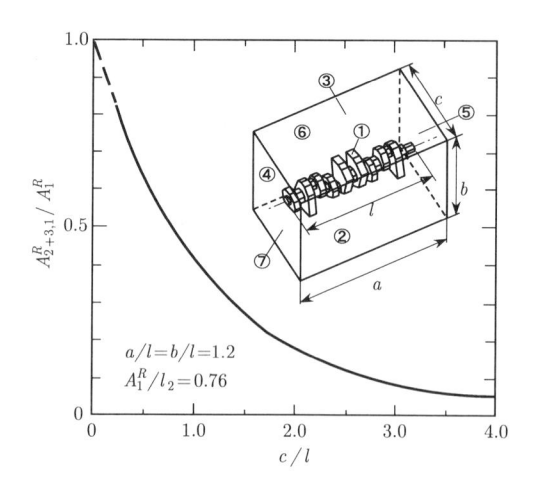

図 5.11 クランクシャフトと対称に置かれた 2 平板とのふく射有効面積

黒体平面②〜⑦の温度が等しい場合は，図 5.8 の単独物体のふく射有効面積を用いることによって，式 (5.6) でふく射伝熱量が計算できる．

面②，③からクランクシャフト①へのふく射有効面積は，形状の対称性を考慮して次式で計算される．

$$A_{2+3,1}^R = 2 A_{2,1}^R \tag{5.18}$$

したがって，クランクシャフト①から面④〜⑦へのふく射有効面積 $A_{1,(4\sim7)}^R$ は次式となる．

$$A_{1,(4\sim7)}^R = A_1^R - A_{2+3,1}^R \tag{5.19}$$

図 5.11 は，$a = b = 1.2l$ で c/l を種々変えた場合の $A_{2+3,1}^R$ の変化を示している．黒体①が T_1，温度黒体面②，③が温度 T_2，他の黒体面が T_3 の場合を考えると，ふく射による伝熱量の最大値は次式となる．

$$Q = \sigma A_{2+3,1}^R (T_2^4 - T_1^4) + \sigma A_{1,(4\sim7)}^R (T_3^4 - T_1^4) \tag{5.20}$$

◇　◇　◇　Example　◇　◇　◇

$l = 431$ mm, $c/l = 1$ のとき $A_{2+3,1}^R = 0.059\,\mathrm{m}^2$ となるから，$T_1 = 300$ K のクランクシャフトを温度 $T_2 = 1\,000$ K , $T_3 = 500$ K の加熱炉に入れた直後のクランクシャフトへのふく射伝熱量の最大値は，式 (5.20) から $Q = 3.57$ kW である．

★　　★　　★　　★　　★

5.2 任意形状の多物体間のふく射伝熱

　このように，物体が黒体で近似できる場合，ふく射有効面積を導入することによって任意形状の物体間のふく射伝熱が推定できる．しかし，各物体面の温度が一様でなければ，この近似はふく射伝熱量の上限値を与えることになる．一般に，物体は黒体と異なり，表面温度分布も一様ではないので，灰色面などの非黒体面で構成された要素ごとのふく射伝熱量を推定する必要がある．さらに温度変化を推定するためには，ふく射と熱伝導の複合伝熱問題を解く必要がある．

第6章 灰色・拡散面間のふく射伝熱

6.1 拡散面と灰色近似

実在の物体面は黒体と異なるので，第5章の結果はそのまま適用できない場合が多い．第3章で述べ得たように，実在物体面の放射率，吸収率，反射率は，物体の温度，入射ふく射の波長と入射方向によって変化する．

物体面からの放射や反射ふく射強度が方向によらない拡散面と近似できる場合でも全放射率〔式 (3.23)〕は物体温度のみの関数であるが，吸収率〔式 (3.27)〕は外来照射量 G〔式 (3.19)〕の波長分布に依存するので，キルヒホッフの法則〔式 (3.35)〕が一般に成り立つとはいえない．

しかし，物体の単色放射率と単色吸収率が波長に依存せず，灰色体近似が成り立つ場合は，キルヒホッフの法則が入射ふく射の波長に依存せず，以下に示す式 (3.35) が成立して問題を簡略化することができる．

$$\varepsilon = \alpha \tag{6.1}$$

一般に，物体の放射率，吸収率は波長に依存するのが普通である．では，どのような場合に式 (6.1) が成り立つのであろうか．温度 T の物体に入射する単色外来照射量 $G_\lambda(\lambda)$ とその温度の単色放射能 $E_\lambda(T, \lambda)$ が図 6.1 の分布をしているとき，物体の単色放射率が $\lambda_1 - \lambda_4$ の範囲で一定とすると，式 (3.23) と 式 (3.27) の定義から次式を満足する場合に物体の全放射率と全吸収率が等しいと近似できる．

$$\frac{\int_{\lambda_1}^{\lambda_2} E_{b,\lambda}(\lambda, T)\, d\lambda}{E_b(T)} = \frac{\int_{\lambda_3}^{\lambda_4} G_\lambda(\lambda, T)\, d\lambda}{G(T)} = 1 \tag{6.2}$$

第3.3.3項を考慮すると，物体の放射率が波長によって変化する場合でも，入射ふく射の波長分布が物体の温度における黒体ふく射と同じ分布形状をしていれば式 (6.1) を満足

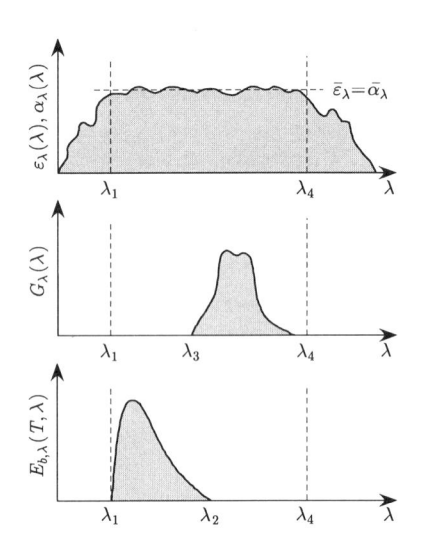

図 6.1 灰色体と近似できる場合の単色放射率分布

する．つまり，系を構成する物体の温度がほぼ一様で，物体間の温度変化がその系の平均温度 T_m に比べて小さいとき，T_m を基準とするプランクの平均放射率

$$\bar{\varepsilon}(T_m) \equiv \frac{\int_0^\infty \varepsilon_\lambda E_{b,\lambda}(\lambda, T_m)\,\mathrm{d}\lambda}{E_b(T_m)} \tag{6.3}$$

を用いて近似的に灰色体とみなすことができる．

図 3.11 に示したように，物体面が電磁波の波長に比べて粗い面で構成されている場合や多孔質体のように光学的に不均一な物体の場合，物体面はふく射を等方的に反射するので，拡散面として近似できる場合が多い．

拡散面で灰色体のふく射伝熱解析法は，多くの伝熱の教科書に記述されているように種々の手法がある．単純な形状については，解析的に求めた形態係数式 (5.3) と電気回路との相似性を利用したアナログ解法[41]もある．また，モンテカルロ法とゾーン法によるふく射伝熱と対流伝熱の複合問題[46]や，都市空間の放射伝熱解析[47]なども行われている．

現在は，コンピュータが発達し，大規模なマトリックス計算が容易になっているため，個々の問題に対して別個に考える必要のある解析的な手法よりは，有限要素法や境界要素法のように，あらゆる形状に適用できる汎用性のある手法が有効であろう．

6.2 解析法

そこで，本章では Hottel のゾーン法[40]を発展させ，灰色・拡散面に適用可能な任意形状 3 次元物体面間のふく射伝熱解析法[33]について述べる．

6.2 解析法

N 個の灰色・拡散面要素 A_i $(i=1,...,N)$ で閉空間を構成する系を考える．それぞれの面は等温で，面間を満たす空間はふく射を放射・吸収・散乱しないものとする．

図 6.2 に示すように，面 A_i に入射する全てのふく射エネルギーの単位面積当たりの量，つまり外来照射量（入射熱流束）$G_i\,[\mathrm{W/m^2}]$ の反射成分 ρG_i と自己の放射量 $\varepsilon E_b(T_i)$ とを加えた単位面積当たりの量が射度 $J_i\,[\mathrm{W/m^2}]$ である．灰色・散乱面の放射率と吸収率は物体温度に依存しないとすると，式 (6.1) が適用できるから，$\alpha_i = 1 - \rho_i$ を考慮して，射度 J_i は次式で表される．

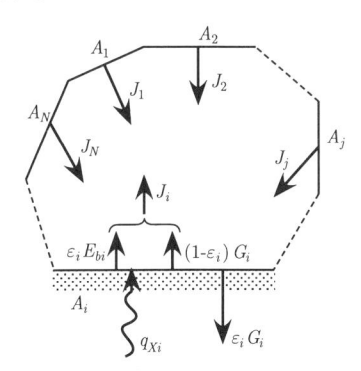

図 6.2 N 個の面で構成される系の外来照射量 G_i と射度 J_i との関係

$$J_i = E_{b,i} + \rho_i\,G_i = \varepsilon_i\,\sigma\,T_i^4 + (1-\varepsilon_i)\,G_i \tag{6.4}$$

q_{X_i} は，面 A_i を裏面から加熱する熱流束とすると，図 6.3 に示すエネルギーバランスから次式が得られる．

$$q_{X_i} = \varepsilon_i\,\sigma\,T_i^4 - \varepsilon_i\,G_i \tag{6.5}$$

一般には，式 (6.4), (6.5) を q_{X_i} や J_i，$E_{b,i}$ について解くことになる．ここでは，物理的な意味づけを明確にするためと代数的な取扱いを容易にするために，以下の形態係数 $F_{i,j}^A$, $F_{i,j}^D$ と熱流量 $Q\,[\mathrm{W}]$ を導入する．

$$F_{i,j}^A = \varepsilon_j\,F_{i,j} \tag{6.6}$$

$$F_{i,j}^D = (1 - \varepsilon_j) F_{i,j} \tag{6.7}$$

ここで，$F_{i,j}^A$ は吸収形態係数，$F_{i,j}^D$ は乱反射形態係数であり，面 A_i から A_j に到達するふく射の割合の内，それぞれ吸収されるものと乱反射されるものの割合である．さらに，一般的に用いられている熱流束 [W/m²] の単位をもつ緒量 q_X, J, E_b に代わり，熱流量 Q_X, Q_J, Q_T [W] を導入する．

$$Q_{J_i} = A_i J_i \tag{6.8}$$

$$Q_{G_i} = A_i G_i \tag{6.9}$$

$$Q_{T_i} = A_i E_{b,i} = \varepsilon_i \sigma T_i^4 A_i \tag{6.10}$$

$$Q_{X_i} = A_i q_{X_i} \tag{6.11}$$

図 6.3 を参照して，外来照射量 Q_{Gi} は次式で表される．

$$(1 - \varepsilon_i) Q_{G_i} = \sum_{j=1}^{N} F_{j,i}^D Q_{J_j} \tag{6.12}$$

図 6.3 の熱バランスから，式 (6.4), (6.5) は，次式のように書き換えられる．

$$Q_{J_i} = Q_{T_i} + \sum_{j=1}^{N} F_{j,i}^D Q_{J_j} \tag{6.13}$$

$$Q_{X_i} = Q_{T_i} - \sum_{j=1}^{N} F_{j,i}^A Q_{J_j} \tag{6.14}$$

$(F_{j,i})$, Q_i をそれぞれ N 元の行列 $\boldsymbol{F}$ と列ベクトル $\vec{Q}$ とすると，式 (6.13), (6.14) から $\vec{Q}_J$ を消去することによって次式が得られる．

$$\boldsymbol{F}_X \vec{Q}_T = \boldsymbol{I} \vec{Q}_X \tag{6.15}$$

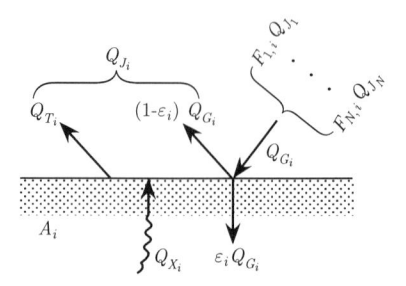

図 **6.3** 拡散面のふく射エネルギー収支

6.2 解析法

ここで,
$$\boldsymbol{F}_X = \boldsymbol{I} - \boldsymbol{F}^A(\boldsymbol{I} - \boldsymbol{F}^D)^{-1} \tag{6.16}$$

$\boldsymbol{I}$ は単位行列であり,( )$^{-1}$ は逆行列を表す.ここで,式 (6.16) は形態係数 $F_{i,j}^D$,$F_{i,j}^A$ のみの関数として表されることに注意されたい.

式 (6.15) において,面要素の温度が既知であり,$\vec{Q}_T$ が与えられるものが n 個,熱流束 $\vec{Q}_X$ が与えられる面要素が $(N-n)$ 個あるとする.全要素 N に対して,値が与えられた面要素ベクトルを $\vec{Q}_T^0$,$\vec{Q}_X^0$ とし,それに対応する係数を $\boldsymbol{F}_X^0$,$\boldsymbol{I}^0$ とする.ただし,$\vec{Q}_X = 0$ は断熱条件に相当する.未知熱流束と未知温度に対応するベクトルを $\vec{Q}_X'$,$\vec{Q}_T'$,それに対応する係数を $\boldsymbol{I}'$,$\boldsymbol{F}_X'$ とすると,式 (6.15) は次式となる.

$$\begin{bmatrix} F_{X_{1,1}}^0 & \cdot & F_{X_{1,n}}^0 & F_{X_{1,n+1}}' & \cdot & F_{X_{1,N}}' \\ \cdot & \cdot & \cdot & \cdot & \cdot & \cdot \\ F_{X_{n,1}}^0 & \cdot & F_{X_{n,n}}^0 & F_{X_{n,n+1}}' & \cdot & F_{X_{n,N}}' \\ F_{X_{n+1,1}}^0 & \cdot & F_{X_{n+1,n}}^0 & F_{X_{n+1,n+1}}' & \cdot & F_{X_{n+1,N}}' \\ \cdot & \cdot & \cdot & \cdot & \cdot & \cdot \\ F_{X_{N,1}}^0 & \cdot & F_{X_{N,n}}^0 & F_{X_{N,n+1}}' & \cdot & F_{X_{N,N}}' \end{bmatrix} \begin{pmatrix} Q_{T_1}^0 \\ \cdot \\ Q_{T_n}^0 \\ Q_{T_{n+1}}' \\ \cdot \\ Q_{T_N}' \end{pmatrix}$$
$$= \begin{bmatrix} 1 & & & & & \\ & \cdot & & & 0 & \\ & & 1 & & & \\ & & & 1 & & \\ & 0 & & & \cdot & \\ & & & & & 1 \end{bmatrix} \begin{pmatrix} Q_{X_1}' \\ \cdot \\ Q_{X_n}' \\ Q_{X_{n+1}}^0 \\ \cdot \\ Q_{X_N}^0 \end{pmatrix} \tag{6.17}$$

つまり,

$$\begin{bmatrix} F_{X_{1,1}}^0 & \cdot & F_{X_{1,n}}^0 & 0 & & 0 \\ \cdot & \cdot & \cdot & & & \\ F_{X_{n,1}}^0 & \cdot & F_{X_{n,n}}^0 & 0 & & \\ F_{X_{n+1,1}}^0 & \cdot & F_{X_{n+1,n}}^0 & -1 & & \\ \cdot & \cdot & \cdot & 0 & \cdot & 0 \\ F_{X_{N,1}}^0 & \cdot & F_{X_{N,n}}^0 & 0 & 0 & -1 \end{bmatrix} \begin{pmatrix} Q_{T_1}^0 \\ \cdot \\ Q_{T_n}^0 \\ Q_{X_{n+1}}^0 \\ \cdot \\ Q_{X_N}^0 \end{pmatrix}$$
$$= \begin{bmatrix} 1 & 0 & 0 & -F_{X_{1,n+1}}' & \cdot & -F_{X_{1,N}}' \\ 0 & \cdot & 0 & \cdot & \cdot & \cdot \\ & & 1 & -F_{X_{n,n+1}}' & \cdot & -F_{X_{n,N}}' \\ & & 0 & -F_{X_{n+1,n+1}}' & \cdot & -F_{X_{n+1,N}}' \\ & & & \cdot & \cdot & \cdot \\ 0 & & 0 & -F_{X_{N,n+1}}' & \cdot & -F_{X_{N,N}}' \end{bmatrix} \begin{pmatrix} Q_{X_1}' \\ \cdot \\ Q_{X_n}' \\ Q_{T_{n+1}}' \\ \cdot \\ Q_{T_N}' \end{pmatrix} \tag{6.18}$$

したがって，

$$
\begin{aligned}
&\begin{bmatrix}
1 & 0 & 0 & -F'_{X_{1,n+1}} & \cdot & -F'_{X_{1,N}} \\
0 & \cdot & 0 & \cdot & \cdot & \cdot \\
 & & 1 & -F'_{X_{n,n+1}} & \cdot & -F'_{X_{n,N}} \\
 & & 0 & -F'_{X_{n+1,n+1}} & \cdot & -F'_{X_{n+1,N}} \\
 & & \cdot & \cdot & \cdot & \cdot \\
0 & 0 & & -F'_{X_{N,n+1}} & \cdot & -F'_{X_{N,N}}
\end{bmatrix}^{-1} \\
&\times \begin{bmatrix}
F^0_{X_{1,1}} & \cdot & F^0_{X_{1,n}} & 0 & & 0 \\
\cdot & \cdot & \cdot & & & \\
F^0_{X_{n,1}} & \cdot & F^0_{X_{n,n}} & 0 & & \\
F^0_{X_{n+1,1}} & \cdot & F^0_{X_{n+1,n}} & -1 & & \\
\cdot & \cdot & \cdot & & 0 & \cdot & 0 \\
F^0_{X_{N,1}} & \cdot & F^0_{X_{N,n}} & 0 & 0 & -1
\end{bmatrix} \times \begin{pmatrix} Q^0_{T_1} \\ \cdot \\ Q^0_{T_n} \\ Q^0_{X_{n+1}} \\ \cdot \\ Q^0_{X_N} \end{pmatrix} = \begin{pmatrix} Q'_{X_1} \\ \cdot \\ Q'_{X_n} \\ Q'_{T_{n+1}} \\ \cdot \\ Q'_{T_N} \end{pmatrix}
\end{aligned} \quad (6.19)
$$

式 (6.19) の左辺は全て既知なので，未知量の熱流束と温度が次式で求められる．

$$q'_{X_i} = \frac{Q'_{X_i}}{A_i} \tag{6.20}$$

$$T'_i = \left[\frac{Q'_{T_i}}{A_i \, \varepsilon_i \, \sigma}\right]^{1/4} \tag{6.21}$$

$F^D_{i,j}$, $F^A_{i,j}$ と熱流量 Q_i の導入によって，式 (6.15)〜(6.19) は形態係数のみの代数的な取扱いが容易となり，汎用の解析ツールが使用できる．

◇　◇　◇　Example　◇　◇　◇

図 6.4 に示すように，半径と表面積，温度，全半球放射率が R_1, A_1, T_1, ε_1 の球が，R_2, A_2, T_2, ε_2 の球殻で覆われている場合を考える．面 A_1 から放射されるふく射は全て面 A_2 に到達するから，式 (4.1) の定義より $F_{1,2}=1$ である．式 (4.4) の総和関係と式 (4.6) との相互関係を用いると，

$$[F_{i,j}] = \begin{bmatrix} 0 & 1 \\ A_1/A_2 & 1 - A_1/A_2 \end{bmatrix} \tag{6.22}$$

となるから，式 (6.19) を解くことによって，

$$Q_{X_1} = \frac{A_1 \varepsilon_1 \sigma (T_1^4 - T_2^4)}{1 + \dfrac{A_1 \varepsilon_1}{A_2}\left(\dfrac{1}{\varepsilon_2} - 1\right)} \tag{6.23}$$

が得られる．その結果を 図 6.4 に示した．$R_2 \gg R_1$ のとき，外部環境の放射率によらず，伝熱量は外部環境が温度 T_2 の黒体で近似できることがわかる．この例で示すように，

6.3 任意加熱条件の3灰色面間ふく射伝熱

十分大きな等温環境に囲まれた物体からのふく射伝熱を考える場合，周囲環境は，その放射率によらず等温黒体で近似できることを示している．

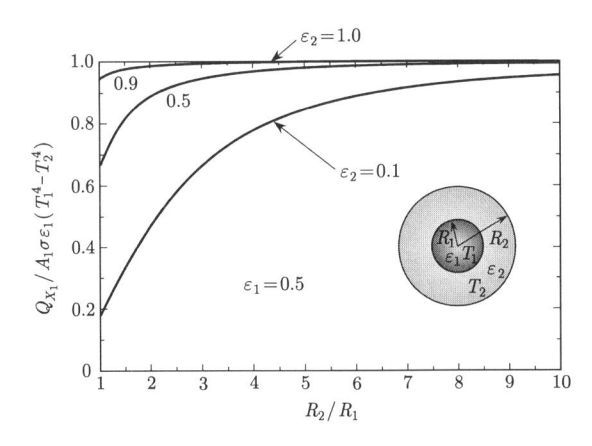

図 **6.4** 球が球殻で覆われているときのふく射伝熱量

* * * * *

6.3 任意加熱条件の3灰色面間ふく射伝熱

前節の解析法を図 4.5 に示した直交 2 長方形と周囲環境について行う．図 6.5，表 6.1 の諸元で式 (4.8) から $F_{1,2}$ を計算し，$F_{1,1} = F_{2,2} = 0$ と総和関係〔式 (4.4)〕と相互関係〔式 (4.6)〕を用い，さらに前節の例を用いて周囲環境を表面積 $10\,\mathrm{m}^2$ の黒体で表すと，形態係数は次式となる．

$$[F_{i,j}] = \begin{bmatrix} 0 & 0.146 & 0.854 \\ 0.292 & 0 & 0.708 \\ 0.3416 & 0.1416 & 0.5168 \end{bmatrix} \tag{6.24}$$

式 (6.6), (6.7) より，$\boldsymbol{F}^A$, $\boldsymbol{F}^D$ は次式となる．

$$\boldsymbol{F}^A = \begin{pmatrix} \varepsilon_1 \\ \varepsilon_2 \\ \varepsilon_3 \end{pmatrix} [F_{i,j}]^T \tag{6.25}$$

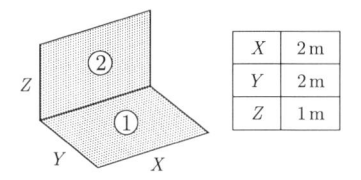

図 **6.5** 直交 2 長方形の寸法

表 **6.1** 計算条件〔 要素 3（外部環境）の面積は仮の値である 〕

面要素番号 i	$A_i\,[\mathrm{m}^2]$	$T_i\,[\mathrm{K}]$	$Q_{X_i}\,[\mathrm{W}]$	ε_i
1	4	1000	—	0.5
2	2	—	0	0.5
3	10*	300	—	1

$$\boldsymbol{F}^D = \begin{pmatrix} 1-\varepsilon_1 \\ 1-\varepsilon_2 \\ 1-\varepsilon_3 \end{pmatrix} [F_{i,j}]^T \tag{6.26}$$

ここで，$[\ ]^T$ は転置行列を表す．したがって，式 (6.16) の $\boldsymbol{F}_X$ は，

$$\boldsymbol{F}_X = \begin{bmatrix} 0.989 & -0.148 & -0.183 \\ -0.0738 & 0.989 & -0.0842 \\ -0.915 & -0.842 & 0.267 \end{bmatrix} \tag{6.27}$$

したがって，式 (6.19) は，

$$\left. \begin{aligned} & \begin{bmatrix} 1 & 0.148 & 0 \\ 0 & -0.989 & 0 \\ 0 & 0.842 & 1 \end{bmatrix}^{-1} \begin{pmatrix} 0.989 & 0 & -0.183 \\ -0.0738 & -1 & -0.0842 \\ -0.915 & 0 & 0.267 \end{pmatrix} \\ & \times \begin{pmatrix} 1.13 \times 10^5 \\ 0 \\ 4.59 \times 10^3 \end{pmatrix} = \begin{pmatrix} Q_{X_1} \\ Q_{T_2} \\ Q_{X_3} \end{pmatrix} \end{aligned} \right\} \tag{6.28}$$

となるから，熱流束と温度，外部環境へのふく射熱量が式 (6.20), (6.21) と 式 (6.28) より

$$\begin{pmatrix} q_{X_1} \\ T_2 \\ Q_{X_3} \end{pmatrix} = \begin{pmatrix} 2.75 \times 10^4\,\mathrm{W/m^2} \\ 629\,\mathrm{K} \\ -1.10 \times 10^5\,\mathrm{W} \end{pmatrix} \tag{6.29}$$

となる．

6.3 任意加熱条件の3灰色面間ふく射伝熱

面要素数が3以上でも，各面の ε_i と形態係数が与えられれば本節の手法が適用でき，任意の面要素に温度または熱流束を与えることによって未知量が求められる．

◇　　◇　　◇　　Example　　◇　　◇　　◇

図 6.6 に示すような内壁の放射率が ε の円錐の底面に半径 aR の穴を空けた場合の空洞からの放射強度を表 6.2 の条件で計算する．円錐底面の要素 ①, ② から要素 ③ への形態係数は 1，また $F_{1,2} = F_{2,1} = 0$ であるので，相互則を用いて全ての形態係数が計算できる．第 3.3 節と同様に Q_{X_i} を計算し，結果を図 6.6 に示す．a が小さい場合は，内壁面の放射率によらず空洞からの放射は黒体と等しくなる．これが図 2.1 で示した空洞効果である．

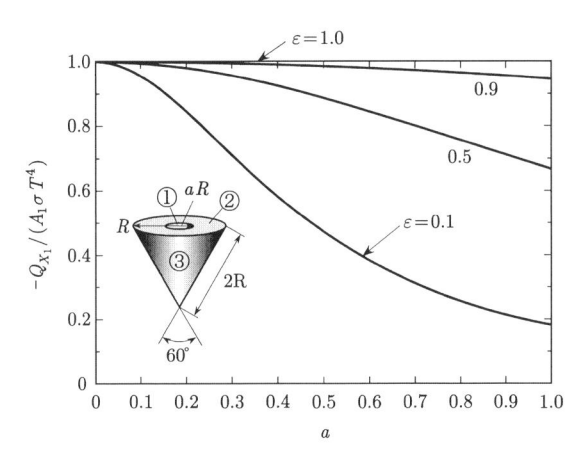

図 6.6 円錐底面の穴からの放射量

表 6.2 計算条件

面要素番号 i	$A_i \, [\mathrm{m}^2]$	$T_i \, [\mathrm{K}]$	$Q_{X_i} \, [\mathrm{W}]$	ε_i
1	$a^2 \pi R^2$	0	—	1
2	$(1-a^2)\pi R^2$	—	0	ε
3	$2\pi R^2$	T	—	ε

★　　★　　★　　★　　★

第7章 鏡面を含む物体面間のふく射伝熱とふく射制御

7.1 鏡面を含む任意形状面間のふく射伝熱

物体面が完全な乱反射面であることは少なく,反射特性に指向性をもつ場合が多い.特に,金属や半導体の多くは,酸化皮膜が厚い場合を除いて鏡面反射が顕著である.

本節では,任意形状の灰色散乱面,鏡面または鏡面・散乱面の複合面が混在する系のふく射伝熱のモデル化と解析例[33, 48, 49]を示す.

7.1.1 ふく射モデルと解析法

図 3.9, 図 3.10 や式 (3.28) の右辺で示したように,反射されたふく射強度分布は,ふく射の入射方向 $\hat{s}_i$ と反射方向 $\hat{s}_r$ の関数である.そこで,図 3.11 を考慮して,本節では図 7.1 に示す反射モデル,つまり,面要素が鏡面と拡散面の複合面である場合を考える.

A_i に入射したふく射は,鏡面反射成分と乱反射成分に分けられる.反射率が入射角に依存しないと仮定すると,第 3.3 節を参照して,単色鏡面反射率 $\rho^S_{\lambda,i}$,単色拡散反射率 $\rho^D_{\lambda,i}$,単色 (半球) 吸収率 $\alpha_{\lambda,i}$,単色 (半球) 放射率 $\varepsilon_{\lambda,i}$ の関係は次式となる.

$$1 - \varepsilon_i = 1 - \alpha_i = \rho_i = \rho^S_i + \rho^D_i \tag{7.1}$$

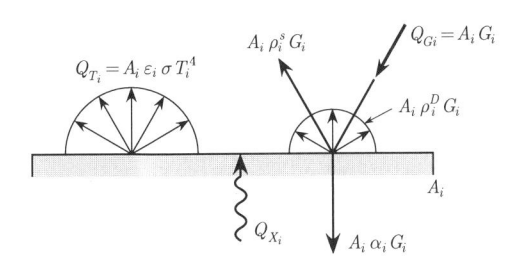

図 7.1 鏡面・乱反射面モデルとふく射エネルギー収支

ここで，ε, α, ρ は物体温度によらず一定としている．

なお，金属面などの実在面では $\theta_i = \pi/2$ 近傍で反射率と指向性放射率が入射角に依存し，乱反射面でも $\theta_i = \pi/2$ のごく近傍で鏡面反射する物体が多い．しかし，余弦則（図 3.4）により $\theta \simeq \pi/2$ に入射するふく射の投影面積が小さいので，本解析で用いた反射モデルの仮定は実在面でも妥当な近似を与えると考えられる．

◇　　◇　　◇　Example　◇　　◇　　◇

鏡面・拡散面の複合反射モデルは，埃を被った鏡に光線が入射している場合を考えるとわかりやすい．埃の堆積が多いときは，$\rho_i \to \rho_i^D$ であり，光が当たった箇所がどこからでも明るく見える．埃がないときは $\rho_i \to \rho_i^S$ で，光が鏡に当たっても反射角以外では光が鏡に入射していることがわからない．

★　　　★　　　★　　　★　　　★

このような鏡面を含んだふく射伝熱は，解析が複雑になり，実際の計算は単純形状のみに限られていた[37]．本節では，形態係数本来の意味〔式 (4.1)〕に立ち返り，次式で示す吸収形態係数 $F_{i,j}^A$ と乱反射形態係数 $F_{i,j}^D$ を次のように定義する[33]．

吸収形態係数 $F_{i,j}^A$

$$\equiv \frac{\text{表面 } A_j \text{ に到達し その面に吸収される ふく射エネルギー束}}{\text{表面 } A_i \text{ から放射される全ふく射エネルギー束}} \quad (7.2)$$

乱反射形態係数 $F_{i,j}^D$

$$\equiv \frac{\text{表面 } A_j \text{ に到達し その面に乱反射される ふく射エネルギー束}}{\text{表面 } A_i \text{ から放射される全ふく射エネルギー束}} \quad (7.3)$$

面要素の等方放射性を式 (4.2) に考慮すると，式 (7.2), (7.3) は次式となる．

$$F_{i,j}^A = \frac{1}{\pi A_i} \int_{A_i} \int_{2\pi} f_i^j(\hat{s})\, \varepsilon_{\lambda,j} \cos\theta \, d\Omega \, dA_i \quad (7.4)$$

$$F_{i,j}^D = \frac{1}{\pi A_i} \int_{A_i} \int_{2\pi} f_i^j(\hat{s})\, \rho_{\lambda,j}^D \cos\theta \, d\Omega \, dA_i \quad (7.5)$$

ここで，$f_i^j(\hat{s})$ は dA_i から $\hat{s}(\theta,\phi)$ 方向に放射されたふく射束が A_j に到達する割合である．

物体を温度が等しく，熱流束分布も一様とみなせるふく射要素に分割する．図 7.2 は，鏡面を含むふく射要素の分割を示している．

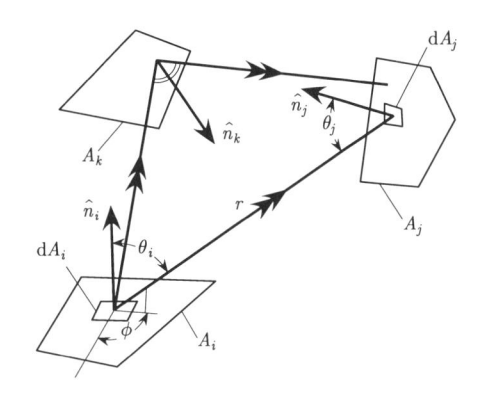

7.1 鏡面を含む任意形状面間のふく射伝熱

図 7.2 多角形平面で構成される鏡面を含むふく射要素の放射モデル

物体が軸対称とみなせるときには，図 7.3 のような軸対称の円環要素で構成されるふく射要素を用いると，3次元要素に比べて著しくふく射要素の数を減らすことができる．このとき，各種の円環要素は次式で表される．

$$a(x^2 + y^2) + b(z - c)^2 = d \tag{7.6}$$

ここで，上式のパラメータは要素の種類に応じて 表 7.1 の値をとる．

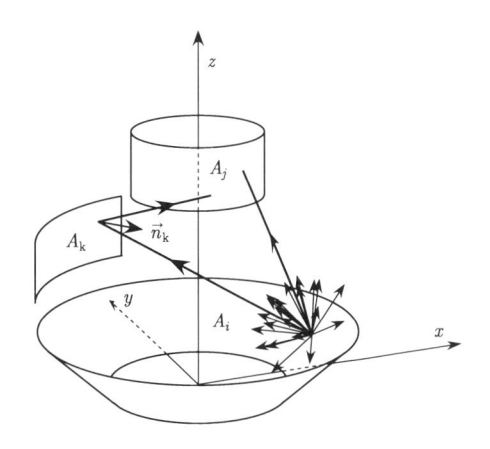

図 7.3 円環要素で構成される軸対称ふく射要素モデル

表 7.1 各種円環要素のパラメータ

要素名	a	b	c	d
円板	0	-	-	0
円筒	>0	0	-	>0
円錐	>0	<0	-	
球	1	1	-	>0
回転楕円体	1	>0	-	>0
回転双曲線	1	<0	-	$\neq 0$

7.1.2 解析法

任意形状物体の $F^A_{i,j}$, $F^D_{i,j}$ の算出には,モンテカルロ法[32]やコンピュータグラフィックスで用いられる光線追跡法が適用できる.本節では,以下に示すふく射光線追跡法[48,49]による算出法を紹介する.ふく射要素上の代表点(一般的には重心を用いる)から N 本の光線を次式に従って放射させる[49].

$$\left.\begin{aligned}
&\theta_0 = \phi_0 = 0 \\
&\theta_m = \sin^{-1}[\sin^2\psi_{m-1} + 2/N]^{0.5}, \quad (m=1,2,...,n^2) \\
&\phi_{in+j+1} = (i+nj)\pi/(2n^2), \\
&\quad (i=0,1,...,n-1, \quad j=0,1,...,n-1)
\end{aligned}\right\} \quad (7.7)$$

$$\left.\begin{aligned}
&N = 1 + (2n)^2 \\
&\psi_0 = \sin^{-1}(1/N)^{0.5} \\
&\psi_m = \sin^{-1}[4/N + \sin^2\psi_{m-1}]^{0.5}, \quad (m=1,2,...,n^2)
\end{aligned}\right\} \quad (7.8)$$

ここで,θ, ϕ はふく射要素の法線を基準とした天頂角と方位角である.

それぞれの光線は,$1/N$ の重みをもって面要素 A_i から半球方向に放射させる.光線が A_j に到達したとき,式 (7.1) に従い光線のエネルギーを分割し,吸収成分と乱反射成分をそれぞれ $F^A_{i,j}$, $F^D_{i,j}$ に加算する.鏡面反射成分は,いずれかの面に吸収されるまで光線追跡を継続する.以上のふく射光線追跡を全ての面要素について行うと,式 (7.4), (7.5) の形態係数が自動的に算出される.

式 (7.7), (7.8) の放射モデルは,これまでの方法[33,48]に比べて比較的少ない光線数で形態係数が精度よく算出できる.軸対称モデルでは,形状と熱条件は軸対称であるが,光線追跡は 3 次元空間で行う必要があることに注意する.本手法は,各面要素内でふく射物性や温度が均一とみなせる系に対して,CAD やコンピュータグラフィック,有限要素法で用いられる物体の表面座標を使用することができる.

ふく射要素の反射率が要素の温度によらず一定で,かつ入射ふく射に対して灰色で近似

7.1 鏡面を含む任意形状面間のふく射伝熱

できる場合を考える．算出された $F_{i,j}^A$, $F_{i,j}^D$ を式 (6.6), (6.7) の形態係数に置き換えることによって，第6章とまったく同一な手法により，任意加熱条件でのふく射伝熱解析ができる．つまり，$F_{i,j}^A$, $F_{i,j}^D$ の導入により，鏡面反射による煩雑さを回避し，拡散面のふく射伝熱解析と同一な手法を用いることが可能となる．

第10章で示すように，拡散反射をふく射性媒体の等方性散乱と置き換えることによって，本解析法の概念はそのまま任意形状の放射・吸収・散乱性の伝熱解析に置き換えることができて，任意の加熱条件におけるふく射伝熱解析ができる[50, 51]．

7.1.3 解析例

任意形状3次元物体間のふく射伝熱の例として，図7.4に示す自動車用ガソリンエンジンのコネクティングロッドの多面体モデルを考える．コネクティングロッド表面は2788面の多面体で構成されている．各面は断熱 ($Q_X = 0$) と仮定した．図7.4に示すように1600面で構成される温度1000Kの等温ヒータ面 ($\varepsilon = 1$) を置き，周囲環境は0Kの黒体とした．

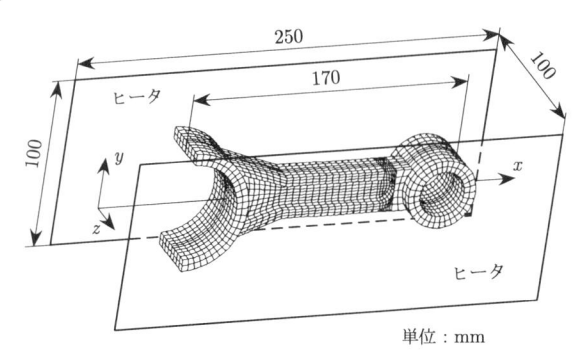

図 7.4 自動車用コネクティングロッドのふく射モデル

図7.5は，コネクティングロッドの表面が鏡面 ($\rho^S = 0.9$, $\rho^D = 0$, $\varepsilon = 0.1$) のとき，表面温度分布を示したものである[33]．図7.5中，ヒータは省略してある．ヒータに面した表面とロッド中心部の溝部が高温で，両側面は低温である．クランクシャフト軸受部側面（左下側面）は，特に温度が低い．同様な解析を拡散面 ($\rho^S = 0$, $\rho^D = 0.9$, $\varepsilon = 0.1$) について行うと，鏡面の場合に比べて表面温度が高くなるが，特にロッド溝やピストンピン（図7.5の右の穴）などの部分で鏡面の場合との差異が大きいことが明らかになっている[33]．

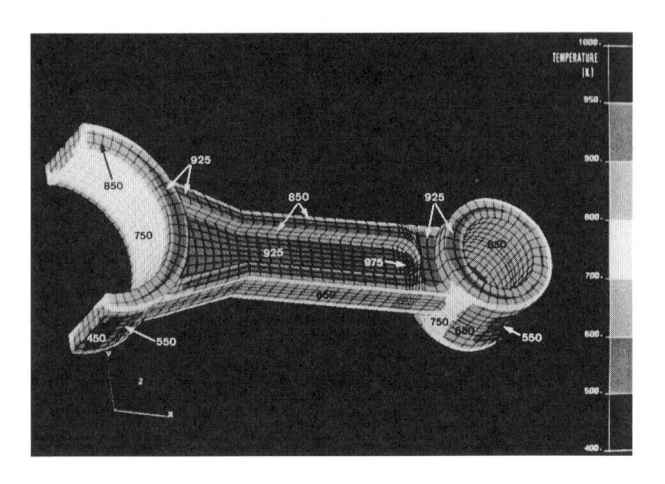

図 7.5 鏡面をもつコネクティングロッド表面の温度分布

本手法は,形態係数の逆行列を 2 回計算するために,ふく射要素の数が増えるとその約 3 乗に比例して計算時間が増大する.実用の機器の 3 次元複合伝熱解析では,ふく射要素数はしばしば 10^4 程度になる場合もある.そのため,ワークステーションレベルの計算機で 10^4 程度のふく射要素の伝熱解析を行うと,式 (6.16) の伝熱計算に 10 日程度かかる場合もある[52].著者らは,この問題を解決するために,形態係数の対称性を利用した反復法を用いて,3000 要素の伝熱計算を従来の手法に比べて 1/280 に短縮することに成功している[53, 54].さらに,形態係数の簡略化によってさらなる計算時間の短縮に成功し[55],7344 要素の計算で逆行列計算を行う初期の計算法に比べ 1/1170 程度まで短縮できている.

軸対称任意形状物体の解析例として,図 7.6 に示すようなチョクラルスキー法によるシリコン結晶成長装置を考える.るつぼ内のシリコン融液の対流は,解析の簡略化のために無視している.装置は金属製円筒容器に納められている.ふく射伝熱計算は,計 178 の円環面要素で構成されているモデルについて行った.ヒータとるつぼ,ふく射シールドは拡散面とし,金属製チャンバ,シリコン結晶,シリコン融液は拡散面または鏡面とした両方の場合について解析した.いずれも各放射面の放射率は同じにしている.

図 7.6 の解析モデルは熱伝導解析を行い,本章のふく射伝熱解析と反復することによって,ふく射・伝導複合伝熱解析を行った[56].図 7.7 は,断面の定常温度分布と表面のふく射熱流束分布を示したもので,中心線を境にして拡散面の場合とシリコン表面と円筒容

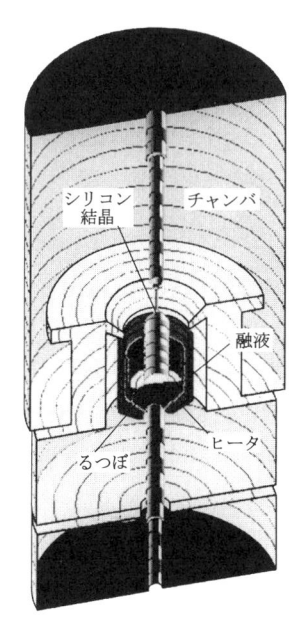

7.1 鏡面を含む任意形状面間のふく射伝熱

図 7.6 チョクラルスキーシリコン結晶成長装置のふく射・伝導複合伝熱モデル

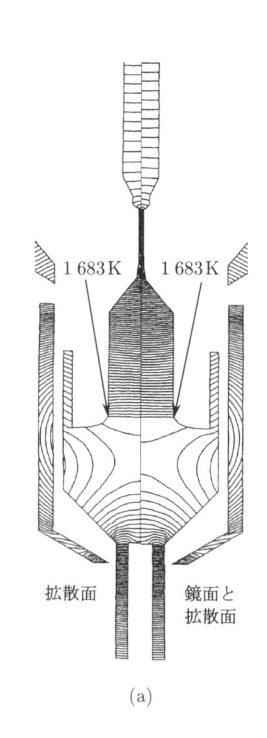

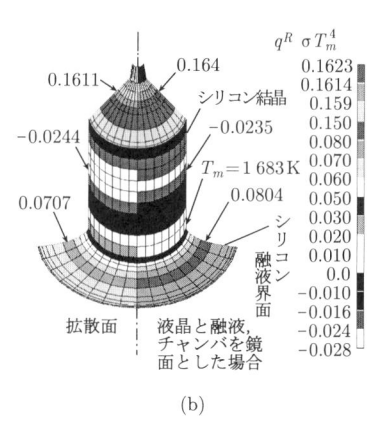

図 7.7 複合伝熱モデルによる温度分布 (a) と，表面のふく射熱流束分布 (b)

器を鏡面にした場合を表している．本解析例では，メニスカス上端の融液と結晶の境界が融点となるようにヒータの出力を調整しているので，温度分布の顕著な差異は認められない．しかし，融液表面での熱流束は鏡面の方が大きくなり，結晶の引上げ速度も全て拡散面と仮定した場合より鏡面を含む解析の方が約 40％ 増大する [56]．また，結晶と融液の境界で形成されるメニスカスの曲面がふく射伝熱に及ぼす影響が大きいことも指摘されている [49]．この手法は，ガスの流動や融液の対流も含む複合伝熱解析に拡張されている [57]．

本解析法は，ニードルアイ FZ（フローティングゾーン）法によるシリコン結晶成長複合伝熱シミュレーションにも使用され，実験結果と良好な一致が得られている [58, 59]．さらに，同様な手法が居住熱環境の解析 [60] やシリコンウェハの温度解析 [61, 62, 63, 64] にも利用されている．

7.2 鏡面を用いたふく射の放射制御

7.2.1 幾何光学による鏡面反射板の指向放射の制御

物体から放射されるふく射エネルギーが他の物体や周囲からのふく射エネルギーに比べて著しく大きいとき，他の物体の放射は無視できる場合がある．このような系では，放射体以外の面では放射体からの反射のみを考慮するだけでよい．さらに，反射面が鏡面で構成される場合は放射体からのエネルギーを前節の光線追跡法でシミュレーションすることによって放射エネルギー分布が推定できる．このとき，ふく射エネルギーの方程式 (6.13)，(6.14) を解く必要はない．また，可視光の光源を考える場合，反射板自身が放射する可視領域のふく射は無視できる場合が多いので，可視光の強度分布のシミュレーションにも光線追跡法が用いられる．

ふく射面から放射される熱ふく射線または光は，ふく射面の形状によって種々な指向特性を示す．黒体平面の放射特性は等方であるが，黒体平面に鏡面で構成される反射面を組み合わせると，ふく射の放射特性に指向性を与えることができる．図 7.8 に示すように，鏡面の V 溝を用いることによって黒体平面からの等方性ふく射に指向性を与える研究が Perlmutter と Howell [65] によって行われ，同様な研究が国内でも行われている [66, 67]．また，黒体平面上に円柱格子を配置することによって，黒体からの等方放射に指向性を与える試みも行われている [68]．

これらの研究は，平面鏡によって黒体面からの等方性ふく射に指向性を与えるもので

7.2 鏡面を用いたふく射の放射制御

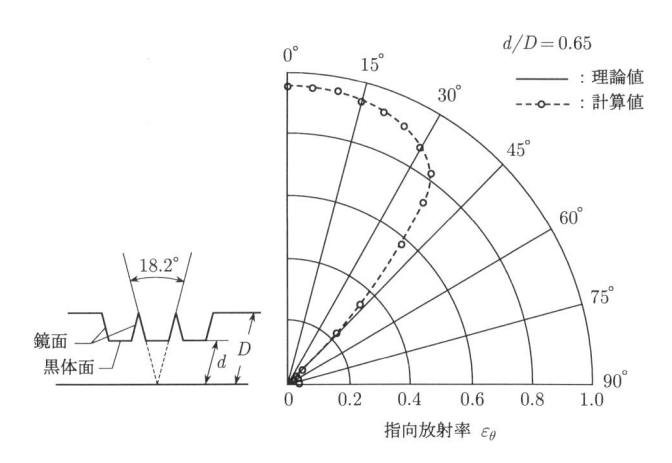

図 7.8 黒体面とV溝鏡面による指向放射

あった．等方性放射特性に指向性を与えるものとは逆に，物体からのふく射を幾何光学的スケールで制御することによって，均一なふく射場を得る試み[69, 70)] がなされている．また，複合放物面鏡による太陽放射の集光制御[71)] も行われている．

図 7.9 は，円柱状の拡散面ふく射体に対するアルミニウム鏡面のインボリュート型反射板について，可視光域での反射板開口部における見かけの相対指向ふく射度分布 $i^*(\Theta)$ を示したものである．ここで，Θ は反射板開口部への見こし角を表す．

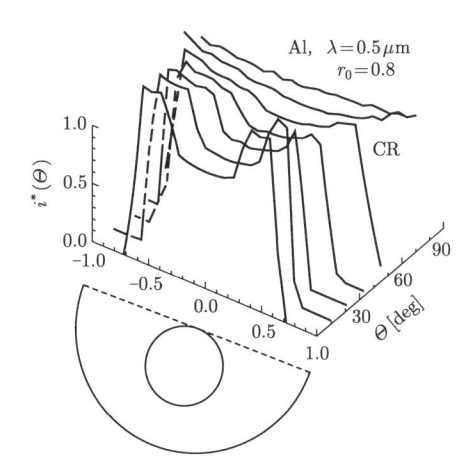

図 7.9 半円型反射板開口における指向ふく射強度分布

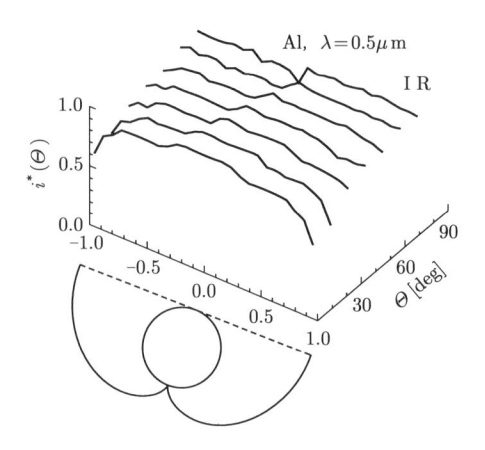

図 7.10 アルミニウム鏡面のインボリュート型反射板開口における指向ふく射強度分布

図 7.10 は，同様な分布を円筒型ふく射体の乱反射率 ρ_0^D が 0.8 の場合の半円型反射板について示している．両者を比較すると，指向反射率を考慮したインボリュート型反射板の指向放射率は，円型反射板に比べて遥かに一様性がよいことがわかる．

図 7.9，図 7.10 の計算において，反射板の反射率は入射角度関数として与えられるものとしている．この解析には，実在面の鏡面反射率 $\rho_{\theta_i,r}^S(\hat{s}_i)$〔式 (3.30)〕の入射角依存性を第 13.4 節で議論するフレネル則で計算している．ただし，2 次元物体に対する放射モデルと 2 次元鏡面の反射率の推定には注意が必要なので，詳細は文献[69]を参照されたい．

インボリュート型反射板の放射効率は，指向反射率を考慮した場合でも最大で，その値

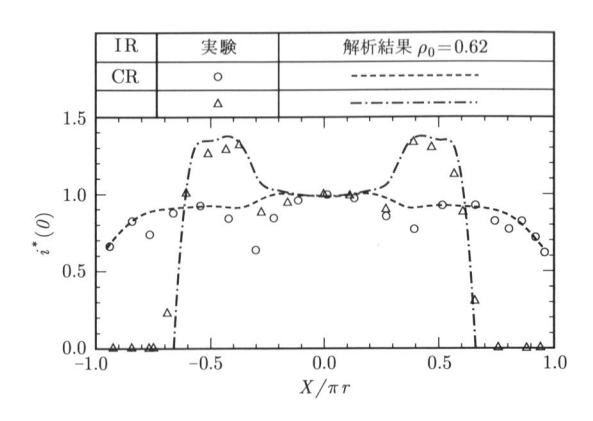

図 7.11 反射板開口部を正面から見た場合の輝度分布

7.2 鏡面を用いたふく射の放射制御

は円筒型ふく射面の反射率に依存しない．図 7.11 は，蛍光管を放射体とし，インボリュート反射板と半円型反射板を正面から見たときの輝度分布，つまりふく射強度分布を示したものである[70]．指向性反射率を考慮した解析結果と実験値はよく一致しており，インボリュート反射板は均一な輝度分布が得られているが，半円型反射板では分布は著しく不均一であることがわかる．

7.2.2 微小空洞による放射の波長制御

固体の熱ふく射物性は，その表面形状に大きく依存することがよく知られている．図 7.12 (a) に示すように，空洞の大きさが電磁波の波長と比較して大きい場合には，第 2.2 節に示したプランクの理論に示されるように，図 7.12 (b) のように空洞は黒体として扱われている．しかし，空洞が波長と同程度の大きさになると，第 2.2.1 項に示した空洞内部の電磁波のモードが制限され，そのような取扱いはできなくなる．このような微小空洞からの熱放射は電磁波の波動効果が顕著に現れることから，ミクロ単位の空洞による熱放射の波長制御が可能となる．この原理を利用して深溝や膜を用いたふく射制御が行われてきた[72, 73]．

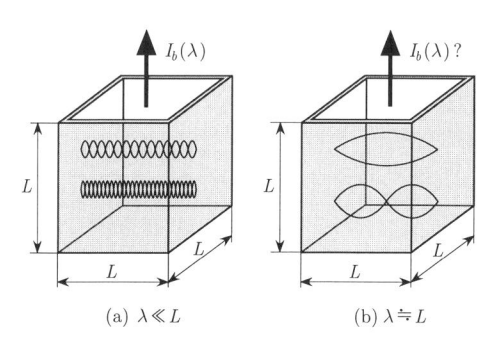

(a) $\lambda \ll L$　　(b) $\lambda \simeq L$

図 7.12 波長 λ に比べて大きな空洞からの放射と波長と同程度の空洞からの入射

著者らは，デバイス技術を用いてシリコン固体表面に微小立方空洞を稠密に配列した試料を製作し，ミクロ立方空洞による赤外線領域での固体表面からの熱放射特性について測定を行った[20, 21]．実験に用いた試料は，図 7.13 に示すように，1 辺が $5\,\mu m$ の正方形開口を有する立方空洞で，深さを変化させた空洞を $1\,\mu m$ 間隔で多数形成したものを用いた．シリコンは，赤外線領域で透明なため，反射率の大きいクロムを試料表面に蒸着している．

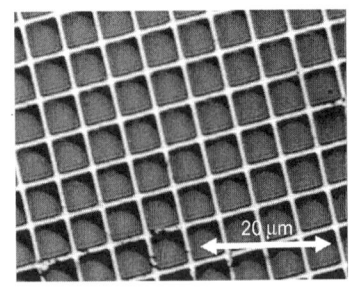

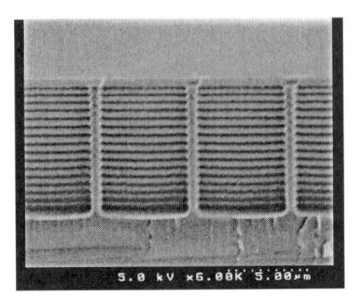

(a) 正面からの顕微鏡写真　　(b) 深さ 7.3 μm の空洞の断面

図 7.13 シリコンウェハ上に作られた方形空洞の顕微鏡写真（単位：μm）

本実験より得られた各試料の放射率を 図 7.14 に示す．平滑な面の放射率と比較して 10 μm 付近の放射率が増大していることがわかる．空洞が深くなると，空洞内部の電磁波モードの数が増加するため，放射率に見られるピークの数が増加し，ある一定以上の波長では放射率は減少する．しかし，この放射率は平滑鏡面の放射率より常に大きいことがわかる．また，このピークの波長は，空洞内の波動の固有モードとよく一致しており，微小空洞内の電磁波モードに対応した波長の放射率が増加している．

さらに，空洞開口が 2.5 μm の正方形開口のものも使用して同様の計測を行った結果，開口の長さで正規化した放射特性が 5 μm のものと等しくなった．このことは，表面物性を変えることなく格子の大きさを変化させるだけで，放射特性を制御することができることを示している．また，高温でも安定なマイクロキャビティの形成と放射特性の研究が湯上らによって行われている[74]．

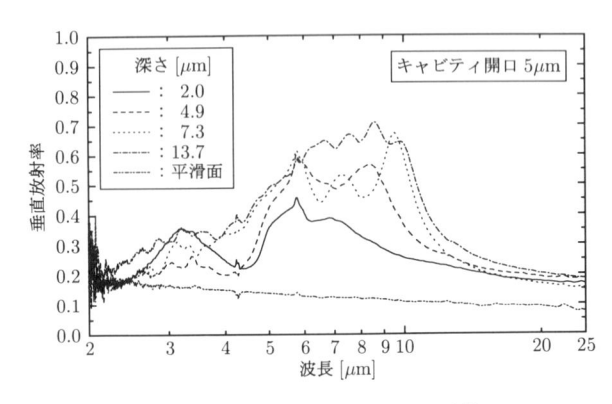

図 7.14 微小空洞による放射の波長制御

第8章　ふく射性媒体中のエネルギー伝播

第5章～第7章では，電磁波が空間中を散乱や減衰しないで伝播する系についてのふく射伝熱を扱った．つまり，電磁波は空間中を減衰せずに透過する媒体 (transparent medium) で満たされているとした．本章では，電磁波を放射・吸収・散乱する媒体 (participating medium)，または半透過性媒体 (semi-transparent medium) のふく射エネルギー伝播を扱う．

断熱材などに用いられているグラスウールなどの多孔質体や，微小球が充填されている極低温断熱層内では，放射エネルギーの伝播が重要な役割を担う．また，固体がガスに比べてふく射に対する放射・吸収が格段によいことを利用した伝熱の促進が越後[75]によって提唱され，燃焼への応用[76]が考えられている．さらに，多孔質層を用いた高熱負荷下の能動熱遮断の有効性[77]，ふく射伝熱制御の可能性[78, 79]が著者らによって示されている．また，種々の多孔質体のふく射との複合伝熱のモデル化が論じられ[80]円柱群モデルによる霜層のふく射伝熱の研究[81]，多孔質体内の超断熱燃焼による光発電の研究[82]などがある．さらに，極超音速流れにおいては，高速流のふく射伝熱が物体の加熱に重要な役割を担う[83, 84]．またミストによる火炎からのふく射遮断のモデル化[85, 86]も行われている．

空気中に含まれるCO_2やメタンなどのふく射性媒体，エアロゾルなどの微粒子や雲が地球の熱バランスに及ぼす影響など，いま緊急課題である地球環境問題でも，ふく射性媒体中のふく射エネルギー伝播はその問題解決の中核として考えられている．

本章では，微粒子群や多孔質媒体中のふく射エネルギー伝播を支配する基礎方程式について論じる．

8.1　ふく射のエネルギーバランス

図8.1に示すように，位置ベクトル$\vec{r}$における方向ベクトル$\hat{s}$の単色ふく射強度を$I_\lambda(\vec{r}, \hat{s})$として，粒子などの散乱性媒体が分散しているふく射性媒体中に単色ふく射強度

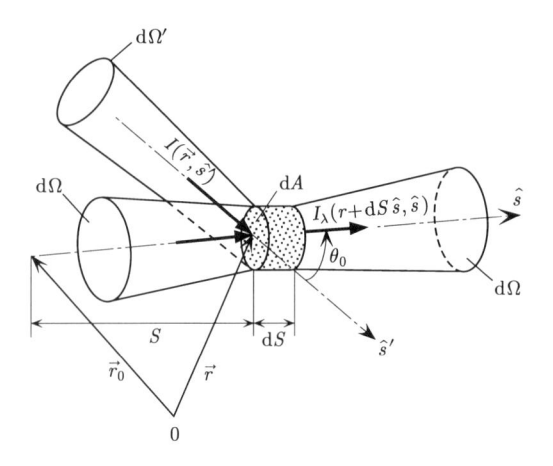

図 8.1 微小要素中のふく射エネルギーバランス

$I_\lambda(\vec{r},\hat{s})\,[\mathrm{W/(m^2\cdot sr\cdot \mu m)}]$ のふく射束が入射した場合を考える．粒子以外の空間は，ふく射性ガスなどの屈折率が n のふく射性媒体で満たされている場合を考える．

入射したふく射は，微小体積 $dA \times dS$ 内に含まれる粒子とふく射性媒体によって吸収・散乱されるために減衰される．さらに，粒子と媒体自体が熱ふく射を放射しており，その中で $\hat{s}$ 方向成分が増幅される．また，全周方向から微小体積に入射する外来ふく射のうち $\hat{s}$ の方向成分が加算される．

つまり，単色入射ふく射強度 $I_\lambda(\vec{r},\hat{s})$ のうち，吸収によって減衰される部分は，第 3.4.1 項を参照して，

$$dI_{\lambda,\mathrm{abs}} = -\kappa_\lambda\, I_\lambda(\vec{r},\hat{s})\, dS \tag{8.1}$$

ここで，$\kappa_\lambda\,[1/\mathrm{m}]$ は吸収係数である．

ふく射性媒体の温度を T とすると，媒体の自己放射による $\hat{s}$ 方向の増幅量は，第 3.4.1 項とキルヒホッフの法則（第 3.4.4 項）を参照して，

$$dI_{\lambda,\mathrm{emit}} = \kappa_\lambda\, I_{b,\lambda}(T)\, dS \tag{8.2}$$

ここで，$I_{b,\lambda}(T)$ は黒体ふく射強度で，屈折率 n の媒体に放射される場合，式 (2.20) から次式で与えられる．

$$I_{b,\lambda}(T) = \frac{C_1}{n^2\,\pi\,\lambda^5\,\{\exp[C_2/(n\,\lambda\,T)] - 1\}} \tag{8.3}$$

ここで，$C_1 = 3.742 \times 10^8\,\mathrm{W\cdot \mu m^4/m^2}$, $C_2 = 1.439 \times 10^4\,\mathrm{\mu m\cdot K}$ である．ただし，波

8.1 ふく射のエネルギーバランス

長の単位は μm を用いている．大気圧下の空気は，屈折率 $n = 1.0003$ で，ほぼ 1 とみなすことができる．

媒体中に分散する粒子などは，電磁波を散乱（反射・回折）する．つまり I_λ で $\hat{s}$ 方向に入射したふく射は，媒体の微小体積 $dA\,dS$ を伝播する間に方向を変えられ，次式に示す関係で減衰する．第 3.4.2 項を参照して，

$$dI_{\lambda,\text{scat}} = -\sigma_{s,\lambda}\,I_\lambda(\vec{r},\hat{s})\,dS \tag{8.4}$$

ここで，$\sigma_{s,\lambda}\,[1/\text{m}]$ は散乱係数である．

位置 $\vec{r}$ では $\hat{s}$ の方向のふく射だけでなく，あらゆる方向のふく射が存在する．ここで，その中の一つである $\hat{s}'$ の方向ベクトルにおけるふく射 $I_\lambda(\vec{r},\hat{s}')\,d\Omega$ を考えると，これも媒体によって $\hat{s}'$ 以外の方向に散乱される．その中で，$\hat{s}$ 方向に散乱される単位立体角当たりの割合を $\Phi_\lambda(\hat{s}' \to \hat{s})$〔式 (3.50)〕と表す．$\hat{s}$ と $\hat{s}'$ のなす角を θ_0 とすると，$I_\lambda(\vec{r},\hat{s}')$ は微小体積中を $dS/\cos\theta_0$ 進むので，散乱されるふく射の内で $\hat{s}$ 成分は，

$$\sigma_{s,\lambda}\,I'_\lambda(\vec{r},\hat{s}')\,\frac{\Phi(\hat{s}' \to \hat{s})}{4\pi}\,\frac{dS\,d\Omega}{\cos\theta_0} \tag{8.5}$$

ここで，$I_\lambda(\vec{r},\hat{s}')$ が微小面積 dA を照射する断面積は $\cos\theta_0\,dA$ であることを考慮し，式 (8.5) を $\hat{s}'$ について全周方向に積分すると，$I_\lambda(\vec{r},\hat{s}')$ の散乱による $\hat{s}$ 方向のふく射増幅成分 $dI^*_{\lambda,\text{scat}}$ は次式となる．

$$dI^*_{\lambda,\text{scat}} = \frac{dS}{4\pi}\int_{4\pi}\sigma_{s,\lambda}\,I_\lambda(\vec{r},\hat{s}')\,\Phi(\hat{s}' \to \hat{s})\,d\Omega \tag{8.6}$$

ここで，Ω は立体角であり，$\int_{4\pi}d\Omega$ は全周方向の積分を表し，Φ は位相関数と呼ばれる角度の関数である．

したがって，式 (8.1), (8.2), (8.4), (8.6) を加え合せることによって，ふく射エネルギ収支が次式で表される．

$$\left.\begin{aligned}\frac{dI_\lambda(\vec{r},\hat{s})}{dS} &= dI_{\lambda,\text{abs}} + dI_{\lambda,\text{emit}} + dI_{\lambda,\text{scat}} + dI^*_{\lambda,\text{scat}} \\ &= -(\kappa_\lambda + \sigma_{s,\lambda})\,I_\lambda(\vec{r},\hat{s}) + \kappa_\lambda\,I_{b,\lambda}(T) \\ &\quad + \frac{\sigma_{s,\lambda}}{4\pi}\int_{4\pi}I_\lambda(\vec{r},\hat{s}')\,\Phi_\lambda(\hat{s}' \to \hat{s})\,d\Omega\end{aligned}\right\} \tag{8.7}$$

ただし，繊維媒体のように異方性が強く，κ_λ や $\sigma_{s,\lambda}$ がふく射入射方向 $\hat{s}'$ に依存する場合，式 (8.7) は修正が必要である．

8.2 ふく射伝播の基礎方程式

減衰係数 $\beta_\lambda \equiv \kappa_\lambda + \sigma_{s,\lambda}\,[1/\mathrm{m}]$ を導入すると,式 (8.7) は次式で表される.

$$\left.\begin{aligned}\frac{\mathrm{d}I_\lambda(\vec{r},\hat{s})}{\beta_\lambda(\vec{r})\,\mathrm{d}S} &= -I_\lambda(\vec{r},\hat{s}) + [1-\omega_\lambda(\vec{r})]\,I_{b,\lambda}(T) \\ &\quad + \frac{\omega_\lambda(\vec{r})}{4\pi}\int_{4\pi} I_\lambda(\vec{r},\hat{s}')\,\Phi_\lambda(\hat{s}'\to\hat{s})\,\mathrm{d}\Omega'\end{aligned}\right\} \quad (8.8)$$

ここで,$\omega_\lambda \equiv \sigma_{s,\lambda}/\beta_\lambda$ は,アルベドといわれるパラメータで,媒体を透過するふく射の減衰成分の中で散乱される割合を示している.

付録 8.A を参照して,

$$\left.\begin{aligned}\frac{\mathrm{d}I_\lambda(\vec{r},\hat{s})}{\beta_\lambda(\vec{r})\,\mathrm{d}S} &= \frac{\hat{s}\cdot\nabla I_\lambda(\vec{r},\hat{s})}{\beta_\lambda(\vec{r})} \\ &= -I_\lambda(\vec{r},\hat{s}) + [1-\omega_\lambda(\vec{r})]\,I_{b,\lambda}(T) \\ &\quad + \frac{\omega_\lambda(\vec{r})}{4\pi}\int_{4\pi} I_\lambda(\vec{r},\hat{s}')\,\Phi_\lambda(\hat{s}'\to\hat{s})\,\mathrm{d}\Omega'\end{aligned}\right\} \quad (8.9)$$

式 (8.8), (8.9) の右辺第 2 項と第 3 項は,ふく射を増幅する成分であるから,源関数 (source function) として次式で定義する.

$$\Im_\lambda(\vec{r},\hat{s}) \equiv [1-\omega_\lambda(\vec{r})]\,I_{b,\lambda} + \frac{\omega_\lambda(\vec{r})}{4\pi}\int_{4\pi} I_\lambda(\vec{r},\hat{s}')\,\Phi(\hat{s}'\to\hat{s})\,\mathrm{d}\Omega' \quad (8.10)$$

位置 $\vec{r}_0$ における $\hat{s}$ 方向の単色ふく射強度を $I_\lambda(\vec{r}_0,\hat{s})$ とすると,$\hat{s}$ に沿ったふく射強度は,式 (8.9) を積分することによって形式的に次式で与えられる.

$$\left.\begin{aligned}I_\lambda(\vec{r},\hat{s}) &= I_\lambda(\vec{r}_0,\hat{s})\exp\Bigl[-\int_0^S \beta_\lambda(S')\,\mathrm{d}S'\Bigr] \\ &\quad + \int_0^S \beta_\lambda(S')\,\Im_\lambda(S',\hat{s})\exp\Bigl[-\int_{S'}^S \beta_\lambda(S'')\,\mathrm{d}S''\Bigr]\,\mathrm{d}S'\end{aligned}\right\} \quad (8.11)$$

境界条件と媒体の温度が与えられれば,上式を全ての方向に解くことによって場所と方向の関数である単色ふく射強度 $I_\lambda(\vec{r},\hat{s})$ が形式的に求められる.しかし,式 (8.10) の源関数自体がふく射強度の関数であるので,式 (8.11) を求めることは,ごく単純な場合を除いて困難である.式 (8.8) の微積分方程式の解法は Chandrasekhar[87] がまとめている.また,第 9 章に示す 1 次元平行平面系の解の定式化については,Ozisik の著書[88] の中で詳細にまとめられている.

8.3 放射熱流束ベクトル

ふく射強度が位置と方向の関数として与えられる場合，位置 $\vec{r}$ において法線 $\hat{n}$ の平面を考えると，式 (3.8) から，この面を通過する単色ふく射熱流束は，

$$q_\lambda^R = \int_{4\pi} I_\lambda(\vec{r}, \hat{s})\, \hat{n} \cdot \hat{s}\, \mathrm{d}\Omega \tag{8.12}$$

である．x, y, z 方向の方向余弦を $\hat{e}_x, \hat{e}_y, \hat{e}_z$ とすると，つまり，位置 $\vec{r}$ における単色ふく射熱流束ベクトル $\vec{q}_\lambda^R$ は，次式で与えられる．

$$\left.\begin{aligned}\vec{q}_\lambda^R &= q_x^R \hat{e}_x + q_y^R \hat{e}_y + q_z^R \hat{e}_z \\ &= \hat{e}_x \int_{4\pi} I_\lambda(\vec{r},\hat{s})\,\hat{e}_x \cdot \hat{s}\,\mathrm{d}\Omega + \hat{e}_y \int_{4\pi} I_\lambda(\vec{r},\hat{s})\,\hat{e}_y \cdot \hat{s}\,\mathrm{d}\Omega \\ &\quad + \hat{e}_z \int_{4\pi} I_\lambda(\vec{r},\hat{s})\,\hat{e}_z \cdot \hat{s}\,\mathrm{d}\Omega\end{aligned}\right\} \tag{8.13}$$

図 8.2 の微小体積要素 $\mathrm{d}V$ を考えると，この要素から発散される単位体積当たりのふく射エネルギーは，次式のふく射熱流束ベクトルの発散で与えられる．

$$q_{X,\lambda}^R\, \mathrm{d}V = \left(\frac{\partial q_x^R}{\partial x} + \frac{\partial q_y^R}{\partial y} + \frac{\partial q_z^R}{\partial z}\right) \mathrm{d}x\,\mathrm{d}y\,\mathrm{d}z = \nabla \cdot \vec{q}_\lambda^R\, \mathrm{d}V \tag{8.14}$$

式 (8.9) の両辺を $\int_{4\pi} [\ \ ]\, \mathrm{d}\Omega$ で全半球方向に積分し，付録 8.B を参照すると，

$$q_{X,\lambda}^R = \nabla \cdot \vec{q}_\lambda^R = \kappa_\lambda \left[4\pi\, I_{b,\lambda}(T) - \int_{4\pi} I_\lambda(\vec{r},\hat{s})\,\mathrm{d}\Omega\right] \tag{8.15}$$

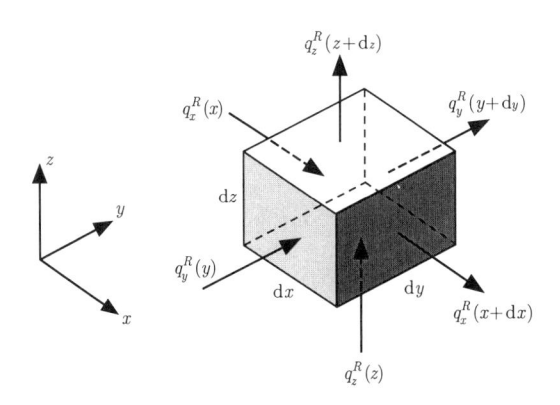

図 8.2 微小要素中におけるふく射熱流束の発散

上式は，アルベドや位相関数によらず成り立つ式であることに注目する．上式を全波長で積分することによって単位体積当たりのふく射発熱量 q_X^R が次式で与えられる．

$$q_X^R = \int_0^\infty \kappa_\lambda \left[4\pi I_{b,\lambda}(T) - \int_{4\pi} I_\lambda(\vec{r}, \hat{s})\, d\Omega \right] d\lambda \tag{8.16}$$

媒体の吸収係数が，波長によらず一様で，灰色媒体 (gray medium) とみなせ，かつ媒体の屈折率が波長によらず一定の場合のみ，式 (2.21) を用いて上式は次式のように簡略化される．

$$q_X^R = \kappa \left[4 n^2 \sigma T^4 - \int_{4\pi} I(\vec{r}, \hat{s})\, d\Omega \right] \tag{8.17}$$

8.4 総合エネルギー方程式

ふく射によるエネルギー輸送は，単独で存在することはまれで，多くの場合，熱伝導や対流伝熱との複合伝熱問題となる．いま，体積要素内で局所熱力学的平衡状態が保たれている媒体を考える．その媒体の流速を $\vec{v}$，密度 ρ，時間 t，圧力 p，熱伝導率 k，単位質量当たりの内部エネルギー u，粘性によるエネルギー散逸関数を Φ_μ，燃焼などによる単位体積当たりの内部発熱量 H とすると，総合エネルギー方程式は，

$$\left. \begin{aligned} \rho \frac{Du}{Dt} &= \rho \left(\frac{\partial u}{\partial t} + \vec{v} \cdot \nabla u \right) \\ &= \nabla \cdot (k \nabla T) - p \nabla \cdot \vec{v} + \Phi_\mu + H - q_X^R \end{aligned} \right\} \tag{8.18}$$

となる．上式の右辺第 1 項は熱伝導を表し，第 2 項は圧力仕事である．

体積当たりの発熱がなく，熱伝導や対流のない放射平衡にある定常な系において，

$$\vec{q}^R = \text{一定} \quad \text{または} \quad \nabla \cdot \vec{q}^R = q_X^R = 0 \tag{8.19}$$

である．ただし，単色放射エネルギー束 $\vec{q}_\lambda^R$ について，式 (8.19) の関係は必ずしも成り立たないことに注意する必要がある．体積変化が無視できて，内部発熱のない静止した媒体では，式 (8.18) の $\vec{v} = 0$, $H = \Phi_\mu = 0$ であるので，媒体の比熱を c として，

$$\rho c \frac{\partial T}{\partial t} = \nabla \cdot (k \nabla T) - q_X^R \tag{8.20}$$

上式は，ふく射と熱伝導の複合エネルギー方程式となる．ふく射と対流が共存する伝熱の解説は Viskanta[89] や黒崎[90] によって行われている．

8.5 ふく射方程式の解法

もし，式 (8.8) の微積分方程式を与えられた境界条件で解くことができて，場所と方向の関数である単色ふく射強度が全波長領域で求めることができた場合は，それを全波長で積分することによって，第 8.3 節のふく射熱流束が計算できる．第 8.4 節のように，この熱流束と他の伝熱モードを組み合わせることによって，ふく射との複合伝熱解析が可能である．

しかし，式 (8.8) の微積分方程式を解くことは容易でないことが多く，一般的な厳密解は得ることが不可能な場合がほとんどである．幾つかの厳密解が求められているが，それらの多くは，1 次元平行平面系で灰色近似が成り立ち，かつ媒体の散乱が無視できたり，等方散乱の仮定のもとに得られているにすぎない．式 (8.8) の解析が困難な理由は種々あるが，

(1) 工業上重要な解析対象となる形状は複雑な場合が多い．式 (8.8) は，厳密解が与えられる単純形状を少しでも逸脱すると解析が著しく困難になるのが一般的である．

(2) 式 (8.8) の右辺第 3 項の位相関数は，第 15 章に示すように，波長と散乱粒子の形状に強く依存し，媒体のミクロ構造によって波長と方向の複雑な関数となる．これが，式 (8.10) の源関数に含まれているために一般的な解が得られない．

(3) 物体の吸収係数や吸収率は，波長によって変化するために灰色近似が成り立たない場合が多い．第 14 章に示すように，二酸化炭素 (CO_2) やメタン (CH_4) などのふく射性ガスは，波長によって吸収係数が著しく変化するだけでなく，ガス分子と電磁波との相互作用に量子効果が現れるので，ふく射性ガスの吸収係数は波長によって複雑な構造となる．特に，このようなふく射性ガスは，量子効果のために，伝熱解析が可能な波長分解能では，見かけ上吸収係数が距離の関数となってしまう．

(4) 断熱材や燃焼を伴う流れのように，式 (8.16) のふく射発熱量が与えられて媒体の温度を求める場合，媒体が灰色近似可能な場合を除いて，直接ふく射強度を求めることは困難である．さらに，温度が与えられたり，発熱量が与えられた境界が混在する場合の解析はもっと複雑になる．

これらのふく射伝熱解析の複雑性については，著者の解説[91]を参照されたい．

このように，厳密解が得られない場合は，各種の近似やモデル化によってふく射輸送方

程式を近似的に解く必要がある．ふく射エネルギーの伝播の解析手法は種々あるが，汎用性の高い幾つかの手法は大きく二つに分類されよう．

第 1 は，ふく射輸送の方程式 (8.8) を何らかの近似を用いて解いて，ふく射強度を位置と方向の関数として解く手法であり，最近 行われている代表的な解析法として球調和関数法 (method of spherical harmonics) または P_N 法 (P_N approximation) や，離散方位法 (discrete ordinate method : DOM) または S_N 法 (S_N approximation) と呼ばれる手法がある [92, 93, 94]．特に，離散方位法は各種の形状に適用可能で，比較的厳密解に近い解を得ることができるが，複雑形状のふく射場を場所と方向の関数として精度よく解くことは容易ではない．

第 2 は，離散化された各要素のエネルギー収支を解くことによってふく射エネルギー輸送を解く手法で，ゾーン法 (zonal method) [40] やモンテカルロ法 (Monte Carlo method) [31] が代表的である．また，第 1・第 2 の中間的手法として，Discrete Transfer Method [95] が挙げられる．これらは，任意の形状に対して適用可能であるが，散乱性媒体の解析は煩雑になる．特に，非等方散乱媒体を含む系の解析には，これらの手法は膨大な計算時間が必要な場合が多い．

付録 8.A

$I_\lambda(\vec{r}, \hat{s})$，またはベクトルの成分表示で $I_\lambda(x, y, z; l, m, n)$ について，$\hat{s}$ と同一方向の変化について考える．位置ベクトル $\vec{r}$ は図 8.1 に示した $\vec{r}_0$ と距離 S によって $\vec{r} = \vec{r}_0 + S\hat{s}$ と表される．したがって，I_λ は S のみの関数となる．$\hat{s} \equiv l\hat{e}_x + m\hat{e}_y + n\hat{e}_z$ として，微分演算子 $\nabla \equiv \hat{e}_x \dfrac{\partial}{\partial x} + \hat{e}_y \dfrac{\partial}{\partial y} + \hat{e}_z \dfrac{\partial}{\partial z}$ を導入すると，

$$\left.\begin{aligned}\frac{dI_\lambda(\vec{r}_0 + S\hat{s}, \hat{s})}{ds} &= \frac{\partial I(S)}{\partial S} = \hat{s} \cdot \nabla I_\lambda(\vec{r}, \hat{s}) \\ &= \left(l\frac{\partial}{\partial x} + m\frac{\partial}{\partial y} + n\frac{\partial}{\partial z}\right) I_\lambda(x, y, z; l, m, n)\end{aligned}\right\} \quad (8.21)$$

ここで，$\vec{r}$ の成分を (x, y, z)，$\hat{s}$ の成分を (l, m, n) とする．式 (8.21) より，直交座標系では，一般に，

$$\frac{d}{dS} = \frac{\partial}{\partial x}\frac{dx}{dS} + \frac{\partial}{\partial y}\frac{dy}{dS} + \frac{\partial}{\partial z}\frac{dz}{dS} \quad (8.22)$$

と表される．

1 次元平行平面系では，x, y 方向の変化が z 方向に比べて無視できるから

$$\frac{\partial}{\partial y} = \frac{\partial}{\partial x} = 0 \tag{8.23}$$

となり，$\hat{s} \cdot \hat{e}_z = \cos\theta = \mu$ とおいて，

$$\frac{\mathrm{d}}{\mathrm{d}S} = \frac{\partial}{\partial z}\frac{\mathrm{d}z}{\mathrm{d}S} = \cos\theta \frac{\partial}{\partial z} = \mu \frac{\partial}{\partial z} \tag{8.24}$$

と表される．

付録 8.B

$\frac{1}{4\pi}\int_{4\pi}[\ ]\,\mathrm{d}\Omega$ は $\hat{s}$ についての積分，また $\frac{1}{4\pi}\int_{4\pi}[\ ]\,\mathrm{d}\Omega'$ は $\hat{s}'$ についての積分であることを考慮して，

$$\left.\begin{aligned}
&\frac{1}{4\pi}\int_{4\pi}\int_{4\pi} I_\lambda(\vec{r},\hat{s}')\,\Phi_\lambda(\hat{s}'\to\hat{s})\,\mathrm{d}\Omega'\,\mathrm{d}\Omega \\
&= \int_{4\pi} I_\lambda(\vec{r},\hat{s}')\,\frac{1}{4\pi}\int_{4\pi}\Phi_\lambda(\hat{s}'\to\hat{s})\,\mathrm{d}\Omega\,\mathrm{d}\Omega' \\
&= \int_{4\pi} I_\lambda(\vec{r},\hat{s})\,\mathrm{d}\Omega
\end{aligned}\right\} \tag{8.25}$$

ここで，式 (3.51) より，

$$\frac{1}{4\pi}\int_{4\pi}\Phi(\hat{s}\to\hat{s}')\,\mathrm{d}\Omega = 1 \tag{8.26}$$

また，

$$\int_{4\pi}\mathrm{d}\Omega = 4\pi \tag{8.27}$$

である．

第9章　平行平面座標系における1次元ふく射伝熱

3次元のふく射伝播の式 (8.9) を解くのは一般的に難しい．本章では，解を得ることが比較的容易な平行平板間の放射性媒体について，図 9.1 に示す平行平面座標における1次元問題を考えることにする．ここで，図 9.1 の座標系で媒体の性質や温度は z 方向へは変化するが，xy 平面上では一定とする．この仮定は，面の広さが層の厚さに比べて十分大きい場合によい近似を与える．このような状態は，面積に比べて厚さが薄い断熱層やガラス，境界層内の放射性媒体，さらには大気層などのふく射伝熱に用いられ，適用範囲が広い．

9.1　基礎式

図 9.1 中の $\hat{s}$ 方向の経路 S に沿った微分 $\mathrm{d}/\mathrm{d}S$ は，第8章の付録 8.A を参照して z 方

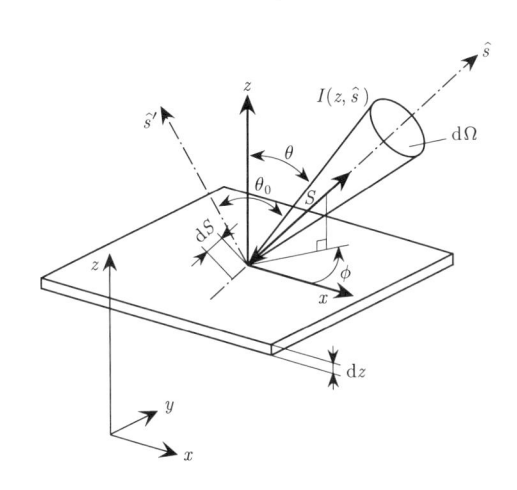

図 9.1 平行平面系の1次元ふく射伝播

向の微分で次式のように書き換えられる．

$$\frac{\mathrm{d}}{\mathrm{d}S} = \frac{\mathrm{d}z}{\mathrm{d}S}\frac{\partial}{\partial z} = \mu \frac{\partial}{\partial z} \tag{9.1}$$

ここで，$\mu \equiv \cos\theta$ であり，1次元平行平面系 (one demensional plane parallel system) でよく用いられる変数である．

図 9.1 において，媒体が等方性でふく射強度が方位角 ϕ に依存しない場合，式 (8.9) は次式となる．

$$\left.\begin{aligned}\frac{\mu}{\beta_\lambda}\frac{\partial I_\lambda(z,\hat{s})}{\partial z} &= -I_\lambda(z,\hat{s}) + [1-\omega_\lambda(z)]\,I_{b,\lambda}\bigl(T(z)\bigr) \\ &\quad + \frac{\omega_\lambda(z)}{4\pi}\int_{4\pi} I_\lambda(z,\hat{s}')\,\Phi_\lambda(\hat{s}'\to\hat{s})\,\mathrm{d}\Omega'\end{aligned}\right\} \tag{9.2}$$

ここで，$\mathrm{d}\Omega' = \sin\theta\,\mathrm{d}\phi\,\mathrm{d}\theta = \mathrm{d}\phi\,\mathrm{d}\mu$ である．さらに方位角 ϕ についての対称性から $\hat{s}(\theta,\phi)$ と $\hat{s}'(\theta',\phi')$ は天頂角 θ または $\cos\theta = \mu$ のみの関数となる．ここで，光学厚さ (optical thickness) $\tau \equiv \int_0^z \beta_\lambda(z)\,\mathrm{d}z$ を導入すると，$\mathrm{d}\tau = \beta_\lambda\,\mathrm{d}z$ であるから，式 (9.2) は

$$\left.\begin{aligned}\mu\frac{\partial I_\lambda(\tau,\mu)}{\partial \tau} &= -I_\lambda(\tau,\mu) + [1-\omega_\lambda(\tau)]\,I_{b,\lambda}[T(\tau)] \\ &\quad + \frac{\omega_\lambda(\tau)}{2}\int_{\mu'=-1}^{1} \Phi(\theta_0)\,I_\lambda(\tau,\mu')\,\mathrm{d}\mu'\end{aligned}\right\} \tag{9.3}$$

ここで，$\mu_0 = \cos\theta_0 = \hat{s}\cdot\hat{s}'$ で，θ_0 は $\hat{s}$ と $\hat{s}'$ のなす角である．式 (9.3) が，平行平面座標系におけるふく射輸送方程式である．ここで，$I_\lambda(\tau,\mu)$ は τ と μ の関数であり，$I_\lambda(\tau,\mu)$ は光学厚さ τ だけでなく μ によって変化する値であることに注意する．また，β_λ が z によって変化しないときは $\tau = \beta_\lambda z$ となる．

τ は，入射したふく射 $I(\mu,0)$ がどのくらい減衰するかを表す変数でもある．媒体がふく射を散乱せず，かつ媒体自身からの放射ふく射強度，$I_{b,\lambda}(T)$ が入射ふく射強度に比べて無視できるとき，つまり低温媒体の仮定が成り立つ場合，式 (9.3) は，

$$I(\tau,\mu) = I(0,\mu)\,e^{-\tau/\mu} \tag{9.4}$$

となる．

9.2 放射・吸収性媒体のふく射伝熱

ガラスや水などの透明物体や CO_2 や H_2O など，煤や粒子を含まないふく射性ガスはふく射を吸収・放射するが，散乱は無視できる場合がある．この場合は，$\omega_\lambda \to 0$ と近

9.2 放射・吸収性媒体のふく射伝熱

似できるので，式 (9.3) は次式のように簡単になる．

$$\mu \frac{\partial I_\lambda(\tau,\mu)}{\partial \tau} = -I_\lambda(\tau,\mu) + I_{b,\lambda}(\tau) \tag{9.5}$$

ここで，T は τ によって一義的に定まるので，$I_{b,\lambda}\bigl(T(\tau)\bigr) = I_{b,\lambda}(\tau)$ としている．式 (9.5) の一般解は，

$$I_\lambda(\tau,\mu) = e^{-\tau/\mu} \Bigl[\int \frac{1}{\mu} I_{b,\lambda}(\tau')\, e^{\tau'/\mu}\, \mathrm{d}\tau' + C \Bigr] \tag{9.6}$$

と表すことができる．ここで，$\mu > 0$ のときの I_λ を $I_\lambda^+(\tau,\mu)$，$\mu < 0$ の I_λ を $I_\lambda^-(\tau,\mu)$ とする．$\tau = 0$ と $\tau = \tau_0$ での I_λ^+ と I_λ^- をそれぞれ $I_\lambda^+(0,\mu)$，$I_\lambda^-(\tau_0,\mu)$ として，τ と τ' の差に注意して積分することによって

$$\left.\begin{aligned}
I_\lambda^+(\tau,\mu) &= I_\lambda^+(0,\mu)\, e^{-\tau/\mu} \\
&\quad + \int_0^\tau \frac{1}{\mu} I_{b,\lambda}(\tau')\, e^{-(\tau-\tau')/\mu}\, \mathrm{d}\tau' \qquad \text{for}\ \mu > 0 \\
I_\lambda^-(\tau,\mu) &= I_\lambda^-(\tau_0,\mu)\, e^{(\tau_0-\tau)/\mu} \\
&\quad - \int_\tau^{\tau_0} \frac{1}{\mu} I_{b,\lambda}(\tau')\, e^{-(\tau-\tau')/\mu}\, \mathrm{d}\tau' \qquad \text{for}\ \mu < 0
\end{aligned}\right\} \tag{9.7}$$

一方，第 3.1.2 項で述べたように，式 (8.12) の単色ふく射熱流束 $q_\lambda^R(\tau)$ は，z 座標の正方向と負方向成分に分割できる．つまり，

$$q_\lambda^R(\tau) = q_\lambda^+ - q_\lambda^- \tag{9.8}$$

ここで，$I_\lambda(\tau,\hat{s})$ が方位角 ϕ に対して対称であることを用いて，

$$\left.\begin{aligned}
q_\lambda^+(\tau) &\equiv \int_{\phi=0}^{2\pi} \int_{\mu=0}^1 I_\lambda(\tau,\hat{s})\, \mu\, \mathrm{d}\mu\, \mathrm{d}\phi = 2\pi \int_{\mu=0}^1 I_\lambda(\tau,\mu)\, \mu\, \mathrm{d}\mu \\
q_\lambda^-(\tau) &\equiv -\int_{\phi=0}^{2\pi} \int_{\mu=-1}^0 I_\lambda(\tau,\hat{s})\, \mu\, \mathrm{d}\mu\, \mathrm{d}\phi = -2\pi \int_{\mu=-1}^0 I_\lambda(\tau,\mu)\, \mu\, \mathrm{d}\mu
\end{aligned}\right\} \tag{9.9}$$

つまり，単色ふく射熱流束 $q_\lambda^R(\tau)$ は，

$$q_\lambda^R(\tau) = 2\pi \Bigl[\int_0^1 I_\lambda^+(\tau,\mu)\, \mu\, \mathrm{d}\mu + \int_{-1}^0 I_\lambda^-(\tau,\mu)\, \mu\, \mathrm{d}\mu \Bigr] \tag{9.10}$$

式 (9.7) を式 (9.10) に代入して μ について積分すると，

$$\left.\begin{aligned}
q_\lambda^R(\tau) = 2\pi \Bigl[& I_\lambda^+(0)\, E_3(\tau) + \int_0^\tau I_{b,\lambda}(\tau')\, E_2(\tau-\tau')\, \mathrm{d}\tau' \\
& - I_\lambda^-(\tau_0)\, E_3(\tau_0-\tau) - \int_\tau^{\tau_0} I_{b,\lambda}(\tau')\, E_2(\tau'-\tau)\, \mathrm{d}\tau' \Bigr]
\end{aligned}\right\} \tag{9.11}$$

ここで，付録 9.A に示すように，$E_n(\tau)$ は次式で定義される指数積分関数である．

$$E_n(\tau) = \int_0^1 \mu^{n-2} e^{-\tau/\mu} \, d\mu, \quad (n = 1, 2, 3, \cdots) \tag{9.12}$$

図 9.2 は，種々の τ について指数積分関数 E_1, E_2, E_3 の変化を示している．

図 9.3 に示すように，ふく射性媒体が不透明壁に挟まれている場合を考える．$\tau = 0$ と τ_0 における境界面が，温度 T_1, T_2 の拡散面で，その単色反射率がそれぞれ $\rho_{1\lambda}$, $\rho_{2\lambda}$ の

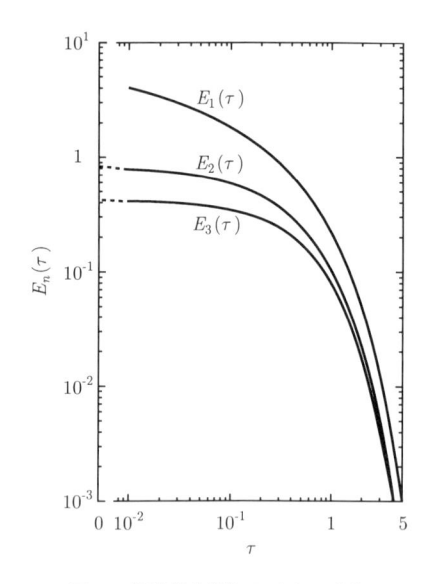

図 9.2 指数積分関数 $E_n(\tau)$ の変化

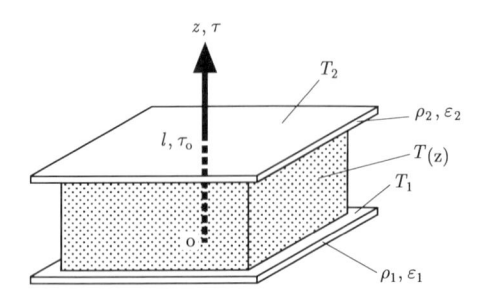

図 9.3 不透明壁に挟まれた 1 次元ふく射性媒体

9.3 温度分布が与えられた灰色・放射・吸収性媒体の放射伝熱   **117**

とき，境界面におけるふく射強度 $I_\lambda^+(\tau)$, $I_\lambda^-(0)$ は μ によらず一定で，

$$\left.\begin{aligned} I_\lambda^+(0) &= (1-\rho_{1\lambda})\,I_{b,\lambda}(T_1) + \rho_{1\lambda}\,I^-(0) \\ I_\lambda^-(\tau_0) &= (1-\rho_{2\lambda})\,I_{b,\lambda}(T_2) + \rho_{2\lambda}\,I_\lambda^+(\tau_0) \end{aligned}\right\} \quad (9.13)$$

と表される．$I_\lambda^-(0)$, $I_\lambda^+(\tau_0)$, $I_{b,\lambda}(\tau)$ が μ に依存しないことを考慮して，式 (9.7) を μ について積分すると，式 (9.13) は次式のようになる．

$$\left.\begin{aligned} I_\lambda^+(0) =\;& (1-\rho_{1\lambda})\,I_{b,\lambda}(T_1) \\ & + 2\rho_{1\lambda}\Big[I_\lambda^-(\tau_0)\,E_3(\tau_0) + \int_0^{\tau_0} I_{b,\lambda}(\tau')\,E_2(\tau')\,\mathrm{d}\tau'\Big] \\ I_\lambda^-(\tau_0) =\;& (1-\rho_{2\lambda})\,I_{b,\lambda}(T_2) \\ & + 2\rho_{2\lambda}\Big[I_\lambda^+(0)\,E_3(\tau_0) + \int_0^{\tau_0} I_{b,\lambda}(\tau')\,E_2(\tau_0-\tau')\,\mathrm{d}\tau'\Big] \end{aligned}\right\} \quad (9.14)$$

境界面が黒体 ($\rho_1 = \rho_2 = 0$) の場合，$I_\lambda^+(0)$, $I_\lambda^-(\tau_0)$ は，壁面温度 T_1, T_2 との関数となる．

9.3 温度分布が与えられた灰色・放射・吸収性媒体の放射伝熱

式 (9.11) を式 (9.14) の境界条件で解くと解が得られるが，積分に含まれる $I_{b,\lambda}(\tau)$ は温度 $T(\tau)$ の関数であり，これが $q_\lambda^R(\tau)$ と関係づけられるため，解を得ることは一般に難しい．

そこで，さらに問題を単純化させるために，放射媒体の吸収係数は波長によらず一定とした灰色体近似を行う．さらに，層内の温度分布 $T(\tau)$ が与えられている場合を考える．灰色体の仮定によって，媒体中のふく射熱流束と境界壁面におけるふく射強度が次式で与えられる．

$$\left.\begin{aligned} q^R(\tau) =\;& 2\pi\Big\{I^+(0)\,E_3(\tau) - I^-(\tau_0)\,E_3(\tau_0-\tau) \\ & + \int_0^\tau I_b\big[T(\tau')\big]\,E_2(\tau-\tau')\,\mathrm{d}\tau' \\ & - \int_\tau^{\tau_0} I_b\big[T(\tau')\big]\,E_2(\tau'-\tau)\,\mathrm{d}\tau'\Big\} \end{aligned}\right\} \quad (9.15)$$

$$\left.\begin{aligned} I^+(0) =\;& (1-\rho_1)\,I_b(T_1) + 2\rho_1\Big\{I^-(\tau_0)\,E_3(\tau_0) \\ & + \int_0^{\tau_0} I_b\big[T(\tau')\big]\,E_2(\tau')\,\mathrm{d}\tau'\Big\} \\ I^-(\tau_0) =\;& (1-\rho_2)\,I_b(T_2) + 2\rho_2\Big\{I^+(0)\,E_3(\tau_0) \\ & + \int_0^{\tau_0} I_b\big[T(\tau')\big]\,E_2(\tau_0-\tau')\,\mathrm{d}\tau'\Big\} \end{aligned}\right\} \quad (9.16)$$

ここで,
$$I_b(T) \equiv \frac{n^2 \sigma T^4(\tau)}{\pi} \tag{9.17}$$

式 (9.15), (9.16) から $I^+(0)$, $I^-(\tau_0)$ を消去すると, $q^R(\tau)$ が得られる. このように, 式 (9.15) は多くの仮定のもとで得られる式であり, 一般的なふく射輸送方程式の解ではないことに注意する.

問題をさらに簡略化するために, 層内の媒体温度 T_0 が一定であり, 境界面が黒体 ($\rho_1 = \rho_2 = 0$) の場合を考える. 式 (9.17) と指数積分関数の性質, 付録 9.A を考慮すると, 式 (9.15) は次式のように簡単化される.

$$q^R(\tau) = 2\pi \{E_3(\tau)[I_b(T_1) - I_b(T_0)] - E_3(\tau_0 - \tau)[I_b(T_2) - I_b(T_0)]\} \tag{9.18}$$

式 (9.18) の τ に τ_0 または 0 を代入すると, 境界におけるふく射熱流束が計算できる. 壁面温度が媒体温度に比べて十分低いとき, $\tau = \tau_0$ と 0 における熱流束は,

$$q^R(\tau_0) = -q^R(0) = \pi I_b(T_0)[1 - 2E_3(\tau_0)] \tag{9.19}$$

となる. ただし, z 方向の熱流束を正としている. 光学厚さが大きく $\tau_0 \gg 1$ のとき, $E_3(\tau_0) \to 0$ となるから, ふく射媒体の放射能は黒体と等しくなる.

一方, 媒体の吸収がない場合, つまり, $\beta = 0$, $\tau_0 = 0$ のとき, 図 9.2 より $E_2(0) = 1$, $E_3(0) = 1/2$ であるから, 媒質の温度に関係なく,

$$q^R = \frac{\pi[I_b(T_1) - I_b(T_2)]}{(1/\varepsilon_1) + (1/\varepsilon_2) - 1} = \frac{n^2 \sigma (T_1^4 - T_2^4)}{(1/\varepsilon_1) + (1/\varepsilon_2) - 1} \tag{9.20}$$

となり, 灰色 2 平板間の放射伝熱量と等しくなる. ここで, $\varepsilon_1 = 1 - \rho_1$, $\varepsilon_2 = 1 - \rho_2$ を用いている.

9.4 ふく射平衡状態の等方散乱灰色媒体

第 9.3 節では散乱のない媒体について扱ったが, 本節では, 放射・吸収・散乱する灰色のふく射性媒体について, $q_X^R = 0$ の場合, つまり媒体はそれ自体の発熱がなく, ふく射平衡にある場合を考える. このような仮定は多孔質断熱材など, 多くの場合に適用できる.

媒体に入射する放射は, 全周方向に等しい割合で散乱されるとする等方散乱の仮定を設ける. 上記の仮定により, 式 (9.3) の位相関数 $\Phi(\theta_0)$ は θ_0 によらず 1 となる. この仮定は, 固体面における拡散反射面の仮定と類似である. 灰色体の仮定のもとで, 式 (9.3) は,

$$\mu \frac{\partial I(\tau, \mu)}{\partial \tau} = -I(\tau, \mu) + (1-\omega)I_b(\tau) + \frac{\omega}{2}\int_{\mu'=-1}^{1} I(\tau, \mu')\,d\mu' \tag{9.21}$$

9.4 ふく射平衡状態の等方散乱灰色媒体

式 (9.21) を μ について積分すると,

$$\left.\begin{aligned}\frac{\partial}{\partial \tau}\int_{\mu=-1}^{1}\mu\,I(\tau,\mu)\,\mathrm{d}\mu &= \int_{\mu=-1}^{1}-I(\tau,\mu)\,\mathrm{d}\mu + (1-\omega)\,I_b(\tau)\int_{\mu=-1}^{1}\mathrm{d}\mu \\ &\quad + \frac{\omega}{2}\int_{\mu'=-1}^{1}I(\tau,\mu')\,\mathrm{d}\mu'\int_{\mu=-1}^{1}\mathrm{d}\mu\end{aligned}\right\} \quad (9.22)$$

$\int_{\mu=-1}^{1}\mu\,I(\tau,\mu)\,\mathrm{d}\mu = q^R(\tau)$ であるから, 式 (9.22) は

$$\frac{\partial q^R(\tau)}{\partial \tau} = (1-\omega)\Big[2\,I_b(\tau) - \int_{\mu=-1}^{1}I(\tau,\mu)\,\mathrm{d}\mu\Big] \quad (9.23)$$

媒体の伝熱は, ふく射のみであり, 熱伝導や対流は無視できると仮定すると, ふく射性媒体の光学厚さ τ におけるふく射の流入・流出熱量は等しく $q_X^R = 0$, つまりふく射平衡が成り立つから,

$$\frac{\partial q^R(\tau)}{\partial \tau} = 0 \quad (9.24)$$

式 (9.23) のふく射平衡にある灰色媒体では

$$I_b(\tau) \equiv \frac{n^2\,\sigma\,T^4(\tau)}{\pi} = \frac{1}{2}\int_{-1}^{1}I(\tau,\mu)\,\mathrm{d}\mu \quad (9.25)$$

が成り立つ. 式 (9.25) を式 (9.21) に代入して, ふく射平衡にある灰色性媒体のふく射伝熱の式 (9.26) が導出される.

$$\mu\frac{\partial I(\tau,\mu)}{\partial \tau} = -I(\tau,\mu) + I_b(\tau) \quad (9.26)$$

ここで, 散乱の影響は見かけ上消滅し, 式 (9.26) は式 (9.5) を全波長域について積分したものと同一となる. ただし散乱の項は, $\mathrm{d}\tau = (\sigma_s + \kappa)\,\mathrm{d}z$ に暗黙の内に (implicitly) 含まれていることに注意する. 式 (9.26) の解は式 (9.7) と同様に次式となる.

$$\left.\begin{aligned}I^+(\tau,\mu) &= I^+(0,\mu)\,e^{-\tau/\mu} + \int_0^{\tau}\frac{1}{\mu}I_b(\tau')\,e^{-(\tau-\tau')/\mu}\,\mathrm{d}\tau' \\ &\quad \text{for}\ \ \mu > 0 \\ I^-(\tau,\mu) &= I^-(\tau_0,\mu)\,e^{(\tau_0-\tau)/\mu} - \int_{\tau}^{\tau_0}\frac{1}{\mu}I_b(\tau')\,e^{-(\tau-\tau')/\mu}\,\mathrm{d}\tau' \\ &\quad \text{for}\ \ \mu < 0\end{aligned}\right\} \quad (9.27)$$

ここで, 入射ふく射強度 $G(\tau)\,[\mathrm{W/m^2}]$ を次式で定義する.

$$G(\tau) \equiv 2\,\pi\int_{-1}^{1}I(\tau,\mu)\,\mathrm{d}\mu \quad (9.28)$$

式 (9.25) と比較すると，ふく射平衡にある媒体では，

$$I_b(\tau) = \frac{G(\tau)}{4\pi} \tag{9.29}$$

が得られる．

$G(\tau)$ は，固体面の外来ふく射強度式 (3.19) に対応する．いま，位置 τ に温度 T の黒体面があるとし，その外来ふく射強度を $G(\tau)$ とすると，ふく射平衡の仮定と黒体面が裏表2面あることから，式 (9.29) と同様な関係が導かれる．

境界は灰色・散乱面であるとして，式 (9.27) を μ について積分し，式 (9.28) を考えると，

$$\left.\begin{aligned}
2\,I_b(\tau) &\equiv \frac{G(\tau)}{2\pi} = I^+(0)\,E_2(\tau) + I(\tau_0)\,E_2(\tau_0 - \tau) \\
&\quad + \int_0^\tau I_b(\tau')\,E_1(\tau - \tau')\,\mathrm{d}\tau' + \int_\tau^{\tau_0} I_b(\tau')\,E_1(\tau' - \tau)\,\mathrm{d}\tau'
\end{aligned}\right\} \tag{9.30}$$

式 (9.30) は $I_b(\tau)$ の積分方程式となるので，式 (9.16) の境界条件で解が得られる．ここで，式 (9.31) で定義される無次元温度分布 $\phi(\tau)$ と式 (9.32) で定義される無次元熱流束 Q を導入する．

$$\phi(\tau) = \frac{I_b(\tau) - I^-(\tau_0)}{I^+(0) - I^-(\tau_0)} \tag{9.31}$$

$$Q = \frac{q^R}{\pi\,[I^+(0) - I^-(\tau_0)]} \tag{9.32}$$

式 (9.30) を解くことによって得られた $I_b(\tau)$ を式 (9.15) に代入することによって，無次元放射熱流束 Q が次式で計算できる．

$$Q = 1 - 2\int_0^{\tau_0} \phi(\tau')\,E_2(\tau')\,\mathrm{d}\tau' \tag{9.33}$$

放射平衡媒体における $[I^+(0) - I^-(\tau_0)]$ は，

$$\frac{\pi\,[I^+(0) - I^-(\tau_0)]}{n^2\,\sigma\,(T_1^4 - T_2^4)} = \frac{1}{1 + [(1/\varepsilon_1) + (1/\varepsilon_2) - 2]\,Q} \tag{9.34}$$

の関係があり，Q は媒体中で一定である．図 9.4 と図 9.5 は，上記 $\phi(\tau)$ と Q を示したものである[96]．図 9.4 では，境界の壁面温度とその位置における媒体温度に差異ができ，それは τ_0 が小さくなるほど著しい．ふく射性媒体の熱伝導を考えると，この温度飛躍はなくなる．

9.4 ふく射平衡状態の等方散乱灰色媒体

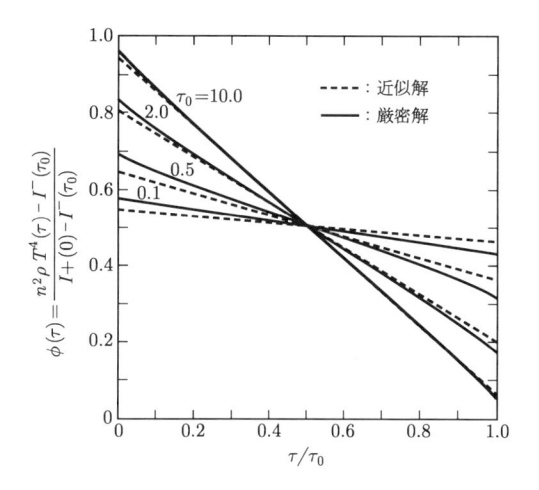

図 9.4 ふく射平衡にある灰色媒体の無次元温度分布

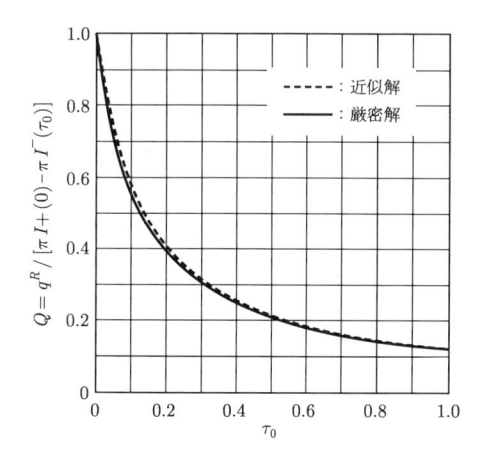

図 9.5 ふく射平衡灰色媒体の無次元熱流束の変化

上記の解は,厳密解であるが,指数積分関数を単なる指数関数に近似して解を求めると,無次元温度分布と無次元熱流束について次の近似解が得られる[97]。

$$\phi(\tau) = \left(1 - \frac{Q}{2}\right) - \frac{3}{4} Q\tau \tag{9.35}$$

$$Q = \frac{1}{1 + \frac{3}{4}\tau_0} \tag{9.36}$$

図 9.4, 図 9.5 中にはこれらの近似解も示してある. τ_0 が小さいときの $\phi(\tau)$ に若干の差異があるが, Q はよく一致していることがわかる.

放射・吸収・散乱性媒体のふく射伝熱は, 灰色性を仮定しているので, ガスなどのようにふく射特性の波長依存性が大きい媒体には修正が必要であるが, 断熱材などの多孔質体のふく射伝播にしばしば使われる. そのとき, 媒体の減衰係数が重要なパラメータとなる. 前節の等方散乱媒体では, アルベドは明示的 (explicitly) に現れない.

式 (9.34), (9.36) を式 (9.32) に代入することによって, 灰色壁に挟まれた媒体を通過するふく射熱流束量は次式で表される. ただし, 次式中の媒体の屈折率 n は, 多孔質体の空隙が空気やガスなどで満たされている場合は近似的に 1 としてよい.

$$q^R = \frac{n^2 \sigma (T_1^4 - T_2^4)}{\dfrac{1}{\varepsilon_1} + \dfrac{1}{\varepsilon_2} - 1 + \dfrac{3}{4}\tau_0} \tag{9.37}$$

多孔質体の減衰係数はそれほど多くの材質について計測されておらず, それらの値には統一性がないが, いくつかの例を表 9.1 に示す[98].

表 9.1 各種断熱材の減衰係数 β, 密度 ρ と熱伝導率 k

材質	ρ [kg/m^3]	k [W/(m・K)]	β [1/m]	β/ρ [m^2/kg]
石英ガラス繊維 + Fe$_3$O$_4$ 16 wt %	270	5.10×10^{-3}		46
耐熱ガラス繊維	300	1.90×10^{-3}	1.26×10^4	$42 \sim 60$
ガラス繊維断熱材 ($d_f = 14\,\mu$m)				$14 \sim 19$
アルミナ繊維 ($d_f = 5 \sim 10\,\mu$m)				$8.7 \sim 11$
パーライト	$100 \sim 360$	$1 \sim 8 \times 10^{-4}$	3.1×10^3	
石英ガラス粒子				8.1
シリカエロゲル	$70 \sim 457$	$1.4 \sim 10 \times 10^{-4}$	$2.5 \sim 3 \times 10^3$	

◇　◇　◇　Example　◇　◇　◇

内壁温度 1 000 K の加熱炉を厚さ 10 cm の耐熱ガラス繊維製断熱材で断熱し外壁温度を 300 K に保った. ガラス繊維内の自然対流を無視した場合, 熱伝導のみの熱流束は表 9.1 の値を用いて $q_{\text{cond}} = 13.3\,\text{W/m}^2$. 一方, 壁面を黒体と仮定すると, 表 9.1 と式 (9.37) から, $\tau_0 = 1.26 \times 10^3$, $q^R = 59.5\,\text{W/m}^2$ となり, ふく射による熱流束が熱伝導の熱流束に比べて遙かに大きいことがわかる. 実際は, この熱流束に断熱層内の自然対流熱伝達が加わるので熱流束はさらに大きくなる.

★　　★　　★　　★　　★

ハンドブックなどに記載されている多孔断熱材の見かけの熱伝導率は，ふく射による伝熱も含まれている．いま，温度差が小さい黒体壁に挟まれた厚さ l の多孔質体の熱流束は，$\tau_0 \gg 1$ の場合，

$$q = q_{\text{cond}} + q^R = \frac{k(T_1 - T_2)}{l} + \frac{\sigma(T_1^4 - T_2^4)}{1 + 3\tau_0/4} \approx \left(k + \frac{16\sigma T_m^3}{3\beta}\right)\frac{(T_1 - T_2)}{l} \tag{9.38}$$

ここで，壁面の平均温度を T_m として，式 (2.3) の関係を使用した．つまり，見かけ上の熱伝導率は，

$$k^* = k + \frac{16\sigma T_m^3}{3\beta} \tag{9.39}$$

で表される．つまり，媒体の熱伝導率が温度によって変化しなくても，壁面平均温度または媒体の温度と共に見かけの熱伝導率が増大する．

9.5 離散方位法によるふく射輸送方程式の解法

式 (9.3) は，微積分方程式となるために一般的な解を得ることが困難な場合が多い．特に媒体が非等方散乱媒体の場合は，解を得ることが著しく困難になる．離散方位法 (discrete ordinate method : DOM) は，ふく射強度を位置と方位の関数として離散化することによって，このような場合でも比較的容易に近似解を得ることができる．

離散方位法は [92, 87] で述べられているが，平行平面座標系の解析手法としては，Kumar ら [98] や，Fiveland [99] の報告がある．

図 9.6 の座標系で，場所と方位の関数であるふく射強度 $I_\lambda(z, \mu)$ の方位を離散化して，

$$I_\lambda(z, \mu_j) = I_{\lambda,j}(z), \quad (j = 1....K) \tag{9.40}$$

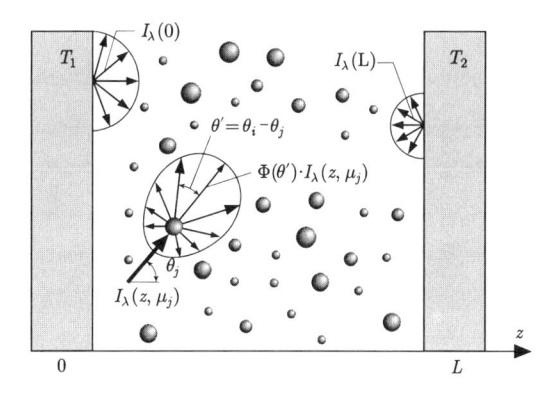

図 9.6 非等方散乱性媒体のふく射輸送モデルと座標系

とすると，式 (9.2) は次式のようになる.

$$\left.\begin{aligned}\frac{\mu_0\,\partial I_{\lambda,j}(z)}{\beta_\lambda\,\partial z} &= -I_{\lambda,j}(z) + [1-\omega_\lambda]\,I_{b,\lambda}\bigl(T(z)\bigr) \\ &\quad + \frac{\omega_\lambda}{2}\sum_{k=1,k\neq j}^{K}\Phi(\mu_k\to\mu_j)\,I_{\lambda,k}(z)\,w_k\end{aligned}\right\} \tag{9.41}$$

ここで，w_k は方位 μ_k に対する重み関数であり，ガウスの公式や Fiveland の値[101] を使うことができる．ふく射強度が方位角に対して対称で天頂角 θ のみの関数のとき，位相関数を次式で示す Legendre 級数 (Legendre polynominals) で表すと，

$$\Phi(\mu) = \sum_{n=0}^{\infty} a_n\,P_n(\mu) \tag{9.42}$$

式 (9.41) の位相関数は，次式で表すことができる.

$$\Phi(\mu_k\to\mu_j) = \sum_{n=0}^{\infty} a_n\,P_n(\mu_j)\,P_n(\mu_k) \tag{9.43}$$

境界 1, 2 がそれぞれ温度 T_1, T_2，単色放射率 $\varepsilon_{\lambda,1}$, $\varepsilon_{\lambda,2}$ の拡散面の場合，境界におけるふく射強度は，それぞれ次式となる.

$$I_{\lambda,k:\mu_k>0}(0) = \varepsilon_{\lambda,1}\frac{\sigma\,n^2\,T_1^4}{\pi} + (1-\varepsilon_{\lambda,1})\sum_{k=1:\mu_k<0}^{K} I_\lambda(0)\,w_k \tag{9.44}$$

$$I_{\lambda,k:\mu_k<0}(L) = \varepsilon_{\lambda,2}\frac{\sigma\,n^2\,T_2^4}{\pi} + (1-\varepsilon_{\lambda,2})\sum_{k=1:\mu_k>0}^{K} I_\lambda(L)\,w_k \tag{9.45}$$

いま，媒体と境界壁が灰色で媒体の発熱がなくふく射平衡になっているとき，式 (9.25) が成り立つから，式 (9.41) の放射項は，

$$I_b(T(z)) = \frac{\sigma\,n^2\,T(z)^4}{\pi} = \frac{1}{2}\sum_{j=1}^{K} I_j(z)\,w_j \tag{9.46}$$

となる.

式 (9.41) を μ_j について解く場合，$I_{\lambda,k:k\neq j}(z)$ を仮定すれば，z の常微分方程式であるから，

$$\left.\begin{aligned}\frac{dI_{\lambda,j}(z)}{dz} &= -\frac{\beta_\lambda}{\mu_j}I_{\lambda,j}(z) + \frac{\beta_\lambda}{\mu_j}[1-\omega_\lambda]\,I_{b,\lambda}\bigl(T(z)\bigr) \\ &\quad + \frac{\beta_\lambda}{\mu_j}\frac{\omega_\lambda}{2}\sum_{k=1,k\neq j}^{K}\Phi(\mu_k\to\mu_j)\,I_{\lambda,k}(z)\,w_k\end{aligned}\right\} \tag{9.47}$$

を，$\mu_j > 0$，$\mu_j < 0$ について，それぞれ式 (9.44)，(9.45) の境界条件で解くことによって（例えば，参考文献[102]）解を求めることができる．このとき，上式の右辺第 3 項の $I_{\lambda,k:k\neq j}(z)$ は未定なので，値を仮定して反復法によって全領域，全方位のふく射強度を計算する．

ふく射強度が求められると，位置 z における熱流束 q^R とふく射発熱量 q_X^R が式 (8.12) と式 (8.16) から次式で計算できる．

$$q^R = \int_0^\infty \sum_{j=1}^K I_{\lambda,k}(z)\,\mu_j\,w_j\,\mathrm{d}\lambda \tag{9.48}$$

$$q_X^R = \int_0^\infty \kappa_\lambda \left\{ 4\pi\,I_{b,\lambda}[T(z)] - \sum_{j=1}^K I_{\lambda,j}(z)\,w_j \right\} \mathrm{d}\lambda \tag{9.49}$$

付録 9.A

n 次の指数積分関数 $E_n(\tau)$ は次式で定義される．

$$E_n(\tau) \equiv \int_1^\infty e^{-\tau x}\,x^{-n}\,\mathrm{d}x = \int_0^1 e^{-\tau/\mu}\,\mu^{n-2}\,\mathrm{d}\mu, \quad (n = 1, 2, 3, \cdots) \tag{9.50}$$

また，E_{n+1} と E_n には次の関係がある．

$$\frac{dE_{n+1}(\tau)}{d\tau} = -E_n(\tau), \quad (n = 1, 2, 3 \cdots) \tag{9.51}$$

$$E_{n+1}(\tau) - E_{n+1}(\tau_0) = -\int_{\tau_0}^\tau E_n(\tau')\,\mathrm{d}\tau' \tag{9.52}$$

$$E_{n+1}(\tau) = \frac{1}{n}\left[e^{-\tau} - \tau\,E_n(\tau)\right] \tag{9.53}$$

$E_1(\tau)$ は，各種ふく射伝熱のテキストに数表で与えられている[92] ほか，近似多項式[103] が与えられている．

第10章　ふく射要素法を用いたふく射伝熱の統一解析

　近年のコンピュータの著しい発達により，実際の工業モデルを対象とした数値シミュレーションが盛んに行われている．応力や流れ場，熱伝導や対流伝熱では，有限要素法をはじめとして任意形状についての解析を統一的に行う汎用解析法が多く開発されている．

　火炎や火炉[104]）をはじめ，半導体の結晶成長や地球温暖化に及ぼす塵や雲の影響まで，ふく射性媒体の伝熱解析はますます重要となってきている．ふく射伝熱に関しては，モンテカルロ法 (Monte Carlo method)[31, 32] や 離散方位法 (discrete ordinate method : DOM)[93] など，多くの手法が提案されている．これらの手法を形状が複雑で温度条件も一様でない3次元形状に適用すると，計算時間を著しく必要とするか，または解析手順が煩雑となり，実際上用いられる工業モデルの解析が困難な場合が多かった．

　第5章に示したように，著者らは任意形状黒体のふく射伝熱解析が可能な簡易数値解析法[39]）を開発した．また，第7章で述べた鏡面を含む任意形状灰色面間のふく射伝熱解析法を新たに提示し[33]），有限要素法による熱伝導解析と組み合わせたチョクラルスキー結晶成長炉（ＣＺ炉）の複合伝熱解析[48, 49, 105] を行った．

　さらに，任意形状の多面体で構成される放射・吸収・散乱性媒体と任意形状多角形で構成される鏡面と拡散面，またはそれらの複合面（以下，鏡面・拡散面と略記する）に対して，任意の熱条件下で統一的なふく射伝熱解析が可能な「光線放射モデルによるふく射要素法 (REM^2)」を提示した[50, 51, 106]．

　この章では，このふく射要素法の基礎的な概念について述べ，さらに，灰色の物体面とふく射性媒体で構成される任意形状物体に本数値解析法を適用した計算例を示す．

10.1 ふく射要素法による統一表示

図 10.1 に示すような多角形平面で囲まれた多面体ふく射要素内のふく射性媒体を考える．ふく射輸送方程式 (8.8) は次式で表される．

$$\left. \begin{array}{l} \dfrac{\mathrm{d}I_\lambda(\vec{r},\hat{s})}{\mathrm{d}S} = \beta \left[-I_\lambda(\vec{r},\hat{s}) + (1-\omega)\, I_{b,\lambda}(T) \right. \\ \left. \qquad\qquad + \dfrac{\omega}{4\pi} \displaystyle\int_{4\pi} I_\lambda(\vec{r},\hat{s}')\, \Phi_\lambda(\hat{s}' \to \hat{s})\, \mathrm{d}\Omega' \right] \end{array} \right\} \quad (10.1)$$

式 (10.1) を解いて，位置と方向の関数であるふく射強度 $I_\lambda(\vec{r},\hat{s})$ を求めることになるが，式 (10.1) は微積分方程式なので，特別な場合を除き解くことは難しい．

そこで，解析をモデル化するために，以下の仮定を設ける．

(1) ふく射要素内では温度，屈折率，単位体積当たりの発熱量は一定である．
(2) ふく射性媒体中での散乱は等方性である．
(3) 散乱されるふく射強度はその要素内では一様である．

図 10.1 に示すように，ふく射要素を通過した光線の一部は吸収され，一部は散乱される．このうち散乱成分は，仮定 (2) より等方散乱され，仮定 (3) により要素中の空間に均一に分散される．したがって，式 (10.1) の右辺第 3 項は次式のように簡略化される．

$$\frac{\sigma_{s,\lambda}}{4\pi} \int_{4\pi} I_\lambda(\vec{r},\hat{s}')\, \Phi_\lambda(\hat{s}' \to \hat{s})\, \mathrm{d}\Omega = \sigma_{s,\lambda}\, I_\lambda^D \quad (10.2)$$

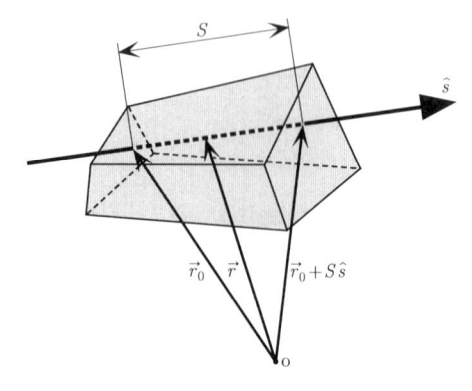

図 10.1 要素中のふく射の減衰

10.1 ふく射要素法による統一表示

ここで，I_λ^D は要素内の平均散乱ふく射強度で，要素内ふく射強度のふく射成分と散乱成分を要素内と全周方向に平均化した値である．I_λ^D は，任意形状拡散面の解析で導入された拡散射度式 (6.4) と同様な取扱いが可能である．式 (10.1) は，次式のようになる．

$$\frac{\mathrm{d}I_\lambda(\vec{r},\hat{s})}{\mathrm{d}S} = \beta_\lambda[-I_\lambda(\vec{r},\hat{s}) + (1-\omega)\,I_{b,\lambda}(T) + \omega\,I_\lambda^D] \tag{10.3}$$

図 10.1 の座標系で，ふく射要素外部からの入射ふく射がない場合，式 (10.3) の解は次式となる．

$$I_\lambda(\vec{r}_0 + S\,\hat{s},\hat{s}) = [(1-\omega)\,I_{b,\lambda}(T) + \omega\,I_\lambda^D] \times [1 - \exp(-\beta_\lambda\,S)] \tag{10.4}$$

式 (10.4) を要素の $\hat{s}$ 方向の全投影断面積にわたり積分すると，要素 i 自身が $\hat{s}$ 方向に放射するふく射エネルギーになる．しかしこの積分は，一般的に煩雑で多くの場合，値を求めることが困難な場合が多い．そこで，$\hat{s}$ から見た要素の平均厚さ $\bar{S}$ を次式で定義する．

$$\bar{S} \equiv \frac{V}{A(\hat{s})} \tag{10.5}$$

ここで，$V, A(\hat{s})$ は要素の体積と $\hat{s}$ 方向から見た要素の投影面積である．体積要素 i が $\hat{s}$ 方向に放射・散乱されるふく射エネルギー $\mathrm{d}Q_{J,i,\lambda}(\hat{s})$ は次式で近似される．

$$\mathrm{d}Q_{J,\lambda}(\hat{s}) = A(\hat{s})\,[(1-\omega)\,I_{b,\lambda} + \omega\,I_\lambda^D] \times [1 - \exp(-\beta_\lambda\,\bar{S})]\,\mathrm{d}\Omega \tag{10.6}$$

前述したように，式 (10.6) 中の I_λ^D はふく射強度の拡散散乱成分であり，$\hat{s}$ 方向に沿う光線の透過成分は含まれない．この拡散散乱および透過光線との関係は，第 7.1.1 項に示した固体面間の乱反射と鏡面反射との関係とまったく同様である．等方散乱と乱反射との

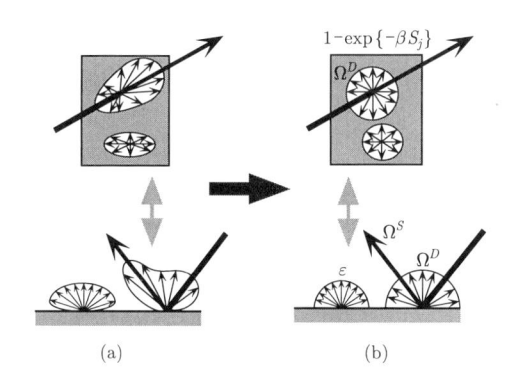

図 10.2 体積ふく射要素と表面ふく射要素のアナロジーと等方性モデル

アナロジーを 図 10.2 に示す．ふく射性媒体と固体面を一般的に記述するため，式 (10.6) 中で固体面の拡散反射率 ρ^D〔式 (3.31)〕とふく射性媒体のアルベド ω を ω^D として再定義する．また，固体面の鏡面反射率を記述するため，鏡面反射率 ρ^S〔式 (3.30)〕も ω^S として再定義する．

体積要素あるいは表面要素のいずれかのふく射要素 i について，いずれの場合もふく射エネルギー式 (10.6) は次式で統一的に記述される．

$$\left.\begin{array}{l} dQ_{J,i,\lambda}(\hat{s}) = A_i(\hat{s})\left[(1-\omega^D-\omega^S)\,I_{b,\lambda} + \omega^D\,I_\lambda^D\right] \\ \qquad\qquad \times \left[1-\exp(-\beta_\lambda \bar{S}_i)\right]d\Omega \end{array}\right\} \quad (10.7)$$

ここで，固体壁面では $\beta_\lambda \bar{S}_i \gg 1$ とし，ふく射性媒体では $\omega^S = 0$ とすることによって，プログラムの変更なしに固体面とふく射性媒体が統一的に記述できる．

式 (10.7) を全周方向に積分することによって，要素 i のふく射エネルギーは次式となる．

$$\left.\begin{array}{l} Q_{J,i,\lambda} = \left[(1-\omega^D-\omega^S)\,I_{b,\lambda} + \omega^D\,I_\lambda^D\right] \\ \qquad\qquad \times \int_{4\pi} A_i(\hat{s})\left[1-\exp(-\beta_\lambda \bar{S}_i)\right]d\Omega \end{array}\right\} \quad (10.8)$$

$\beta_\lambda \bar{S}_i \gg 1$ で光学厚さが非常に厚いとき，ふく射要素が凹面を含まない場合の式 (10.8) 右辺の積分は次式となる [26]．

$$\int_{4\pi} A(\hat{s})\left[1-\exp(-\beta_\lambda \bar{S})\right]d\omega \to \int_{4\pi} \frac{A_t}{4}d\omega = \pi\,A_t \quad (10.9)$$

ここで，A_t はふく射要素の幾何学的表面積である．したがって，次式のふく射有効面積を導入する．

$$A^R \equiv \frac{1}{\pi}\int_{4\pi} A(\hat{s})\left[1-\exp(-\beta_\lambda \bar{S})\right]d\Omega \quad (10.10)$$

式 (10.10) で定義されるふく射有効面積は，$\beta\bar{S}_i \gg 1$ の固体物体に対して適用すると，式 (5.5) で示した黒体のふく射有効面積となる．また，固体面のふく射要素のふく射有効面積はその要素の面積と一致する．ただし，面の裏面は考慮しない．ふく射性媒体のふく射要素の光学厚さが薄い場合，ふく射有効面積は次式となり，微小体積からのふく射エネルギー量と関連づけられる．

$$A^R \to \frac{1}{\pi}\int_{4\pi} A(\hat{s})\,\beta_\lambda \bar{S}\,d\Omega = 4\beta_\lambda V \quad (10.11)$$

最終的に，拡散ふく射エネルギーは，ふく射性媒体や不透明固体面にかかわらず次式によって統一的に表される．

$$Q_{J,i,\lambda} = \pi\left(\varepsilon_i\,I_{b,\lambda} + \omega^D\,I_\lambda^D\right)A^R \quad (10.12)$$

ここで，$\varepsilon_i \equiv 1 - \omega_i^D - \omega_i^S$ であり，$Q_{J,i,\lambda}$ は拡散面の解析で定義した拡散ふく射伝熱量式 (6.8), (6.13) と同一である.

ふく射要素法では，ふく射エネルギーの一般形式である式 (10.7) と式 (10.8) を導入することで表面要素と体積要素が統一的に記述されるので，ゾーン法のように要素の相違を区別する必要がない．式 (10.4) の積分は，要素のふく射有効面積と平均厚さ $\bar{S}$ を導入することによって簡単化される.

本手法では，体積要素で等方散乱であることと，表面要素での拡散反射成分が等方であるという仮定を必要とする．また，図 10.2 に示したように，ふく射要素からの放射は等方であるという仮定も必要である．粒子散乱は，一般に非等方性である．非等方散乱で非灰色のふく射性媒体のふく射要素法は次章で議論する.

離散方位法のようなふく射強度を位置と方向の関数として解く数値解法では，非等方散乱を考慮することができる．離散方位法を複雑な 3 次元光学モデルに適用する場合，方向の分割数が多くないと光線効果[107]が避けられない．ふく射強度は位置と方向の関数であるから，ふく射強度の未知数はふく射分割数の増加と共に急激に増大する．鏡面を含む非構造格子要素をもつ複雑な 3 次元システムを離散方位法で解くことは困難を伴う．また，これらの方法は伝熱量を与えられたふく射要素の平衡温度を解くのにも不向きである.

10.2 減衰・吸収・散乱形態係数

第 7 章では，鏡面・拡散面間のふく射伝熱に吸収・乱反射形態係数を導入した[33, 105]が，鏡面反射の形態係数が含まれていない．式 (10.7) と図 10.2 から，ふく射要素を通過した透過光線と等方散乱光線は，それぞれ鏡面反射と乱反射の形態係数と同様な扱いが可能である．図 10.3 に示すように，ふく射要素 i, j を考えると，減衰形態係数 $F_{i,j}^E$ は，ふく射要素 i から放射されるふく射エネルギーがふく射要素 j によって吸収，または等方散乱，または乱反射される割合として定義される.

$$\text{減衰形態係数 } F_{i,j}^E \equiv \frac{[\text{ふく射要素 } j \text{ に到達しその要素によって減衰されるふく射エネルギー}]}{[\text{ふく射要素 } i \text{ から放射されるふく射エネルギー}]} \quad (10.13)$$

いま，図 10.3 に示したように体積要素 i の重心から全周方向にふく射エネルギーが放射されており，その中で $\hat{s}$ 方向に放射されるふく射エネルギー式 (10.1) がふく射性媒体中で減衰しながら体積要素 j に到達する場合を考える．$dQ(\hat{s})_{J,i}$ が要素 j に到達する割

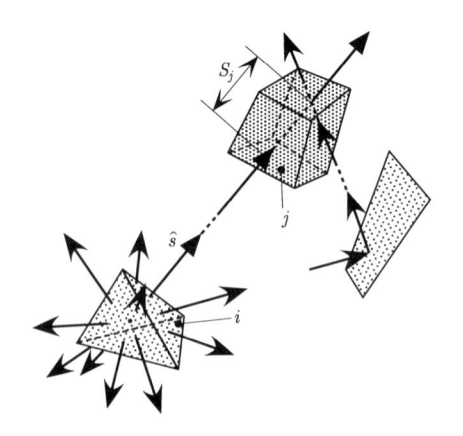

図 10.3 要素間のふく射伝播と減衰

合を $f_i^j(\hat{s})$ として，要素 j の透過距離を S_j とすると，式 (10.3) で外部からの入射ふく射を考慮して，減衰形態係数 $F_{i,j}^E$ は次式で表される．

$$F_{i,j}^E = \frac{1}{\pi A_i^R} \int_{4\pi} f_i^j(\hat{s}) \, A_i(\hat{s}) \times [1 - \exp(-\beta_{\lambda,i} \bar{S}_i)][1 - \exp(-\beta_{\lambda,j} S_j)] \, \mathrm{d}\Omega \quad (10.14)$$

吸収形態係数 $F_{i,j}^A$，散乱形態係数 $F_{i,j}^D$ は次式で定義される．

$$F_{i,j}^A \equiv \frac{\varepsilon_j}{(1 - \omega_j^S)} F_{i,j}^E \quad (10.15)$$

$$F_{i,j}^D \equiv \frac{\omega_j^D}{(1 - \omega_j^S)} F_{i,j}^E \quad (10.16)$$

したがって，第 6.2 節と同様に第 10.4 節に示した手法により，個々のふく射要素の温度，単位体積当たりの発熱量などの熱条件を任意に与えた解析が可能となる．

10.3 光線放射モデル

実際に使用される工業モデルは，汎用の有限要素法の要素生成パッケージソフトなどによって多角形要素や多面体要素にモデル化される場合が多い．これらのツールを使用できるように，本解析法では，ふく射要素を図 10.4 に示すような三角形，四角形，四面体，くさび型および六面体でモデル化する．多面体 i の各面の表面積を $A_{i,k}$ とし，それらの

10.3 光線放射モデル

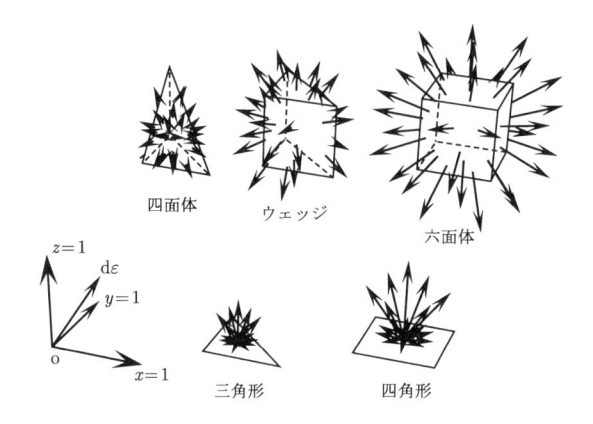

図 10.4 各種ふく射要素からの光線放射モデル

面の法線ベクトルを $\hat{n}_{i,k}$ とすると，多面体の $\hat{s}$ 方向の投影面積は次式となる．

$$A_i(\hat{s}) = \sum_{k=1}^{K} A_{i,k} \operatorname{sgn}(\hat{n}_{i,k} \cdot \hat{s}) \tag{10.17}$$

ここで，

$$x > 0 \text{ で } \operatorname{sgn}(x) = x, \quad x \leq 0 \text{ で } \operatorname{sgn}(x) = 0 \tag{10.18}$$

また，K は多面体の面の数で，六面体では $K=6$，多角形では $K=1$ である．

ふく射有効面積 A^R は，式 (10.10) の積分を数値的に行うことによって得られる．光線放射方向の離散化 $\hat{s}(\theta_i, \phi_j)$ は，次式によって行った．

$$\left.\begin{aligned}
&\theta_i = \pi(i-1)/(N_\theta + 1), \quad (i=1,...,N_\theta+2) \\
&\phi_j = 2\pi R_i + j\,\Delta\phi_i, \quad (j=1,...,N_i) \\
&\Delta\phi_i = 2\pi/N_i, \ N_i = 2(N_\theta+1)\sin\theta_i/i, \quad (i=2,...,N_\theta+1)
\end{aligned}\right\} \tag{10.19}$$

ここで，$N_\theta + 2$ は天頂角方向の分割数，N_i は四捨五入した整数，R は $0 \leq R_i \leq 1$ の乱数である．上式は，全周方向に等しい重みで立体角を離散化することに対応している．さらに，高効率な放射の離散化手法も著者らによって提案されている[49]．

また，式 (10.19) は一度だけ計算され，全てのふく射要素に共通に使うことによって乱数生成の計算時間を短縮している．各要素から放射される光線の全本数と離散化された立体角は次式となる．

$$N_{tr} = 2 + \sum_{i=2}^{N_\theta+1} N_i, \quad \Delta\Omega = \frac{4\pi}{N_{tr}} \tag{10.20}$$

図 10.4 は，$N_\theta = 3$，$N_{tr} = 33$ における各ふく射要素からの光線放射を示したものである．図 10.4 のふく射要素は，2 辺の光学厚さが 1 の直角二等辺三角形または 1 辺の光学厚さが 1 の正方形で構成される平面または多面体である．矢印の長さは光線強度を示しており，次式で定義される．

$$A^R = \sum_{i=1}^{N_{tr}} \Delta A_i^R = \sum_{i=1}^{N_{tr}} A(\hat{s}_i) \left[1 - \exp\left(-\beta \bar{S}\right)\right] \Delta \Omega \tag{10.21}$$

光線は要素の重心を中心とし，式 (10.19) に従い放射されるが，ふく射要素の表面を始点として光線が放射される．各要素から放射される光線の本数が同一なので，図 10.4 に示したように，表面積または体積が大きいふく射要素からの光線強度が大きくなる．

式 (10.21) で $\hat{s}_i$ 方向の ΔA_i^R が与えられると，その光線は第 7.1 節と同様な手法で光線追跡が行われ，式 (10.14) の減衰形態係数が算出される．第 7.1.2 項の放射光線追跡法はモンテカルロ法に比べて著しい計算時間の短縮化が報告されている[108]．

10.4 灰色体のふく射伝熱解析

上記の形態係数は，単色ふく射伝熱解析に適用可能であるが，問題を簡略化するために灰色の仮定を導入する．式 (6.4) の射度は，鏡面／拡散面の解析では乱反射と放射成分の和，つまり乱射度として定義される．図 10.2 と乱射度との類推から，拡散ふく射強度 I_i^D が次式で表される．

$$I_i^D = \varepsilon_i I_{b,i} + \frac{\omega_i^D G_i}{\pi} \tag{10.22}$$

ここで，G_i はふく射要素 i への外来照射である．拡散ふく射熱量 $Q_{J,i}$ は次式となる．

$$Q_{J,i} \equiv A_i^R \pi I_i^D = A_i^R \left(\varepsilon_i n^2 \sigma T_i^4 + \omega_i^D G_i\right) \tag{10.23}$$

ここで，n はふく射要素の屈折率，σ はステファン - ボルツマン定数である．ふく射要素の正味伝熱量 $Q_{X,i}$ は熱収支より次式で得られる．

$$Q_{X,i} = A_i^R \varepsilon_i \left(n^2 \sigma T_i^4 - G_i\right) \tag{10.24}$$

N 個の多面体ふく射性媒体や多角形鏡面・拡散面のふく射要素で構成されるシステムを考える．式 (10.25) で定義されるふく射エネルギー量 $Q_{T,i}$ を導入し，式 (10.26) の関係を用いると，式 (10.23), (10.24) は式 (10.27), (10.28) となる．

$$Q_{T,i} \equiv A_i^R \varepsilon_i n^2 \sigma T_i^4 \tag{10.25}$$

$$Q_{G,i} \equiv A_i^R G_i = \sum_{j=1}^{N} F_{j,i}^E Q_{J,j} \tag{10.26}$$

$$Q_{J,i} = Q_{T,i} + \sum_{j=1}^{N} F_{j,i}^D Q_{J,j} \tag{10.27}$$

$$Q_{X,i} = Q_{T,i} - \sum_{j=1}^{N} F_{j,i}^A Q_{J,j} \tag{10.28}$$

各要素に温度 T_i または単位体積当たりの発熱量 $q_{X,i}$ のどちらか一方が与えられると，それらから $Q_{T,i}$ たは $Q_{X,i}$ が求められるから，式 (10.27)，(10.28) の $Q_{J,j}$ を消去し，第 6.2 節と同様な解析を行うことにより，$Q_{X,i}$ または $Q_{T,i}$ がそれぞれ計算される．それらの値から各要素の $q_{X,i}$ または T_i が次式で求められる．

$$I_{b,i} = \frac{n^2 \sigma T_i^4}{\pi} = \frac{Q_{T,i}}{\varepsilon_i \pi A_i^R} \tag{10.29}$$

$$q_{X,i} = \frac{Q_{X,i}}{V_i} \tag{10.30}$$

ただし，ふく射要素が多角形平面の場合，V_i はその面積とする．

10.5 単純形状物体による解析精度の検証

本章のふく射伝熱解析法の解析精度を検証するために，図 10.5 に示すような単純形状の解析を行う．光学厚さ τ_0 で，一辺は τ_a の正方形の面をもつ直方体のふく射性媒体を

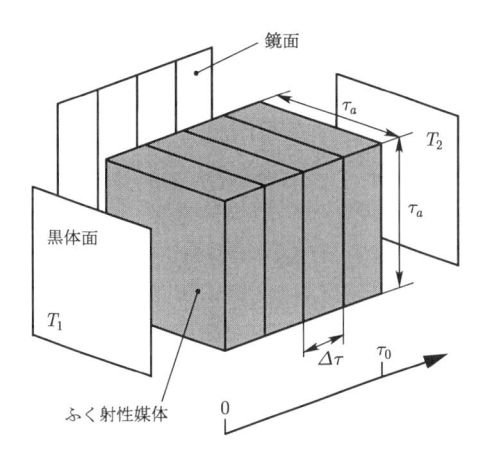

図 **10.5** 解析精度検証の解析モデル

考える. 媒体の体積当たりの発熱 $q_X = 0$ とする. 直方体の 2 面は温度 T_1, T_2 の等温黒体面で覆われている. 他の 4 面は解析の 1 次元性を得るために, 完全鏡面 $\Omega^S = 1$ の面で覆っている. 図 10.5 の体積要素は, 光学厚さ $\Delta\tau$ の N_m 個の要素に分割した.

本章のふく射性媒体中の無次元温度分布を解析解[96] と比較したものが 図 10.6 である[51]. 各ふく射要素からの放射光線数は 45 とし, 直方体の縦横比 $\tau_a/\tau_0 = 1$ とした. 本数値解析法は, 解析解と比べて比較的良好な解析精度をもつ. 特に, $\tau_0 = 10$, $N_m = 5$ で 1 要素の分割の場合で $\Delta\tau = 2$ と大きくても温度分布は解析解と比較的よい一致を示す. 図 10.5 の解析を $\tau_a/\tau_0 = 100$ としても行ったが, $\tau_a/\tau_0 = 1$ の場合とほぼ同一な結果が得られている. このことからも, $\tau_a/\tau_0 = 1$ でも完全鏡面を付加することにより, モデルの 1 次元性が得られていることがわかる.

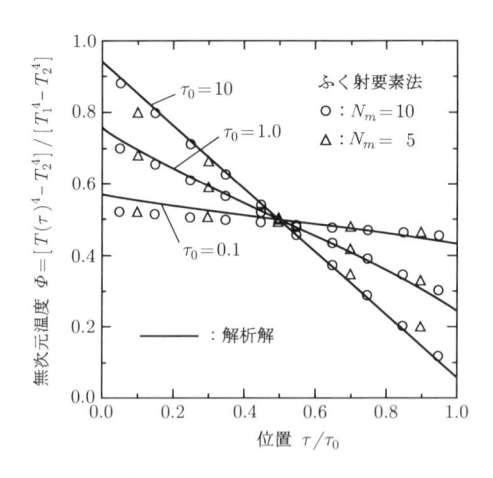

図 10.6 一次元平行平面系の媒体 ($q_X = 0$) 中の無次元温度分布

図 10.7 は, 図 10.5 の解析モデルについて, 壁面 1 から 2 へのふく射伝熱量 q^R を解析解[96] と比較したものである. 図 10.7 は, 各光学厚さ τ_0 について $\Delta\tau =$ 一定とした場合を比較している. 本解析の数値解は, 要素の分割数と N_{tr} を大きくとれば, 解析解に漸近する. しかし, ふく射伝熱量の解析精度は, 一次元解析の場合[109] と同様に, 媒体全体の分割数よりは各要素の光学厚さ $\Delta\tau$ に依存しており, $\Delta\tau < 0.5$ で十分な解析精度が得られていることがわかる. 上記の解析は $N_{tr} = 45$ で行ったが, 図 10.7 には $N_{tr} = 561$ の結果も例示してある. 両者はよく一致していることがわかる. このことから, 本ふく射要素法は, モンテカルロ法などに比べて著しく少ない光線放射数で十分な精度が得られて

10.5 単純形状物体による解析精度の検証

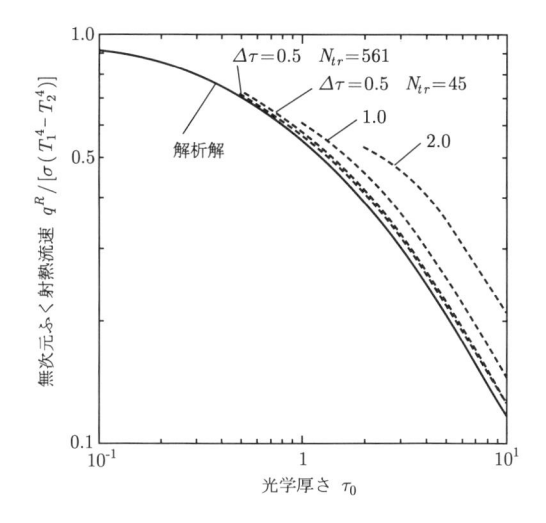

図 10.7 一次元平行平面系の媒体 ($q_X = 0$) 中の無次元壁面熱流束

いる.

本方法 (REM²) の解析精度を検証するため,他の単純形状を解析する.簡単のため,ふく射性媒体と表面は灰色と仮定し,減衰係数 $\beta = 1 \mathrm{m}^{-1}$ のふく射性媒体を含む単位長さの 2 次元正方形空間を考える.下壁 $y = 0$ と側壁 $x = 0, 1$ は黒体で低温である.上壁 $y = 1$ は黒体で,一定温度 T_0 を指定した.単位体積当たりの発熱量 q_X は 0 とした.数値モデルは x および y 方向に単位側面をもつ長方形固体で構成され,また z 方向の長さを z_0 とした.長方形固体は $x - y$ 面で $n \times n$ 長方形固体要素に分割される.完全鏡面を $z = 0$ と $z = z_0$ の面上に置いた.

式 (10.31) で定義される無次元壁面熱流束 q^{R*} を半解析解[110]と比較したものが図 10.8 である[111].

$$q^{R*} \equiv \frac{q^R}{(\sigma T_0^4)} \qquad (10.31)$$

ふく射要素は,$x - y$ 平面で $N_m \times N_m = 5 \times 5$ または 3×3 要素に分割され,放射光線数は図 10.8 のように $N_{tr} = 45$ または 3 313 に設定した.この 2 次元の場合,長さ z_0 は 100 とした.

図 10.8 に示すように,数値解は半解析解[110]とよく一致している.要素数と放射光線数を考慮すると,$N_{tr} = 45$,$n = N_m$ とした結果は十分な精度がある.本数値法は,要素数が非常に少ない場合でも良好な解が得られる.このような特徴は,ふく射要素の数が制

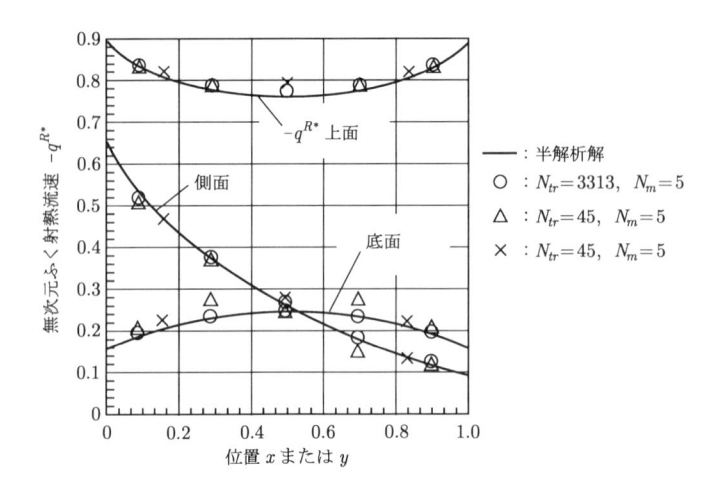

図 10.8 2次元正方形ふく射性媒体の無次元壁面熱流束分布

約され，要素を細分割化しにくい複雑なモデルを扱う場合に重要である．

立方体のふく射性媒体で，本法の精度を Larsen らのゾーン解析[112]と比較した．立方体ふく射性媒体は6面の黒体面で覆われている．立方体の辺長は単位長さであり，媒体の減衰係数は1である．$z=0, y=0$ または $x=1$ の壁面は一様温度 T_0 であり，残りの壁面は低温である．媒体の発熱量は0とした．媒体を $5\times 5\times 5$ の立方体ふく射要素に分割し，x, y, z 方向それぞれに添え字 i, j, k を付してふく射性媒体の壁面温度分布を計算した．

ゾーン解析[112]からの差異を表10.1に示す．$N_{tr}=3313$ での結果はゾーン解析とよく一致している．カッコ内の数値は，少ない放射光線数 $N_{tr}=45$ の場合と $N_{tr}=3313$ の場合との差異を示している[111]が，特に，隅や角の要素でその差異が著しい．

放射光線数 $N_{tr}=3313$ と $N_{tr}=45$ での立方体媒体の無次元温度分布を図10.9に比較する．立方体内部の温度分布を示すために，幾つかのふく射要素を取り去っている．それぞれの分布は，隅近傍のごく狭い領域を除けば，ほとんど同一である．にもかかわらず，図10.9から少ない放射光線数でも温度分布を調べるのに十分な精度の解が得られることがわかる．表10.1は $N_{tr}=3313$ と45での解にいくらかの差異があることを示している．

10.6 任意形状媒体のふく射伝熱

表 10.1 無次元温度のゾーン法による解と差異 [%]

k	j	$i=1$	$i=3$	$i=5$
5	5	2.29 (8.38)	0.34 (10.56)	0.03 (2.28)
5	3	0.40 (15.25)	0.84 (8.36)	0.02 (2.20)
5	1	0.08 (0.68)	0.06 (0.72)	0.13 (0.47)
3	5	0.62 (5.31)	0.91 (3.83)	0.04 (0.72)
3	3	0.70 (5.91)	0.04 (0.72)	0.47 (3.76)
3	1	0.08 (1.60)	0.38 (2.71)	0.06 (2.73)
1	5	0.03 (2.53)	0.04 (1.48)	0.11 (0.09)
1	3	0.06 (1.22)	0.34 (4.19)	0.06 (3.67)
1	1	0.11 (2.33)	0.05 (1.65)	0.26 (0.89)

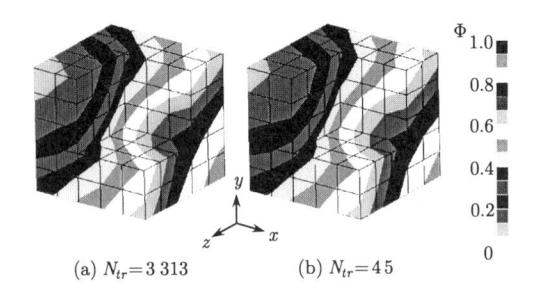

(a) $N_{tr} = 3\,313$ (b) $N_{tr} = 45$

図 10.9 立方体ふく射性媒体の無次元温度分布（ゾーン解析との比較）

10.6 任意形状媒体のふく射伝熱

任意形状物体解析の例として，立方体のふく射性媒体の中に球形の不透明等温物体がある場合を考える[51]．立方体の辺長を $2\tau_0$ ($\tau_0 = 1$) とし，球形物体の直径は τ_0 とした．これと等価な系として，不透明球形物体は温度 $T_1 = 1\,000\,\mathrm{K}$ の不透明等温灰色面で置き換え，球形物体は空洞とした．立方体の 4 面は $T_2 = 0\,\mathrm{K}$ の等温面，他の 2 面は断熱灰色面とした．これらの面は反射率 0.5 の拡散面とし，ふく射性媒体はアルベド 0.5 で単位体積当たりの発熱量は 0 とした．

図 10.10 は，本解析で用いた 1/8 モデルを示している．図 10.10 のモデルは，136 の多面体要素と，それを覆う 140 の不透明多角形要素で構成される．モデルの対称性を満足するために，3 面には完全鏡面を張り付けてある．

ふく射伝熱解析は，図 10.10 に示す 276 ふく射要素について，各要素からの放射光線数を 45 として行った．本解析に要した計算時間は，Cray-YMP の 1CPU を用いた場合，4.7 秒であった．要素分割には，有限要素法で用いられる 3 次元汎用プレ・ポストパッ

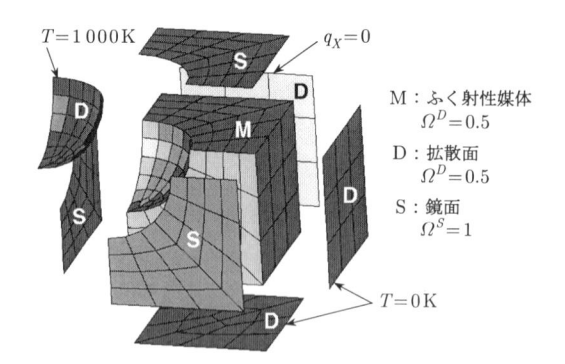

図 10.10 球形空洞を含むふく射性媒体の 1/8 解析モデル
(M：ふく射性媒体 $\Omega^D = 0.5$, D：拡散面 $\Omega^D = 0.5$, S：鏡面 $\Omega^S = 1$)

ケージソフト PATRAN を使用した．本ふく射要素法は，解析モデルをふく射要素に分割するとき，解の収束性などによる形状の制約がほとんどなく，かつ体積要素と平面要素を区別しないで解析可能である．したがって，既存の熱伝導や対流伝熱，応力解析などと組み合わせた複合伝熱解析が容易である．

図 10.11 は，式 (10.32) で定義した無次元温度分布を示している．図 10.11 では，表面要素を取り去り，ふく射性媒体の温度のみを示した．

$$\Phi \equiv \frac{T^4 - T_2^4}{T_1^4 - T_2^4} \tag{10.32}$$

球形空間表面の温度分布は，断熱面に面した部位の温度が高く，低温面の角に面した表

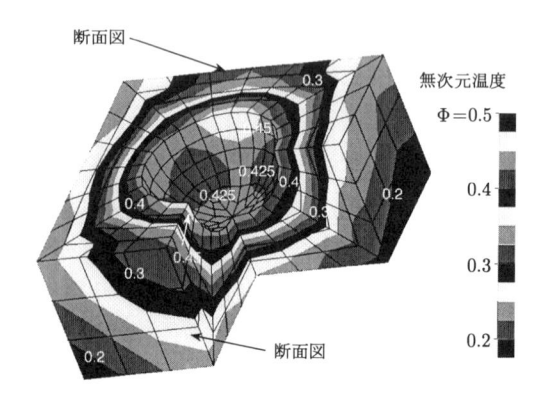

図 10.11 ふく射性媒体の無次元温度分布

10.6 任意形状媒体のふく射伝熱

面温度が低くなっていることがわかる．また，断熱面近傍の等温面が断熱面と垂直に交差している．

次に，核融合プラズマの研究に用いられている大型ヘリカル装置のプラズマ温度と壁面熱流束解析の一例を示す[104]．図 10.12 は，その装置の外観図と解析に用いた 1/10 モデルを表している．プラズマは楕円形で長径 2 m，短径 1 m である．真空容器の直径は 11 m で超伝導ヘリカルマグネットの溝が 2 本それぞれ 1 周で 5 回転している．一般に，プラズマは局所熱力学的平衡（1.5 節）が成り立たず，電磁波に対する減衰係数も著しい波長依存性を示す．ここでは，問題を単純化するために，模擬プラズマを灰色ふく射性ガス近似し，減衰係数は $\beta = \kappa = 1\,\mathrm{m}^{-1}$ としている．壁面の吸収率は 0.3 として，拡散反射率と鏡面反射率はそれぞれ 0.2 と 0.5 で，等温壁 ($T_2 = 0\,\mathrm{K}$) としてある．解析モデルは，2636 の 6 面体または 4 角形のふく射要素で構成されている．光線放射数 45 の場合，計算に要する時間は CRAY C916 の 1 CPU を用いて 325 s であった．

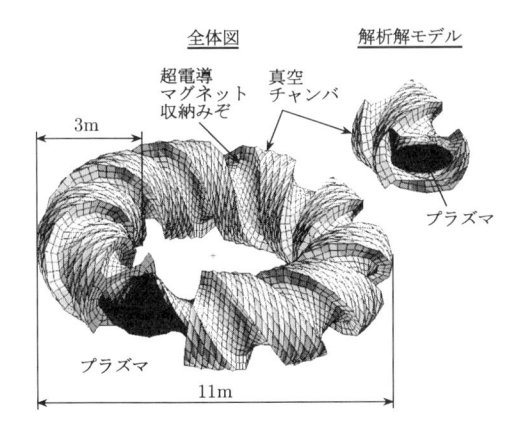

図 10.12 大型ヘリカル装置の外観と 1/10 解析モデル

図 10.13 は，式 (10.34) と式 (10.37) で定義されるプラズマの無次元温度と壁面の無次元熱流束を示している．いま，プラズマの単位体積当たりの発熱量 q_X を一定と仮定すると，減衰係数 β，短径 d の楕円形プラズマの光学厚さ $\tau_0 = \beta d$ が十分に薄い場合に，プラズマのふく射平衡温度 T_0 と q_X との関係は次式で与えられる．

$$q_X \equiv \frac{dQ_X}{dV} = 4\beta\sigma T_0^4 \qquad (10.33)$$

このふく射平衡温度 T_0 をプラズマ特性温度 T_0 と定義すると，プラズマの無次元温

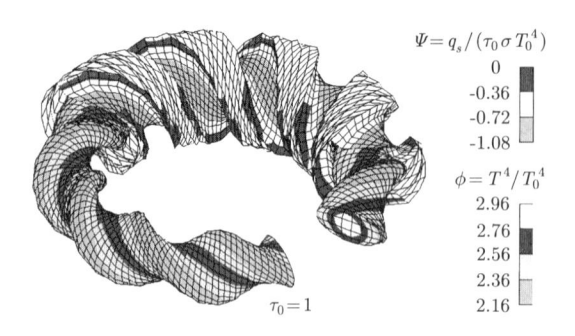

図 10.13 大型ヘリカル装置の無次元プラズマ温度と壁面熱流束分布（全体図）

度 Φ は式 (10.34) で定義される．

$$\Phi \equiv \frac{T^4}{T_0^4} = \frac{4\beta\sigma T^4}{q_X} \tag{10.34}$$

一方，q_S を壁面の局所熱流束，$\bar{q}_S$ を壁面の平均熱流束とすると，無次元熱流束 Ψ は次式で定義される．

$$\Psi \equiv \frac{q_S}{\bar{q}_S} \tag{10.35}$$

いま，プラズマの体積を V，真空容器の表面積を A_t とすると，熱収支の関係から，壁面の平均熱流束 $\bar{q}_S$ は式 (10.36) となる．

$$\bar{q}_S = \frac{V}{A_t} q_X \tag{10.36}$$

上式から，プラズマの体積と真空容器の面積が一定であれば，プラズマの温度と光学厚さに関係なく，壁面の平均熱流束はプラズマの単位体積当たりの発熱量 q_X のみで決定できることがわかる．

また，(V/A_t) は形状によって定まる基準長さであるが，これを $d/4$ と置くと，光学厚さが十分薄い極限での式 (10.33) を参考にして，壁面の無次元熱流束 Ψ は式 (10.37) で定義される．

$$\Psi = \frac{4q_S}{q_X d} = \frac{q_S}{\tau_0 \sigma T_0^4} \tag{10.37}$$

本解析では，プラズマと真空容器壁の間にも透明なふく射要素を配置しているが，図 10.13 ではそれらを省略している．プラズマの温度分布はプラズマ中央部で高い．壁面の熱流束は定義上負の値となっているが，ヘリカルマグネットの溝底部での熱流束が大きく，マグネットの溝側壁の角部で熱流束が小さいことがわかる．

10.6 任意形状媒体のふく射伝熱

モンテカルロ法では，各要素から放射する量子化されたふく射束の数は 10^4 オーダとなる場合も多い．それらに比べると，このような複雑形状でも著しく少ない放射光線数で良好な精度が得られていることから，本ふく射要素法は種々の問題に適用可能であると考えられる．さらに，本数値解析法はプログラムを高度にベクトル化することが可能で，ベクトルプロセッサを有するコンピュータを有効に使用することができる．

第11章 非灰色・非等方散乱性媒体のふく射要素法

第10章では，主に灰色媒体のふく射伝熱を考えてきた．実在のふく射性媒体では，灰色の仮定が成立することは希であり，多くのふく射性媒体は強い波長依存性を示す．特に，二酸化炭素，水蒸気などのふく射性ガスは，波長依存性が著しく，後述の第12章や第14章に示すように，吸収係数に量子効果が働き，実用可能な波長分割において平均の吸収係数を用いることが困難な場合が多い．

液滴群や多孔質体のように，多くの不均一媒体は電磁波を散乱するが，その位相関数が等方であることも希である．第10章で示したふく射要素法では，媒体の等方散乱を仮定しているので，このままでは非等方散乱媒体の解析は難しい．

本章では，実在媒体に近い非灰色・非等方散乱媒体を含む任意形状のふく射要素法について議論し，それを簡略化した1次元平行平面系におけるふく射要素法も述べる．これらの解析精度を議論し，実在火炉のふく射伝熱解析についての解析例を示す．

11.1 非灰色媒体のモデル化

11.1.1 非灰色媒体のふく射伝熱

体積要素または表面要素で構成されるふく射要素 i の単色ふく射エネルギー式は，式(10.8)と同様に，次式で一般化される．

$$Q_{J,i,\lambda} = [(1-\omega^D - \omega^S)I_{b,\lambda} + \omega^D I_\lambda^D] \int_{4\pi} A_i(\hat{s})[1-\exp(-\beta_\lambda \bar{S}_i)]\mathrm{d}\Omega \tag{11.1}$$

次式で定義する有効ふく射面積 $A_{i,\lambda}^R$ を導入する．

$$\left.\begin{aligned}A_{i,\lambda}^R &\equiv \frac{1}{\pi}\int_{4\pi} A_i(\hat{s})[1-\exp(-\beta_\lambda \bar{S}_i)]\mathrm{d}\Omega \\ &\approx \frac{1}{\pi}\int_{4\pi}\int_{A_i(\hat{s})}[1-\exp(-\beta_\lambda S_i)]\mathrm{d}A\,\mathrm{d}\Omega\end{aligned}\right\} \tag{11.2}$$

非灰色媒体では，$A_{i,\lambda}^R$ は波長の関数であり，幾何学的に同一でも波長が異なると有効ふく射面積は大きく変化することに注意する．ふく要素から放射・散乱される単色ふく射エネルギーは次式で一般化される．

$$Q_{J,i,\lambda} = \pi A_{i,\lambda}^R (\varepsilon_i I_{b,\lambda} + \omega^D G_{i,\lambda}) \tag{11.3}$$

ここで，$Q_{J,i,\lambda}$ は単色拡散ふく射熱量，$G_{i,\lambda} = I_\lambda^D$ である．ふく要素 i における正味の単色放射エネルギー $Q_{X,i,\lambda}$ は，

$$Q_{X,i,\lambda} = A_{i,\lambda}^R \varepsilon_i (\pi I_{b,\lambda} - G_{i,\lambda}) \tag{11.4}$$

となる．また，次式で定義される単色ふく射熱量 $Q_{T,i,\lambda}$，$Q_{G,i,\lambda}$ を導入する．

$$Q_{T,i,\lambda} \equiv \pi A_{i,\lambda}^R \varepsilon_i I_{b,\lambda} \tag{11.5}$$

$$Q_{G,i,\lambda} \equiv A_{i,\lambda}^R G_i = \sum_{j=1}^N F_{j,i}^E Q_{J,j,\lambda} \tag{11.6}$$

N 個の多面体ふく射性媒体や物体面のふく要素で構成されるシステムを考えると，式 (11.3), (11.4) は次式となる．

$$Q_{J,i,\lambda} = Q_{T,i,\lambda} + \sum_{j=1}^N F_{j,i}^D Q_{J,j,\lambda} \tag{11.7}$$

$$Q_{X,i,\lambda} = Q_{T,i,\lambda} - \sum_{j=1}^N F_{j,i}^A Q_{J,j,\lambda} \tag{11.8}$$

ここで，$F_{i,j}^A$ と $F_{i,j}^D$ は著者ら[50]によって導入された吸収形態係数と散乱形態係数，式 (10.15), (10.16) であるが，これらも，本解析では波長の関数となる．

各ふく要素の温度が与えられると，各ふく要素の $Q_{T,i,\lambda}$ が境界条件として与えられるから，式 (11.7), (11.8) を解くことによって未知数の $Q_{X,i,\lambda}$ が計算できる．ふく射要素から放射される正味のエネルギーは，次式の積分によって与えられる．

$$Q_{X,i} = \int_0^\infty Q_{X,i,\lambda}\, d\lambda \tag{11.9}$$

物体表面からの熱流束，またはふく射性媒体の単位体積当たりの発熱量は次式となる．

$$q_{X,i} = \frac{Q_{X,i}}{V_i} \tag{11.10}$$

ふく射要素が物体表面の場合，$V_i = A_i$ である．

11.1 非灰色媒体のモデル化

解析に使用される工業モデルは，汎用の有限要素法の要素生成パッケージなどによって多角形要素や多面体要素でモデル化される．本解析法では，三角形，四角形の表面要素と四面体，くさび型，六面体の体積要素でモデル化している．形態係数 $F_{i,j}^A$, $F_{i,j}^D$ は，波長の関数として光線放射モデルを用い光線追跡法によって算出される[113, 114, 115]．

波長分割は，代表温度の黒体ふく射の重み関数が等しくなるように波長分割を行った．つまり，代表温度の T_0 の黒体ふく射の放射エネルギーが等しくなる波長分割は，第2.4節に示す黒体放射分率 (fraction of blackbody emissive power) $F(\lambda T)$ を用いて，図11.1のように分割する．本章の例では，100 の波長分割を行い，ふく射性ガスについては次節に示す狭域バンドモデルを使用し，各波長における粒子の非等方散乱を考慮した各単色ふく射の計算を行った．

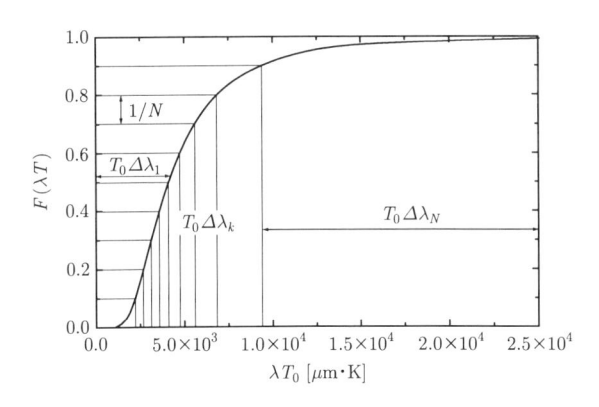

図 11.1 黒体放射分率を用いた波長の等エネルギー分割

ふく射熱流束を計算するためには，各波長の単色計算を高速に行う必要がある．そのために，計算時間をなるべく少なくする工夫が必要である．つまり，物体面が拡散面のみで構成される場合，鏡面反射面は必要ないが，解析モデルが面対称の場合は，対称面に完全鏡面を置くことによって容易にふく射要素数と計算時間が低減できる．第11.5節の解析でも，対称モデルを使用することによってふく射要素数の低減を行った．さらに，散乱媒体や拡散反射を含むふく射要素の伝熱計算からふく射を吸収しない透明媒体や完全鏡面を除外し，反復計算法による高速な連立方程式解法を使用することによって，ふく射伝熱解析を数十分の一に短縮することが可能である[116]．

11.1.2 ガスモデル

第14章で述べるように,二酸化炭素や水蒸気のようなふく射性ガスが電磁波と相互作用を及ぼすとき,分子の振動・回転吸収スペクトルは量子効果によって飛び飛びの値をとり,さらに,ロレンツおよびドップラー拡がりによって極めて複雑な波長依存性を示す.このため,ふく射性ガスを含むガスの単色ふく射伝熱解析を実用可能な波長分割精度で行うことは困難である.これらの,著しい波長依存性を回避し,実用上許容できる精度で伝熱計算を行うためにバンドモデルが導入される.

本章では,Edwards の指数型広域バンドモデル[117]に Elsasser の狭域バンドモデルを組み合わせたガスモデルを使用した.広域バンドモデルと,現在入手可能で高精度な解が得られる LBL (Line by Line) データベース[118]を使った単色解析との比較が論じられ[119],10% 程度の誤差が報告されている.ただし,ふく射性ガスの分圧が小さい場合は,その誤差はさらに大きくなる.著者らも,高温の吸収バンドを含む LBL データベース[120]による解析と各種のバンドモデルの比較を行っている[121].

ふく射要素法の結果を比較したベンチマークにおいても上記のガスモデルが使用されており,他の多くのベンチマーク解析もこのガスモデルを使用している.そこで,それらとの整合性をとるために,本章では下記のガスモデルを使用した.

Elsasser の狭域バンドモデルによるバンド吸収係数は波数 η の関数として次式で与えられる[37] *1.

$$\kappa_\eta = \rho \frac{S_c}{\delta} \frac{\sinh(\pi\beta/2)}{\cosh(\pi\beta/2) - \cosh[2\pi(\eta-\eta_c)/\delta]} \tag{11.11}$$

ここで,$\rho\,[\mathrm{g/m^3}]$ はふく射性ガスの密度,S_c/δ は平均の吸収係数で,η_c は指数形広域バンドモデルの中心波数である.β は,線拡がりパラメータ,δ は吸収線間隔で単位は波数 [1/cm] を使用している.これらは次式で与えられる.

$$\frac{S_c}{\delta} = \frac{C_1}{C_3} \exp\left[-\frac{C_1}{C_3}|\eta-\eta_c|\right] \tag{11.12}$$

$$\beta = \frac{C_2^2 \, P_e}{4\,C_1\,C_3} \tag{11.13}$$

C_1, C_2, C_3 は,積分吸収バンドパラメータ,P_e は有効圧力で,各パラメータは[37]で与えられている.

---

*1 本モデルより詳細なガスモデルが Edwards らによって提唱され,それは第14章に記載されている.本章では,他のベンチマークとの整合性をとるために,より簡便なガスモデルを使用している.

11.2 非等方散乱媒体を含むふく射伝熱

このバンドモデルは，一様温度のガス中で，光路長の関数として吸収係数が与えられる．本章のふく射要素法では，各ふく射要素内では均一な温度とガス成分を仮定しているので，それぞれの光学距離において吸収係数が算出できる．つまり，ふく射要素を通過する平均の光学距離 $\bar{S}$ に対してガスのバンド減衰係数（＝吸収係数）は次式で表される．

$$\beta_g = \ln\Bigl[\int_{-\delta/2}^{\delta/2} \exp\left(-\kappa_g \bar{S}\right)\, d\eta\Bigr]/\bar{S} \tag{11.14}$$

ここで，$\delta \to 0$ の極限である単色吸収係数では $\beta_g = \kappa_g$ となるが，式 (11.14) では必ずしも $\beta_g = \kappa_g$ とならず，Beer の法則は満足しないことに注意する．

ふく射性ガスの N_λ 個の吸収バンドが重なり合う場合は，式 (11.11) のパラメータは大まかな近似として次式が用いられる[117]．

$$\bar{\beta}_g = \frac{\Bigl[\sum_{k=1}^{N_\lambda}(S_c/\delta)_{\eta_k}^{1/2}\beta_{\eta_k}^{1/2}\Bigr]^2}{\sum_{k=1}^{N_\lambda}(S_c/\delta)_{\eta_k}} \tag{11.15}$$

$$\overline{S_c/\delta} = \sum_{k=1}^{N_\lambda}(S_c/\delta)_{\eta_k} \tag{11.16}$$

11.2 非等方散乱媒体を含むふく射伝熱

第 10 章の式 (10.2) の導出において，ふく射に対する粒子の散乱は等方であると仮定した．しかし，実在の粒子は電磁波に対して等方散乱であることは希で，多くの場合，非等方散乱である．著者は，非等方散乱粒子を含むふく射伝熱をふく射要素法で解析するために，0 次のデルタ関数近似を用いると，多様な非等方散乱粒子のふく射伝熱解析が高精度で解析可能であることを明らかにした[122]．球状粒子の場合，電磁波方程式の解として位相関数はミー散乱として計算することができる．その詳細は第 15 章で述べる．

11.2.1 デルタ関数による 0 次近似モデル

非等方性散乱媒質に対する位相関数 $\Phi(\theta)$ は，$\mu = \cos\theta$ の関数として，Legendre 級数に展開して次式の形で表すことができる．

$$\Phi(\mu) = \sum_{n=0}^{\infty} a_n P_n(\mu) \tag{11.17}$$

ここで，$P_n(\mu)$ は n 次の Legendre 関数，a_n は級数の係数であり，次式で計算される．

$$a_n = \frac{2n+1}{2} \int_{-1}^{1} \Phi(\mu) \, P_n(\mu) \, d\mu \tag{11.18}$$

さらに，

$$\frac{1}{4\pi} \int_{4\pi} \Phi(\theta) \, d\Omega = 1 \tag{11.19}$$

$$\int_{-1}^{1} P_n(\mu) \, d\mu = 0 \quad (\text{for } n > 0) \tag{11.20}$$

の関係を用いると，a_0 は次式となる．

$$a_0 = \frac{1}{2} \int_{-1}^{1} \Phi(\mu) \, P_n(\mu) \, d\mu = \frac{1}{2} \int_{-1}^{1} \sum_{n=0}^{\infty} a_n \, P_n(\mu) \, d\mu = 1 \tag{11.21}$$

非等方性散乱媒質の位相関数は，高次の項が省略された $M+1$ 次の Legendre 関数と Dirac-delta 関数によって次式で表すことができる．

$$\Phi(\mu) \approx 2f\delta(1-\mu) + \sum_{n=0}^{M} A_n \, P_n(\mu) \tag{11.22}$$

ここで，$\delta(1-\mu)$ は Dirac-delta 関数，f は前方散乱成分の割合である．Dirac-delta 関数は，次式に展開できる[123]．

$$\delta(1-\mu) = \sum_{n=0}^{\infty} \frac{2n+1}{2} P_n(\mu) \tag{11.23}$$

さらに，式 (11.23) を式 (11.22) に代入し，0 次の項のみ考えると，位相関数は等方性散乱であると仮定した場合 ($M=0$) となる．

$$\Phi(\mu) \approx 2f\delta(1-\mu) + A_0 = \frac{2}{3} a_1 \delta(1-\mu) + \left(1 - \frac{a_1}{3}\right) \tag{11.24}$$

ここで，a_1 は位相関数を Legendre 級数に展開したときの第 1 次の係数である．上の式の右辺第 1 項は非等方性散乱の位相関数に含まれる前方散乱成分，第 2 項は等方性散乱成分を意味している．また，吸収成分は散乱成分に含まれていないために，式 (11.24) による近似を行った後でも変化しない．そこで，粒子群による減衰係数 β とアルベド ω についても補正を行う必要がある．つまり，非等方性散乱媒質に対する見かけの減衰係数 β^* と見かけのアルベド ω^D は以下のように表される[122]．

$$\beta^* = \beta \left[(1-\omega) + \omega\left(1 - \frac{a_1}{3}\right)\right] = \beta \left(1 - \frac{\omega a_1}{3}\right) \tag{11.25}$$

11.2 非等方散乱媒体を含むふく射伝熱

$$\omega^D = \frac{\beta\omega(1-a_1/3)}{\beta^*} = \frac{\omega(1-a_1/3)}{1-\omega a_1/3} \tag{11.26}$$

ふく射要素法を用いる場合，式 (11.1) における上記パラメータの比較を表 11.1 にまとめる．著者は，本手法を種々の 1 次元平行平面系非等方散乱媒体に適用し，厳密解と比較を行ってよい一致を示すことを示している．特に，粒子が強い前方散乱特性や後方散乱が強い場合でも厳密解と良好な一致を示すことを明らかにしている[122]．ここで，強い後方散乱の場合，式 (11.18) のパラメータは $a_1 < 0$ となり，見かけの減衰係数 β^* が実際の減衰係数よりも大きくなることに注意する．

表 11.1 各ふく射要素における減衰率，アルベド，鏡面反射率

ふく射要素	β^*	ω^D	ω^S
等方散乱媒体	β	ω	0
非等方散乱媒体	$\beta(1-\omega a_1/3)$	$\frac{\omega(1-a_1/3)}{1-\omega a_1/3}$	0
不透明個体境界面	$\beta^* S \gg 1$	ρ^D	ρ^S

11.2.2 多成分ふく射性ガスと多分散粒子群が共存する媒体のふく射特性

表 11.1 に示した粒子の減衰係数とアルベドを β_p^*, ω_p^* と表すと，ふく射性ガスと粒子群を含む媒体の減衰係数は次式で近似される．

$$\beta = \beta_g + \beta_p^*, \quad \omega = \omega_p^D \frac{\beta_p^*}{\beta} \tag{11.27}$$

ここで，添え字 g, p は，それぞれふく射性ガスと粒子群を表す．

N_g 種のふく射性ガスが共存する場合のガスの減衰係数は，ある波長域に分割したバンドの平均であるバンド吸収係数 β_{gk} の和として近似的に次式で表すことができる．

$$\beta_g = \sum_{k=1}^{N_g} \beta_{gk} \tag{11.28}$$

また，各ふく射性ガスのバンドパラメータ $(S_c/\delta)_\eta$ と β_η を式 (11.15)，(11.16) で平均のバンドパラメータを算出して求め，近似的なバンド吸収係数を計算することもできる[*2]．

いずれの場合も，ガスモデルを使用している限りにおいて，吸収係数は Beer の法則を満足しないので厳密な解を得ることは難しい．厳密解を得るためには，HITRAN などの

[*2] これらの 2 種以上のふく射性ガスを用いる場合の式 (11.28) や式 (11.15) をバンドモデルに適用することは必ずしも正しくないが，工学的な利用には近似的に使用することもできる．

ガス吸収スペクトルデータベースなど[118, 120]を使用し，単色のふく射輸送方程式を解く必要があるが，実用的な伝熱計算では困難を伴う．しかし，第11.4節に示すように，ガスモデルを使用しても実用上の伝熱計算では比較的よい結果が得られることも明らかとなっている．

燃焼炉における煤や灰分などの粒子群，液体燃焼や水の噴霧，雲やエアロゾルなどは広い範囲の粒径分布をもつ．このように粒径分布をもつ分散性媒体についてふく射伝熱解析を行う際には，広範囲にわたる電磁波の波長領域と液滴径分布を考慮に入れる必要がある．厳密な多分散粒子群のふく射特性は第15章で論じる．

もし，粒径分布を有する粒子群のふく射伝熱が，ある代表直径の単分散粒子群で記述することができれば，計算は著しく容易になる．代用的な噴霧液滴分布関数である抜山・棚沢の式[124]を用いて水滴のふく射伝熱解析を行った結果，次式で示す体積長さ平均径 d_{31} を使用すると，単分散のふく射伝熱でよい近似を示すことが明らかとなっている[86]．

$$d_{31} = \left[\frac{\int_0^\infty n(d_p) d_p^3 \, \mathrm{d}d_p}{\int_0^\infty n(d_p) d_p \, \mathrm{d}d_p} \right]^{1/2} \tag{11.29}$$

ここで，d_p は液滴の直径，$n(d_p)$ は液滴の数密度関数である．

また次式で定義される体面積平均径を使っても比較的良好な近似解が得られる[86]．

$$d_{32} = \frac{\int_0^\infty n(d_p) d_p^3 \, \mathrm{d}d_p}{\int_0^\infty n(d_p) d_p^2 \, \mathrm{d}d_p} \tag{11.30}$$

11.3　1次元平行平面系におけるふく射要素法

第10章で述べたように，ふく射要素法は3次元形状の解析が可能であるが，第9章で扱った1次元平行平面座標系に適用することもでき[122]，散乱粒子を含む高精度な非灰色解析が短時間で可能である．また本手法は，入射ふく射に太陽に代表される平行光線が入射する場合の解析も可能である．

解析モデルとしては，図11.2に示すような平行板に挟まれたふく射性媒質内でのふく射伝熱を考える．また，天頂角まわりの対称性を用いて，1次元平行平板系においてのふ

11.3 1次元平行平面系におけるふく射要素法

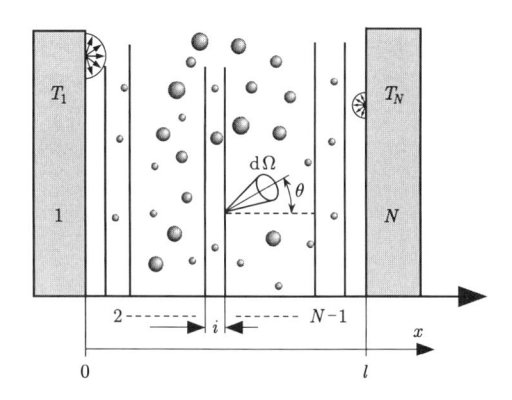

図 11.2 一次元平行平面座標系のふく射伝熱解析モデル

ふく射エネルギーバランスは,式 (10.1) と同様に以下のように表すことができる.

$$\frac{\mathrm{d}I_\lambda(\vec{r},\hat{s})}{\mathrm{d}S} = \beta\left[-I_\lambda(\vec{r},\hat{s}) + (1-\omega)I_{b,\lambda}(T) \right. \\ \left. + \frac{\omega}{4\pi}\int_{4\pi} I_\lambda(\vec{r},\hat{s}')\Phi_\lambda(\hat{s}'\to\hat{s})\,\mathrm{d}\Omega'\right] \quad (11.31)$$

1次元平行平面座標系で,媒体内のふく射は天頂角 ϕ について対称性を仮定すると,式 11.31 を ϕ について積分することによって $\cos\theta = \mu$ と位置 x の関数として次式が得られる.

$$\frac{\mathrm{d}I_\lambda(x,\mu)}{\mathrm{d}S} = \beta\left[-I_\lambda(x,\mu) + (1-\omega)I_{b,\lambda}(T) \right. \\ \left. + \frac{\omega}{2}\int_{-1}^{1} I_\lambda(x,\mu')\Phi_\lambda(\mu')\,\mathrm{d}\mu'\right] \quad (11.32)$$

ここで,$\mu' = \hat{s}'\cdot\hat{s}$ である.図 11.2 に示した温度 T_1, T_2 の境界面はふく射要素の一つとして表し,N のふく射要素で構成される系を考える.ふく射要素法の仮定を導入すると,式 (10.2) と同様に式 (11.32) の右辺第 3 項は次式となる.

$$\frac{\omega}{2}\int_{-1}^{1} I_\lambda(x,\mu')\Phi_\lambda(\mu')\,\mathrm{d}\mu' = \omega I_\lambda^D(x) \quad (11.33)$$

ふく射要素 i について,外部からの入射ふく射がない場合について,$S\,\Delta x_i/\mu$ の関係を用いて式 (11.32) を積分すると,方向 μ に対してふく射要素から放射される単色ふく射

エネルギーは，以下のように表される．

$$\left.\begin{aligned}\mathrm{d}Q_{J,i,\lambda}(\mu) = \mu\,[(1-\omega^D-\omega^S)\,I_{b,i,\lambda}+\omega^D\,I_{i,\lambda}^D]\\ \times\left[1-\exp\left(-\frac{\beta_\lambda\,\Delta x_i}{\mu}\right)\right]\mathrm{d}\mu\end{aligned}\right\} \quad (11.34)$$

さらに，式 (11.34) を全周方向に積分することにより要素 i からの単色ふく射エネルギーは

$$\left.\begin{aligned}Q_{J,i,\lambda} = [(1-\omega^D-\omega^S)\,I_{b,\lambda}+\omega^D\,I_{i,\lambda}^D]\\ \times\sum_{k=1}^{K}\mu_k\left[1-\exp\left(-\frac{\beta_\lambda\Delta x_i}{\mu}\right)\right]w_k\end{aligned}\right\} \quad (11.35)$$

と表される．ここで，μ_k, w_k, K それぞれは離散化された方向余弦，重み関数および離散化された方向の数である．方向の離散化とその重み関数について Fiveland [101] により求められた値を用いているが，これらの値を 表 11.2 に示す．本章では，離散化数 $K=12$ として解析を行っている．ただし，太陽光のように，平行光線成分がある場合は，方位角 ϕ についての対称性がないので，その分だけ別途計算する必要がある [125]．

表 11.2 それぞれの離散化数 K に対する離散化された方向 μ_k とその重み関数 w_k

K	μ_k	w_k
2	± 0.5000000	6.2831853
4	± 0.2958759	4.1887902
	± 0.9082483	2.0943951
6	± 0.1838670	2.7382012
	± 0.6950514	2.9011752
	± 0.9656013	0.6438068
8	± 0.1422555	2.1637144
	± 0.5773503	2.6406988
	± 0.8040087	0.7938272
	± 0.9795543	0.6849436
12	± 0.1672127	2.0606504
	± 0.4595476	1.4965120
	± 0.6280191	0.7940556
	± 0.7600210	0.7851296
	± 0.8722705	0.7022224
	± 0.9716377	0.4446144

式 (11.2) の有効ふく射面積は次式となる．

$$A_i^R = \sum_{k=1}^{K}\mu_k\left[1-\exp\left(-\frac{\beta_\lambda\,\Delta x_i}{\mu}\right)\right]w_k \quad (11.36)$$

11.4 ベンチマークテスト

ふく射要素についてのふく射エネルギーは3次元媒体の場合と同様に解くことができる．ふく射性媒体や不透明固体面にかかわらず，次式によって統一的に表すことができる．ふく射要素での熱収支を考慮に入れることにより，正味の単色ふく射伝熱量を

$$Q_{X,i,\lambda} = \pi\,\varepsilon_i\,A_i^R\,(I_{b,i,\lambda} - I_{i,\lambda}^D) \tag{11.37}$$

として求めることができ，これを波長に対して積分すると，各ふく射要素の発熱量と単位体積当たりの発熱量が，それぞれ次式で計算できる．

$$Q_{X,i,\lambda} = \sum_{k=1}^{N} Q_{X,i,\lambda}\,\Delta\lambda_k \tag{11.38}$$

$$q_{X,i} = \frac{Q_{X,i,\lambda}}{\Delta x_i} \tag{11.39}$$

境界の面要素 i からの単位面積当たりの熱流束 $q_{X,is}$ と媒体の体積要素 i からの単位体積当たりの発熱量 $q_{X,iv}$ は，同様に q_X として取扱うことができる．ただし，面要素では $\Delta x_i = 1$ とする．原点から距離 x のふく射熱流束 $q^R(x)$ は以下のように求められる．

$$q^R(x) = q_{X,is} + \int_{x'=0}^{x} q_{X,v}(x')\,\mathrm{d}x' \tag{11.40}$$

境界面でのふく射入射は，必ずしも拡散面でなくとも本手法が適用できる[122]．さらに複層ガラスのふく射伝熱など，複数の鏡面反射を含む媒体のふく射伝熱[126, 127, 128]や太陽光集熱器の解析[129]にも適用できる．さらに本解析法によって霧などのふく射エネルギー伝播解析が行われている[130]．

11.4 ベンチマークテスト

本節では，非灰色・非等方散乱媒体に対するふく射要素法の解析精度を検証するため，ふく射性媒質としてガスだけを含む場合と分散媒体を含む場合，双方の場合について既存の解との比較を行う．さらに，解析の際の計算時間についての比較も行う．

11.4.1 非灰色ふく射性ガスへの適用可能性の検証

本項では，非灰色ふく射性媒質としてふく射ガスを含む場合についての解析精度を検証した．まず，Menart らによる離散方位法を用いた水蒸気を含んだ1次元平行平板系におけるふく射伝熱解析結果[131]と比較した．解析モデルとしては，1 atm の水蒸気と灰色

で拡散反射面である境界面を考えている．また，温度条件は媒質が 1 000 K で一定，かつ一様に分布しているものとし，境界面の温度 T_1, T_2 とも 0 K としている．さらに，ふく射要素の厚さ $L = 0.5$ m とし，20 個の均等な厚さの要素に分割して解析を行っている．境界面については，双方とも反射率 $\rho^D = \rho^S = 0$ の場合と，片面 ($x = 0$ の点) の反射率が $\rho^D = 0.9$ で片面 ($x = L$) の拡散反射率が 0 とした場合について解析を行った．文献値と本章の解析結果の比較を行った結果を 図 11.3 に示す[132]．比較を行った結果，両者はよく一致している．ふく射要素法において空間分割数を 20 とし，波長分割数を 300 として解析を行った結果 VT-alpha 600 ワークステーションを 用いて計算時間は 7.6 s であった．

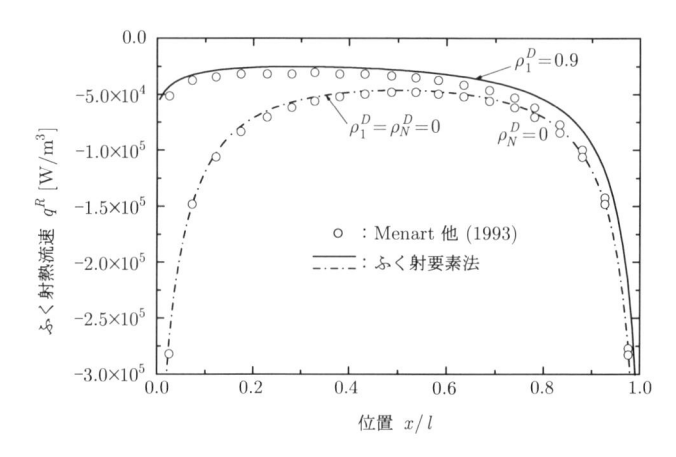

図 11.3 1 000 K の水蒸気を含む媒体の単位体積当たりの発熱量の比較

11.4.2 非等方性散乱媒質に対する検証

Farmer と Howell により行われたモンテカルロ法を用いた分散媒体に対する 1 次元ふく射伝熱解析の解析結果[133]と本章のふく射要素法による解析結果とを比較した．モデルとしては，ふく射性媒質として二酸化炭素と直径 30 μm の炭素粒子を含んでいる．また，ふく射性媒質の厚さは 5 m である．さらに，ガスの全圧は 1 atm とし，二酸化炭素の分圧は 0.21 atm である．境界面は，黒体面で温度は 0 K とする．さらに，ふく射性媒質の温度は 1 000 K で一様とした．炭素粒子は一様に分布しているものとして，その数密度は $N_p = 2 \times 10^7$, 2×10^8, 2×10^9 1/m^3 とした．

本数値解析に使用した粒子は，Mie の解析に基づいて計算した位相関数を基に次式の

11.4 ベンチマークテスト

delta-Eddington 関数で近似してある[133].

$$\Phi(\mu) = 2f\delta(1-\mu) + (1-f)(1+3g\mu) \tag{11.41}$$

ここで，$f = 0.111$, $g = 0.215$ である．上式を Legendre 級数に展開し直して a_1 を算出し，解析に使用した．

本解析結果と文献値との比較を図 11.4 に示す[86]．この結果，双方とも非常によく一致することが確認され，非等方散乱を含む分散媒体に対してもふく射要素法が適用可能であることが確認できる．このモデルの解析に際して，空間分割数は 162，波長分割数は 100 として解析を行った．また，VT-alpha 600 ワークステーションを用いて解析を行った際の計算時間は 107 s であった．

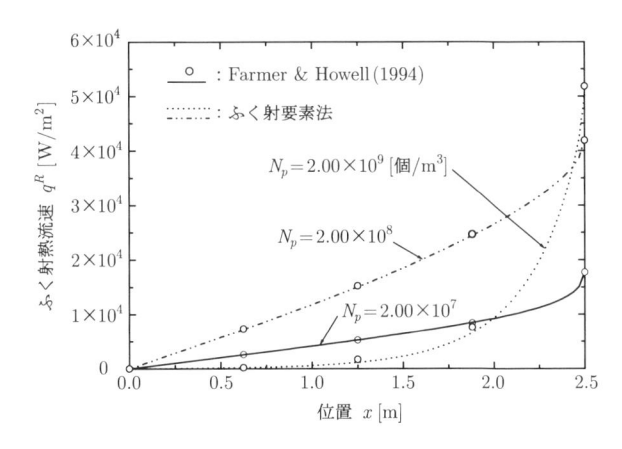

図 11.4 1000 K の二酸化炭素と直径 $d_p = 30\,\mu\mathrm{m}$ の炭素粒子が散乱性媒体として存在するふく射熱流束分布の比較

11.4.3 3次元ふく射媒体の検証

本数値解析法の妥当性を検証するために，既存の 3 次元数値結果と比較した[115]．つまり，図 11.5 に示す直方体容器に等温の二酸化炭素と窒素混合気が入っている系を考える．ガスの全圧は 1 atm であり，二酸化炭素の分圧は 0.21 atm である．カーボン粒子の密度は $2.0 \times 10^9\,1/\mathrm{m}^3$ である．ガスの温度は 1000 K とした．周囲の壁は低温の黒体面とした．系は対称であるので，解析は 1/8 モデルを使用した．ふく射要素の大きさが計算精度に与える影響を検討するために，ふく射要素の分割を $N_m = 6^3$, 9^3, 11^3 の 3 通りにつ

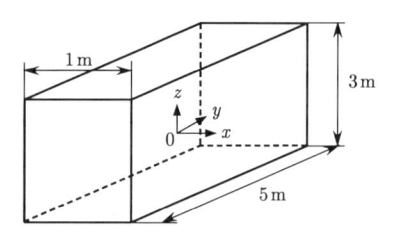

図 11.5 直方体容器内に等温の二酸化炭素と炭素粒子を含む 3 次元モデル

いて行った結果を 図 11.6 および 図 11.7 に示す[114]．図には，モンテカルロ法によるシミュレーション結果[133]も示している．

図 11.6 は，黒体壁表面の熱流束を示したものである．低温壁の熱流束は定義から負値となるが，図では熱流束の絶対値で示してある．本解析結果は，6^3 分割の場合，モンテカルロ解析結果と 5％ 以内で一致する．しかし，11^3 分割の結果はモンテカルロ法の結果と比べて黒体壁面の角部で 15％ 程度小さな値となる．これは，モンテカルロ法が 6^3 分割と類似の空間分割をとっているためで，本節の 11^3 分割の結果はより精度が高いものと考えられる．

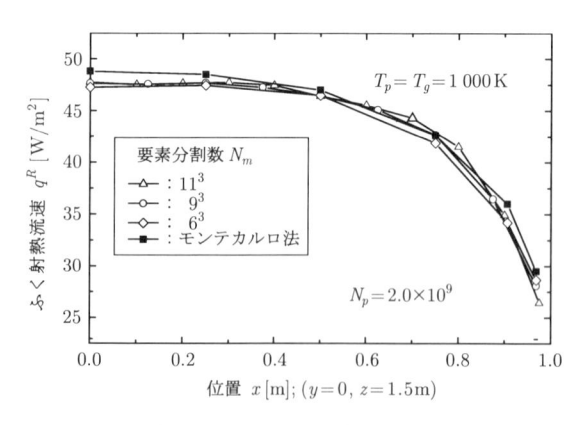

図 11.6 容器中央におけるふく射熱流束分布の比較

図 11.7 は，容器中心線に沿ったふく射要素の単位体積当たりの発熱量を比較したものである．それぞれの結果は 10％ 以内の精度で一致するが，壁面近傍の発熱量は要素分割数の大きいものとの差異が顕著になる．この傾向は，壁面の熱流束と同様である．

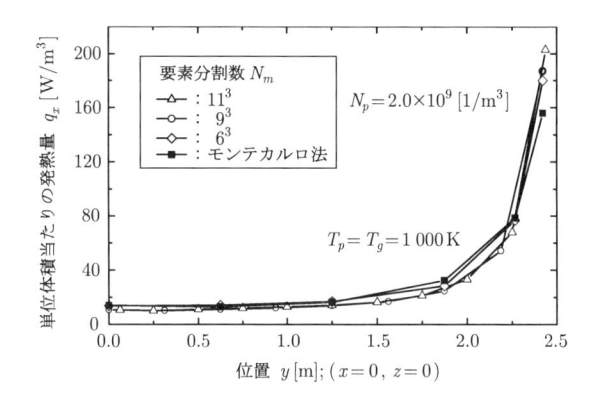

図 11.7 二酸化炭素と炭素粒子が存在する容器中央における単位体積当たりの発熱量

11.5 実用火炉の計算例

本章で示したふく射要素法では，任意形状で任意温度分布のふく射伝熱解析が可能である．そこで，図 11.8 に示す 3 次元形状ボイラの解析を行う．ボイラには，二酸化炭素と水蒸気ガスと前述のカーボン粒子がモデル化した煤として含まれているモデルとした．全圧は 1 気圧とし，水蒸気の分圧は 0.085 気圧としている．二酸化炭素分圧は，空気比 1.08 で重油を燃焼させる場合[103]に相当する分圧（0.119 気圧）の場合を対象とした．その他の成分は窒素としているが，酸素もふく射に対して不活性なので，余剰酸素が存在する場合も窒素と同様の扱いができる．簡単のために，ガスの成分は炉内で一様と仮定し

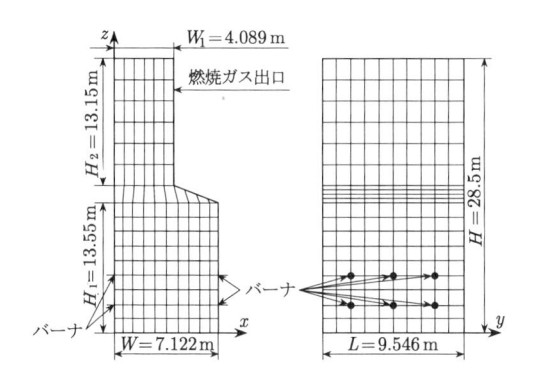

図 11.8 3 次元ボイラのふく射伝熱解析モデル

た．炉の壁温は 623 K とし，燃焼ガス出口は 813 K とした．壁面の放射率は 0.8 として波長によらず一定と仮定した．ボイラ内の温度分布は非一様分布[132, 133]としてある．カーボン粒子が火炎領域に存在する場合を解析した．本解析モデルの火炎領域では，ガス温度が 1000 K 以上，かつバーナ近傍で煤が生成され炭素粒子が存在すると仮定したが，その炭素粒子の数密度は一定とした．

図 11.9 は，炉壁における無次元熱流束分布を種々炭素粒子濃度 N_p について示したものである[133]．熱流束は σT_1^4 ($T_1 = 2000$ K) で無次元化してある．粒子濃度の増大により壁面への熱流束が増大していることがわかる．このような輝炎を有するボイラでは，炭素粒子からのふく射が炉壁の熱流束分布に重要な役割を占める．また，著者らは各種粒子の非等方散乱ふく射モデルが炉壁の熱流束に及ぼす影響を検討している[111]．さらに，二酸化炭素循環型ボイラのふく射伝熱を解析し，高濃度の二酸化炭素がふく射伝熱に及ぼす影響も明らかにしている[113]．

このような実用火炉のふく射伝熱解析は，一般に計算時間が著しく長くなり，実用的なふく射・対流・燃焼の複合伝熱解析が難しい場合が多い．これを容易にするためには，ふく射伝熱に要する計算時間を短縮することが重要である．特に，ふく射要素の数が多い非灰色計算では膨大な計算時間を要する．著者らは，ふく射伝熱解析に高速反復法である前処理付き双共役勾配安定法 (Bi-CGSTAB 法：stabilized bi-conjugate gradient method)[134] を使用した高速ふく射伝熱解析法を提示した[114]．この手法によると，図 11.8 に示した 3 次元形状ボイラの解析で，ふく射要素数が 1071 で，要素当たりの光線放射数 561，波長分割数 100 とした場合の計算時間は，VT-alpha 5 ワークステーションを用いて約 44 分であった[135]．

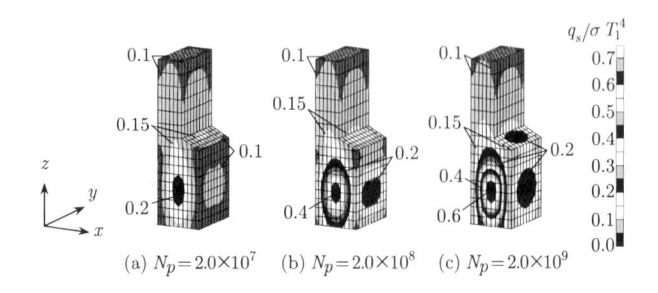

図 11.9 炭素粒子密度が変化した場合の壁面における無次元熱流束の変化

11.6 気象現象における非灰色・非等方散乱ふく射要素法の応用

地球温暖化現象の解明には,散乱性媒体によって構成される雲や霧などのふく射輸送が重要な役割を担う.しかし,これらのふく射性媒体のエネルギー伝播は,太陽光ふく射や長波長赤外ふく射,大気中に含まれるふく射性ガス,水滴などの非等方散乱粒子が複雑に介在して解析は容易ではない.特に,雲形状の3次元性を考慮したふく射伝熱解析は,いままでほとんど行われてこなかった.

雲は,地球表面の50〜70％を覆い,太陽光を散乱するだけでなく,雲の光学厚さによっては長波長赤外線ふく射を透過または吸収する複雑な挙動を示す.また,これらのふく射輸送には,大気の天空ふく射や地面からの放射,太陽光の直達成分と散乱成分が関与する.

著者らは,ふく射要素法を用いて,太陽の直達日射も考慮した比較的簡単な霧の解析を平行平面座標系で行い[125],詳細な霧モデルの非灰色ふく射伝熱解析を行った[130].さらに,夜間の霧や晴天時の放射冷却についてのふく射伝熱を詳細なふく射性ガスを考慮した非灰色解析モデルで行った[138].また,任意形状媒体に対応するふく射要素法を用いて,ミー散乱を考慮した非等方散乱水滴を含む3次元の雲について,太陽光と天空ふく射,地面放射を考慮した非灰色ふく射伝熱解析を行った[139,140].本節では,非灰色・非等方性散乱媒体とふく射性ガスに含む系におけるふく射要素法を霧や雲に適用して,気象現象におけるふく射伝熱現象を述べる.

11.6.1 1次元平行平面系モデルによる霧のふく射伝熱

図 11.10 は,夜間における霧発生時のふく射伝熱モデルを示している.本解析では,地面の冷却も重要な要素なので,地下1mまでの土壌と地上1000mまでの大気層を解析

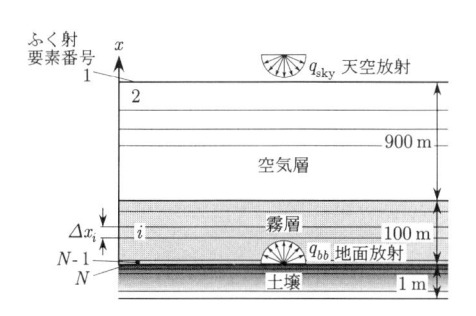

図 11.10 霧のふく射伝熱モデル

対象としている．1 000 m 以上の大気の影響は，McClathey ら[141] の冬季中緯度大気モデルを用いて LBL データベース[118] を用いたふく射輸送計算によって求めた単色ふく射を境界条件として与えた．霧層は，直径 20 μm の水滴で構成されており，その霧水量は 0.1 g/m^3 である．空気は 360 ppm の二酸化炭素と 280 K における飽和水蒸気をふく射性ガスとして含んでいる．

ふく射伝熱解析は，第 11.3 節に示した 1 次元平行平面系におけるふく射要素法を用いた．解析は LBL データベースを用いた単色ふく射輸送計算を行った．ふく射要素法は散乱性媒体でも計算時間が比較的短いので，最近のコンピュータの発達によってこのような単色計算が可能となった．なお，各波長における水滴の非等方散乱パラメータは，第 15 章の付録 15.B を用いて算出している．また，計算は非定常で行い，初期温度分布からふく射伝熱で冷却される変化を計算した．地中は非定常熱伝導方程式を解くことによって温度分布を求めている．

図 11.11 は，霧がない場合の晴天夜間における放射冷却の様子を示したものである．この温度分布から明らかなように，大気の放射冷却は，まず放射冷却によって地面の温度が低下し，その低温の地面に対して大気が放射冷却していることがわかる．つまり，大気が

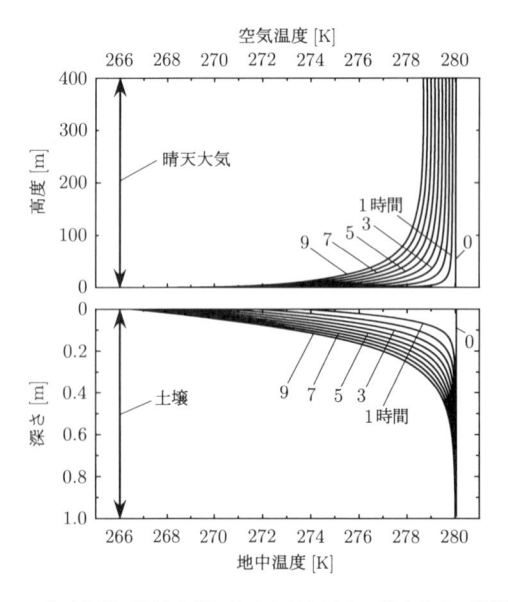

図 11.11 晴天夜間の放射冷却による大気と地中の温度分布の時間変化

11.6 気象現象における非灰色・非等方散乱ふく射要素法の応用

放射冷却するためには地表面の温度低下が必須であり,大気のふく射熱流束は下向きであることが興味深い.また,このような地表付近大気の温度分布は逆転層と呼ばれる大気の安定な成層化を促進する.

図11.12 は,100 m の霧層が地表付近に存在する場合を示す.図11.11 に示した晴天時の温度分布と比較すると,霧の温室効果のために地表温度の低下は抑制されていることがわかる.霧層の放射冷却による温度低下によって霧の上層にある空気が放射冷却され,安定な温度成層を形成している.また,霧層内部ではS字形の温度分布か形成され霧層中間部では温度成層とは逆に大気が不安定となり対流を起こすことが予想される.

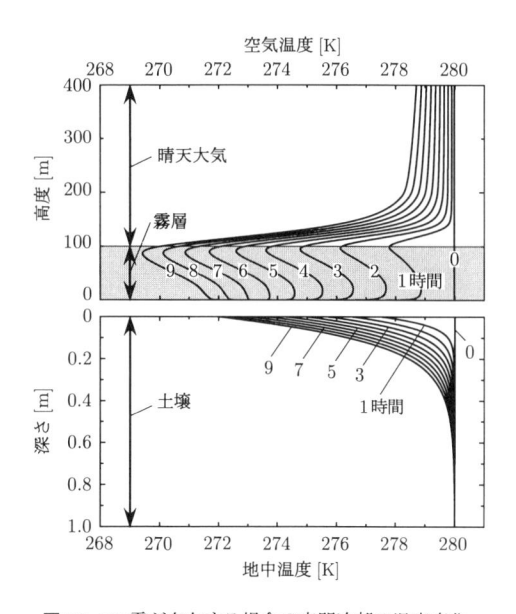

図 11.12 霧が存在する場合の夜間冷却の温度変化

11.6.2 3次元雲のふく射伝熱解析

前項の霧層は,1次元平行平面系での解析が可能であったが,雲は3次元形状をしている場合が多く,ふく射伝熱解析も3次元で行う必要がある.図11.13 は,好天積雲 (fair-weather cumulus) のモデルである.積雲は,太陽の直達および拡散日射を受けるとともに,長波長赤外線の天空放射と地面からの赤外放射を受ける.太陽ふく射に関しては,Bird らの照射モデル[142] を使用し,赤外天空放射は熱帯大気モデルに基づくLBL計

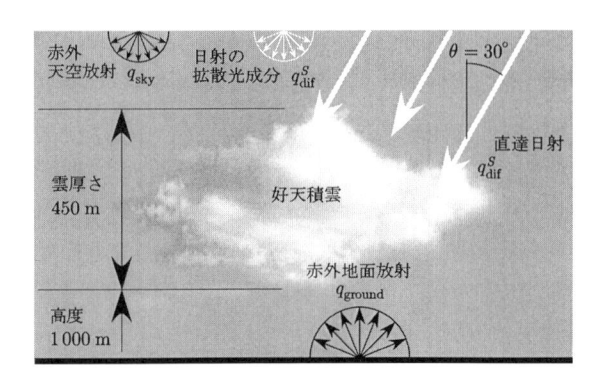

図 11.13 積雲の 3 次元解析モデル

算の結果を使用した．この場合，ふく射性ガスとして，二酸化炭素，水蒸気，オゾン，メタン，一酸化二窒素を考慮している．

雲は，高さ $450\,\mathrm{m}$，雲底の高度 $1\,000\,\mathrm{m}$ とし，体面積平均径 $12\,\mu\mathrm{m}$，数密度 2.93×10^8 個$/\mathrm{m}^3$ の水滴を含んでいる．この粒子は，第 11.6.1 項の霧層と同じく波長ごとの散乱パラメータを第 15 章付録 15.B の図に示すデータベースより算出した．雲の温度は $292\,\mathrm{K}$ で一様とし，雲内のふく射性ガスは，$360\,\mathrm{ppm}$ の二酸化炭素と飽和水蒸気を考えた．ふく射性ガスは，第 14.5.2 項に示す統計狭域バンドモデル (SNB) で近似した．

図 11.14 は，好天積雲のふく射要素分割を示している．積雲を 2 重の回転楕円体で模擬し，その表面を境界条件となる透明な平面要素で覆っている．また，雲の凹部を埋める透明ふく射要素も付加している．本モデルのふく射要素数は全部で $2\,682$ である．本モデ

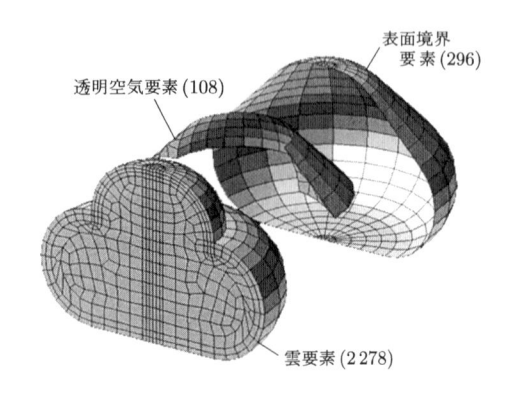

図 11.14 3 次元雲のふく射要素分割

11.6 気象現象における非灰色・非等方散乱ふく射要素法の応用

ルでは，ふく射要素法の特徴である，多面体からなる非構造格子を用いたふく射要素を用いることによって，比較的少ない要素数で滑らかな曲面で構成される雲の表面をモデル化できる．

ふく射伝熱による雲内部の単位体積当たりの発熱量 q_X[W/m^3] を図 11.15 に示す．太陽日射があるにもかかわらず，雲上部では大気への放射冷却が行われ，雲底部では地面からの放射によって雲が加熱されていることがわかる．また，これらの加熱・冷却層の厚さは20～40 m 程度であり，雲内部の大部分はふく射伝熱の観点からは断熱状態であることがわかる．雲上部の冷却層はその部分での対流不安定を誘起するものと考えられる．また，雲上部では，凸部での冷却が著しいが，雲のくびれ部分の凹部では雲同士のふく射交換によって冷却が若干小さくなっていることが図 11.15 からわかる．

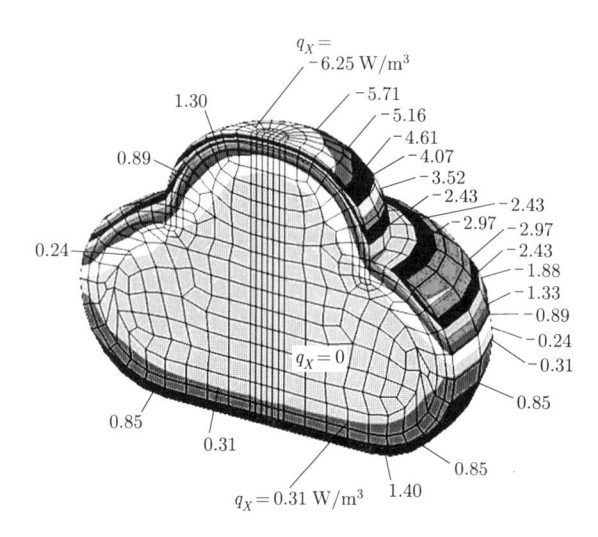

図 11.15 太陽と地面からのふく射を考慮した雲内の単位体積当たりの発熱量

第III部

光と物質の相互作用

第12章　物質と電磁波との相互作用

図 1.5 に示したように，物質と電磁波は種々の波長において互いに様々な作用を及ぼす．第 1.5 節で議論した局所熱力学的平衡が成り立つ系では，電磁波と物質の内部エネルギーが局所的に平衡状態になっている．このとき，電磁波と物質はどのように相互作用を及ぼすのだろうか．

本章では，電磁波が物質に及ぼす作用について論じる．第 12.1 節では，主に固体や液体などのように分子間距離が小さく分子同士の相互作用が大きい物質と電磁波との相互作用を論じ，第 12.2 節では，ガスなどの分子間の相互作用の小さい物質と電磁波との相互作用を論じる．

12.1　電磁波と固体または液体との相互作用

12.1.1　ローレンツ振動子モデル

物質は原子の集合である．原子をプラスの電荷をもつ核とそれを囲むマイナスの電荷をもつ電子雲で構成されるものと考える．図 12.1 に示すような電場が周期的に作用すると，原子核と電子雲がつり合いの位置から変化することによって誘電分極が生じ，それが周期的に振動する．この作用によって電磁波のエネルギーが原子振動などの内部エネルギーに変換され，物質が電磁波を吸収する．逆に，内部エネルギーが電磁波のエネルギーに変換

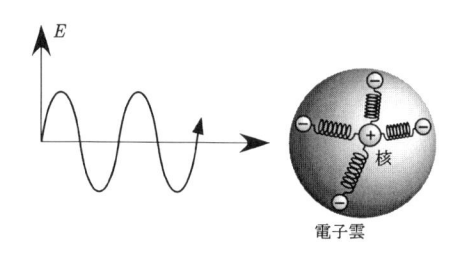

図 12.1 電磁波による原子の誘電分極

され，物体が電磁波を放射する．同様の電磁波と物質の相互作用は，イオンや分子で構成される固体の格子振動や液体の分子運動でも発生する．

物質の微少な分極を調和振動子の古典力学的な運動によって現象的に記述したのがローレンツ振動子モデル (Lorentz oscillation model) である．電磁波による物質の微少変位 x を 図 12.2 に示す質量 m 電荷 q_e をもった粒子がばね定数 k_s, 減衰係数 b のばね系でモデル化する．この粒子は，電磁波の振動数 ν の加振力 $E = E_0\,e^{i2\pi\nu t}$ を受けるものとする[*1]．ここで，i は虚数単位である．このとき，変位 x の運動方程式は次式で表される．

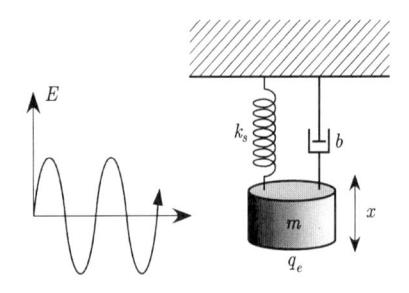

図 12.2 ローレンツ振動子モデル

$$\frac{\partial^2 x}{\partial t^2} + \frac{b}{m}\frac{\partial x}{\partial t} + \frac{k_s}{m} = \frac{q_e}{m}E \tag{12.1}$$

ここで，ν_0 を振動子の固有振動数，γ をそれぞれ

$$\nu_0^2 = \frac{k_s}{4\pi m}, \quad \gamma = \frac{b}{2\pi m} \tag{12.2}$$

として，方程式の解は次式となる．

$$x = \frac{4\pi^2 q_e}{m}\frac{E_0\,e^{2\pi i\nu t}}{\nu_0^2 - \nu^2 + i\gamma\nu} \tag{12.3}$$

式 (12.3) は複素数なので，$x = A\,e^{i\theta}\left[\dfrac{4\pi^2}{m}E_0\,e^{2\pi i\nu t}\right]$ として相対振幅 A と位相遅れ θ は

$$A = \frac{4\pi^2}{[(\nu_0^2 - \nu^2)^2 + \gamma^2\nu^2]^{1/2}} \tag{12.4}$$

$$\theta = \tan^{-1}\frac{\gamma\nu}{\nu_0^2 - \nu^2} \tag{12.5}$$

[*1] 式 (12.1) 右辺の E は局所の電場であり，空間における平均の電場とは異なる[141]．しかし，この違いは物質の本質的な特性に影響を及ぼさないので，現象を単純化するため，E を平均の電磁場と同様に扱う．

12.1 電磁波と固体または液体との相互作用

となる。式 (12.3) の x は電場によって誘起される分極の割合を表す。線形光学の範囲において、等方性媒体の分極 P は真空の誘電率を ε_0、物質の誘電率を ε として

$$P \equiv (\varepsilon - \varepsilon_0) E \tag{12.6}$$

で定義される。また、単位体積中の分極に関与する原子数を N とすれば、分極 P は

$$P = N q_e x \tag{12.7}$$

で与えられるから、プラズマ振動数 ν_p を

$$\nu_p^2 \equiv \frac{N q_e}{4 \pi^2 m \varepsilon_0} \tag{12.8}$$

で定義すると、式 (12.7) に式 (12.3) を代入して

$$P = \varepsilon_0 E \frac{\nu_p^2}{\nu_0^2 - \nu^2 + i \gamma \nu} \tag{12.9}$$

上式と式 (12.6) から、物質の誘電率 ε は、

$$\varepsilon = \left[1 + \frac{\nu_p^2}{\nu_0^2 - \nu^2 + i \gamma \nu} \right] \varepsilon_0 \tag{12.10}$$

と表される。ここで上式は複素数であり、複素誘電関数 (比誘電率：complex dielectric function) $\varepsilon/\varepsilon_0$ は

$$\frac{\varepsilon}{\varepsilon_0} = \varepsilon' - i \varepsilon'' = m^2 \tag{12.11}$$

となる。m は複素屈折率である。第 4.4.3 項を参照して、複素誘電関数と複素屈折率 $m = n - i k$ との関係は次式となる。

$$\varepsilon' = \frac{Re[\varepsilon]}{\varepsilon_0} = n^2 - k^2 \tag{12.12}$$

$$\varepsilon'' = \frac{\sigma_e}{2 \pi \nu \varepsilon_0} = 2 n k \tag{12.13}$$

$$n^2 = \frac{1}{2} \left[\varepsilon' + \sqrt{\varepsilon'^2 + \varepsilon''^2} \right] \tag{12.14}$$

$$k^2 = \frac{1}{2} \left[-\varepsilon' + \sqrt{\varepsilon'^2 + \varepsilon''^2} \right] \tag{12.15}$$

物体には種々の共振振動数 ν_{0j} が存在するから、一般的な物質の複素誘電関数は

$$\varepsilon' - i \varepsilon'' = 1 + \sum_{j=1} \frac{\nu_{pj}^2}{\nu_{0j}^2 - \nu^2 + i \gamma_j \nu} \tag{12.16}$$

となる。共振振動数近傍では、電磁波のエネルギーは物質の内部エネルギーに変換され急激に減衰する。共振振動数から離れた振動数の電磁波は、物質内で減衰されないので透過する。

12.1.2 電磁波に対する物質の一般的性質

図 12.3 は，各種波長または振動数 ($\nu = c_0/\lambda$) の電磁波と物質との相互関係を表す複素誘電関数，式 (12.11) の実部と虚部の変化を示したものである．複素誘電関数と複素屈折率の関係は，式 (12.12)〜(12.15) で与えられる．

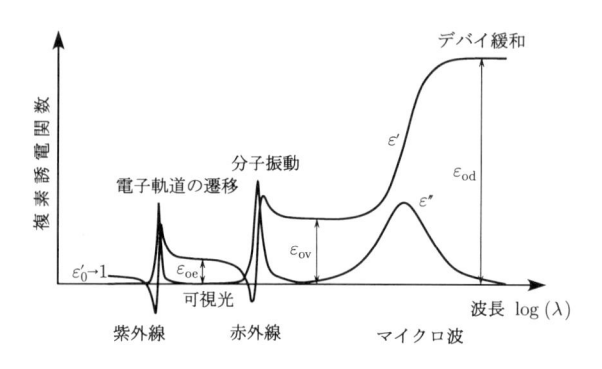

図 12.3 各種波長の電磁波と物質との相互作用

電磁波の振動数が大きいとき，または波長が短いときは，物質の電子と原子核が電場の変化に応答しないために，電磁波は物体を透過して屈折率が $n = 1$, $k \to 0$ となる．X 線や γ 線が物体を透過するのはこのためである．

原子は，束縛電子の遷移に起因する共振振動数近傍で電磁波の吸収が起こる．多くの誘電体では，この波長は紫外線領域に相当する．

さらに，波長が長くなり束縛電子の共振振動数を外れると，物体は再び電磁波を透過するようになる．図 12.4 や 図 12.5 に示すように，ガラス[144] や水[145] などの物質ではこの領域の電磁波の波長が可視光に相当する．この領域では $k \to 0$ であり，n が波長によってあまり変化しない．

さらに波長が長くなると，電磁波は物体を構成する分子の格子の固有振動に当たる共振振動数によって電磁波の吸収が起きる．多くの物質では，赤外線がこの吸収領域に相当する．この領域の電磁波に対して物質は不透明である．

さらに波長が長くなり，図 1.5 に示した電波の領域では物質は再び透過性を示す．

水などの極性のある物質では，マイクロ波領域の電磁波に対して第 12.1.5 項に述べるデバイ緩和 (Debye relaxation) による吸収領域がある．

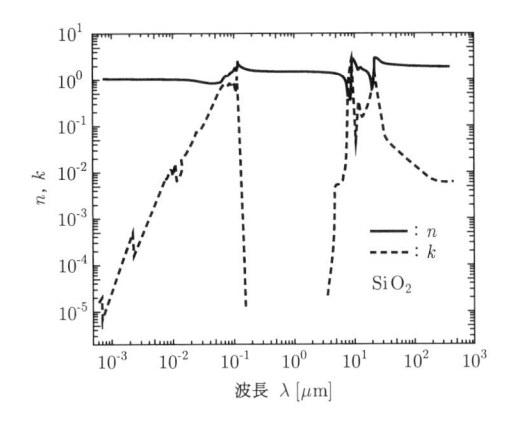

12.1 電磁波と固体または液体との相互作用

図 12.4 石英ガラス (アモルファス SiO_2) の複素屈折率の変化

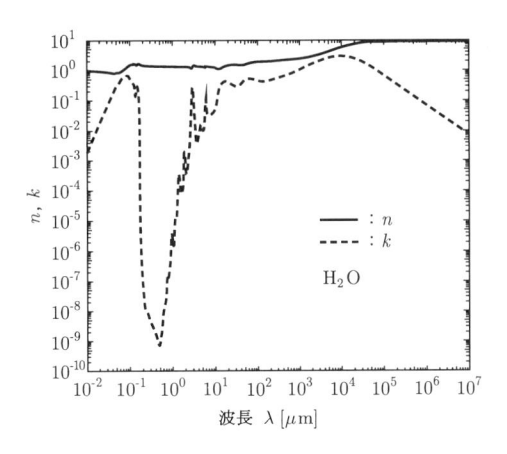

図 12.5 水の複素屈折率の変化

◇ ◇ ◇ Example ◇ ◇ ◇

図 12.4 に示したように[146)]，ガラスは太陽光や可視光の波長域である波長 0.5 μm 近傍の電磁波に対して $k \simeq 0$ である．つまり，ガラスは可視光に対し透明である．しかし，常温の物体が放射する 10 μm 近傍の電磁波に対して $k = 0.5$ である．第 4.4.3 項の例と同様な計算をすると，ガラスを 1.6 μm しか透過せず，この波長の電磁波に対しては不透明であることがわかる．

★ ★ ★ ★ ★

12.1.3 誘電体固体のふく射物性

ふく射伝熱では可視光と赤外域の電磁波が重要である．特に，赤外線領域における電磁波の吸収は誘電体固体の格子振動に起因する．あまり高温でない固体の格子振動は熱の内部エネルギーに起因するので，ふく射伝熱の物性はこの領域の複素屈折率が支配的となる．

図 12.6 は，常温の SiC の垂直反射率を示している[147]．図中に次式で近似される値から次章で示す計算法を用いて推算した反射率を示す．

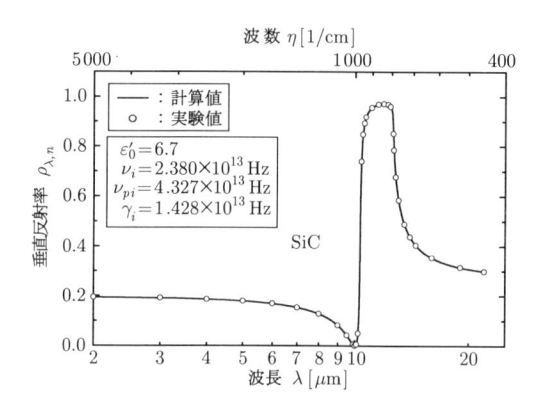

図 12.6 SiC の垂直反射率の変化と振動子モデル

$$\varepsilon' - i\varepsilon'' = \varepsilon'_0 + \frac{\nu_p^2}{\nu_0^2 - \nu^2 + i\gamma\nu} \tag{12.17}$$

ここで，$\varepsilon'_0 = 6.7$，$\nu_0 = 2.380 \times 10^{13}$ Hz，$\nu_p = 4.327 \times 10^{13}$ Hz，$\gamma = 1.428 \times 10^{11}$ Hz，である．また，ε'_0 は $\nu \gg \nu_0$ における複素誘電関数の実部である．上式と式 (12.14)，(12.15) から n と k を計算し，次章で示す式 (13.38) で単色反射率を推定して，実験データと比較したものを 図 12.6 に示した．ローレンツの振動子モデルは SiC の複素屈折率をよく表していることがわかる．

結晶格子の振動モードには，一つとは限らず，一般に種々の共振振動数が存在する．図 12.7 は，常温の MgO の複素屈折率から式 (13.38) を用いて垂直反射率を推定したものと実験値を比較している[147]．実験値と計算値がよく一致することから，複素誘電関数が次式で近似されるように，幾つかの共振振動数をもつ振動モデルで記述できることがわか

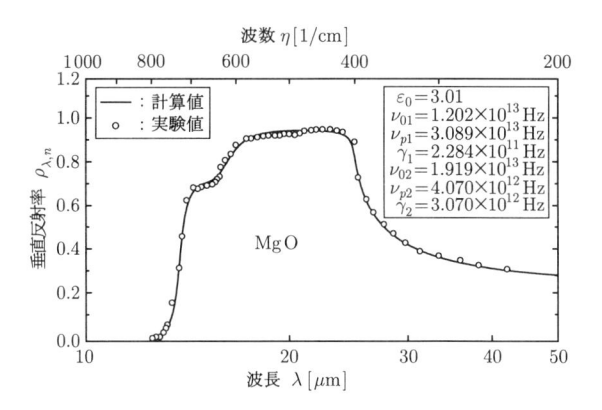

12.1 電磁波と固体または液体との相互作用

図 12.7 MgO の垂直反射率の変化と振動子モデル

る[*2].

$$\varepsilon' - i\varepsilon'' = \varepsilon'_0 + \sum_{j=1}^{2} \frac{\nu_{pj}^2}{\nu_{0j}^2 - \nu^2 + i\gamma_j \nu} \tag{12.18}$$

ここで，$\nu_{01} = 1.202 \times 10^{13}$ Hz，$\nu_{02} = 1.919 \times 10^{13}$ Hz，$\nu_{p1} = 3.089 \times 10^{13}$ Hz，$\nu_{p2} = 4.070 \times 10^{12}$ Hz，$\gamma_1 = 2.284 \times 10^{11}$ Hz，$\gamma_2 = 3.070 \times 10^{12}$ Hz，$\varepsilon'_0 = 3.01$，である．また，ε'_0 は $\nu \gg \nu_{01}$ における複素誘電関数の実部である．

12.1.4 金属の自由電子とドルーデモデル

金属には自由電子が存在し，結晶格子内を自由に動いている．このため，金属は導電性であり，自由電子の運動と格子振動の相互作用によって，格子振動の伝播，つまりフォノン拡散のみで熱を伝える誘電体に比べて金属の熱伝導率が高い理由となっている．

電場の変化によって金属表面の自由電子が動くために，金属に電磁波が入射すると金属表面近傍で電磁波が急激に減衰する．この現象を記述するために，自由電子をばね定数 $k_s = 0$ の振動子としてモデル化したものがドルーデモデル (Drude model) である．自由電子が格子に衝突して緩和する振動数を γ とすると，式 (12.1) の $k_s \to 0$ と置くことによって，式 (12.10) は

$$\frac{\varepsilon}{\varepsilon_0} = \varepsilon' - i\varepsilon'' = 1 + \frac{\nu_p^2}{-\nu^2 + i\gamma\nu} \tag{12.19}$$

[*2] 文献中 [147] のパラメータは ν_{01} が異なっているので正しい値に直してある

となる．図12.8は，アルミニウムの複素屈折率の変化を

$$\nu_p = 3.14 \times 10^{15} \text{ Hz}, \quad \gamma = 1.59 \times 10^{13} \text{ Hz} \tag{12.20}$$

としたときのドルーデモデル[144)]と比較したものである．$\lambda = 0.8~\mu\text{m}$における吸収帯があるが，全波長域で金属の複素屈折率[145)]をよく表している．特に，長波長域におけるドルーデモデルはよい近似であることがわかる．図12.8に示すように，金属の複素屈折率n, kは赤外線より大きな長波長の電磁波に対して単調に増大している．次章で示す式(13.38)によってn, kが大きい場合には反射率も大きくなるから，金属の反射率は波長が長くなるほど大きくなることがわかる．

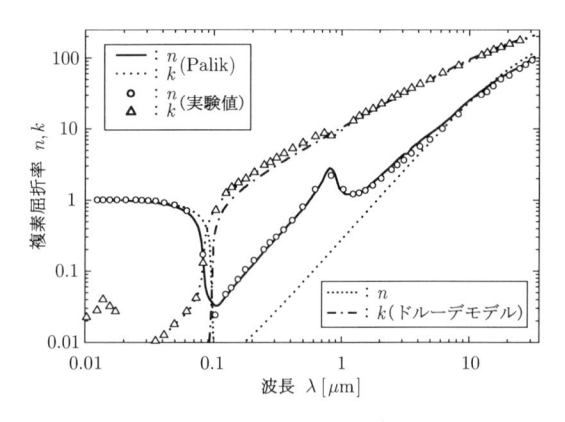

図12.8 常温のアルミニウムの複素屈折率の変化[144, 35)]とドルーデモデル〔式(12.19)〕

12.1.5 流体のデバイ緩和

　水などのように，分子の電子分布が不均一な極性分子の液体では分子自体に分極が存在し，振動数の比較的小さい電磁波によって分子が回転する．この運動がまわりの流体分子と相互作用を及ぼし内部エネルギーに変換される．これがデバイ緩和 (Debye relaxation) である．デバイ緩和は，水などの液体やあまり低温でない氷，極性分子を含む液体でも起こる．デバイ緩和はマイクロ波領域で起こることが多い．この領域の電磁波が作用すると物質内で電磁波が減衰し，液体は加熱される．

　長波長域での極性分子流体の複素誘電関数は次式で与えられる[147)]．

$$\varepsilon' - i\varepsilon'' = \varepsilon'(\infty) + \frac{\varepsilon'(0) - \varepsilon'(\infty)}{1 + 2\pi i \nu \tau} \tag{12.21}$$

12.1 電磁波と固体または液体との相互作用

ここで，$\varepsilon'(0)$ は静電場に対する誘電率，$\varepsilon'(\infty)$ は分子の振動域に対応する誘電率である．τ は緩和時間で分子間の相互作用によって定まる値である．液体の場合，まわりの分子の影響を流体の巨視的な粘性で置き換え，分子を電磁場で回転する半径 a の球でモデル化すると，τ は次式で表される．

$$\tau = \frac{4\pi \eta a^3}{k_B T} \tag{12.22}$$

ここで，η は液体の粘度，k_B はボルツマン定数である．

◇ ◇ ◇ Example ◇ ◇ ◇

図 12.9 に示すように，デバイ緩和による水の吸収領域はマイクロ波に対応する．

水を含む食品にマイクロ波を照射して加熱するのが電子レンジである．市販されている電子レンジは波長 12 cm のマイクロ波を照射する[148]．図 12.5 を参照すると，そのときの k は 5.6×10^{-1} であり，式 (4.29) を計算すると，この波長のマイクロ波は水の層を 1.7 cm 透過して減衰し，電磁波のエネルギーを熱に変換することがわかる．極性分子でも非常に波長の長い電磁波に対しては吸収係数が再び減少する．この領域の極長波は，水中を減衰せずに伝播するので潜水艦と航空機との通信にも使用されることがある．

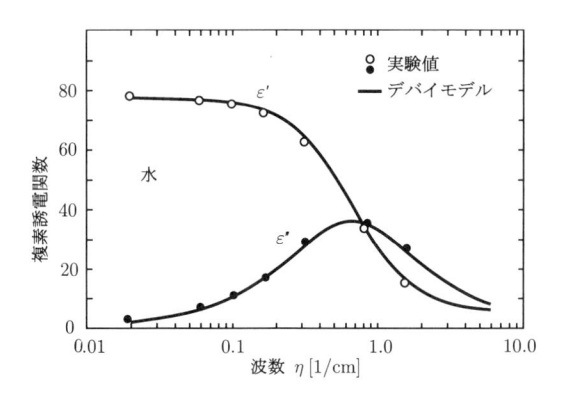

図 12.9 水の複素誘電関数の変化とデバイ緩和によって式 (12.21) より求めた推定値 $\varepsilon'(\infty) = 5.27$，$\varepsilon'(0) = 77.5$，$\tau = 8 \times 10^{-12}$ s [147]

★ ★ ★ ★ ★

12.2 電磁波とガスとの相互作用

12.2.1 非ふく射性ガス

N_2 や O_2 などのように，同一2原子で構成され，極性をもたないガスは，可視光より長い波長の電磁波を吸収しない．これらの分子の共振振動数は，一般に紫外域にあり，第1.3 節で示したように電子の軌道遷移の波長に相当する．本節では，主に極性をもたない2原子ガスの非ふく射性ガスと電磁波の作用について述べる．

ガス分子は，図 12.1 に示したように，電磁波によって分極が生じる．この変化は，分子の共振振動数に比べて小さいので，内部エネルギーに変換される割合は無視できる．また，非ふく射性ガスの分子には極性がないので，分子内の2原子の振動は電磁波と相互作用しない．つまり，この種のガスは可視光の振動数以上の電磁波を吸収しない．このとき，$(\nu_{0j}^2 - \nu^2) \gg i\gamma_j \nu$ であり，複素誘電関数は実部のみとなるから，式 (12.16) は次式で表される．

$$\varepsilon' = n^2 = 1 + \sum_{j=1} \frac{\nu_{pj}^2}{\nu_{0j}^2 - \nu^2} \tag{12.23}$$

ガス分子を共振振動数 ν_0 の振動子モデルで置き換え，式 (12.17) の $\varepsilon_0' = 1$ とすると，ガスの屈折率 n は，

$$n^2 - 1 = \frac{\nu_p^2}{\nu_0^2 - \nu^2} \tag{12.24}$$

と表すことができる．ここで，ガスは分子の密度が小さいので，$n \sim 1$，$\nu_0 \gg \nu$ である[*3]．また，$\varepsilon' - 1$ は分子の密度に比例するので，密度 ρ のガスの屈折率は次式となる．

$$n = \left[1 + \frac{\rho}{\rho_0}\left(\frac{\nu_p^2}{\nu_0^2 - \nu^2}\right)\right]^{0.5} \tag{12.25}$$

ここで，ρ_0 は標準状態 (0.1013 MPa, 273.15 K) のガス密度である．Cauchy の分散公式[149] から換算して，各種ガスのパラメータを計算した値を 表 12.1 に示す．

表 12.2 と 表 12.3 は，空気の屈折率の波長依存性と密度依存性とを実験結果[149]と比較したものである．式 (12.25) は，ガスの屈折率をよく記述できることがわかる．

[*3] この式は，分子の密度が小さい場合に適用できる．液体や固体のように分子の密度が大きい場合は，第 12.1 節の脚注で述べた局所電場を扱う必要がある[149]．

12.2 電磁波とガスとの相互作用

表 12.1 各種ガスのローレンツ振動子モデルパラメータ

ガス	ρ_0 [kg/m^3]	ν_p [Hz]	ν_0 [Hz]
空気	1.2930	9.554×10^{13}	3.98×10^{15}
酸素	1.4290	9.717×10^{13}	4.210×10^{15}
窒素	1.2505	8.255×10^{13}	3.417×10^{15}
水素	0.0899	5.787×10^{13}	3.509×10^{15}
アルゴン	1.7838	9.467×10^{13}	4.006×10^{15}
ヘリウム	0.1785	5.215×10^{13}	6.251×10^{15}
エタン	1.3562	1.2075×10^{14}	3.146×10^{15}
メタン	0.7168	7.290×10^{13}	2.497×10^{15}

表 12.2 空気の屈折率の波長依存性

波長 λ [μm]	$(n-1)$ 実験値	$(n-1)$ 式 (12.25)	誤差 [%]
0.2948	3.065×10^{-4}	3.080×10^{-4}	0.49
0.3021	3.056×10^{-4}	3.070×10^{-4}	0.46
0.3180	3.040×10^{-4}	3.050×10^{-4}	0.33
0.3441	3.016×10^{-4}	3.024×10^{-4}	0.27
0.3728	2.995×10^{-4}	3.002×10^{-4}	0.23
0.3969	2.983×10^{-4}	2.989×10^{-4}	0.20
0.4308	2.966×10^{-4}	2.970×10^{-4}	0.13
0.4677	2.951×10^{-4}	2.956×10^{-4}	0.17
0.4861	2.948×10^{-4}	2.950×10^{-4}	0.07
0.5184	2.940×10^{-4}	2.941×10^{-4}	0.03
0.5378	2.935×10^{-4}	2.937×10^{-4}	0.07
0.5896	2.926×10^{-4}	2.927×10^{-4}	0.03
0.6563	2.916×10^{-4}	2.918×10^{-4}	0.07
0.7594	2.905×10^{-4}	2.908×10^{-4}	0.10

表 12.3 空気の屈折率の密度依存性

圧力 [MPa]	$(n-1)$ 実験値	$(n-1)$ 式 (12.25)	誤差 [%]
0.1013	0.000293	0.000293	0
4.267	0.01241	0.012426	0.13
9.741	0.02842	0.02824	-0.63
13.80	0.04027	0.03946	-2.01
17.86	0.05213	0.04998	-4.12

12.2.2 ふく射性ガス

HCl や CO などのように，異種原子で構成され極性をもつ 2 原子気体や，H_2O や CO_2 のような多原子気体は，赤外線域の電磁波と相互作用を及ぼす．ふく射性ガスでは，分子の運動エネルギーが量子効果のために飛び飛びの値をとるので，ある特定の波長の電磁波と作用を及ぼす．このために，ふく射性ガスは電磁波の波長に対して不連続な吸収・放射特性を示すのが普通である．本節では，このようなふく射性ガスと電磁波との相互作用について述べる．

(1) 回転スペクトル

図 12.10 に示すように，電気双極子をもつ極性分子が回転すると，分子は電磁場を擾乱して振動させる．これによって分子の回転運動エネルギーが電磁波として放射される．逆に，このような分子は電磁波を吸収して回転運動が加速される．N_2 や O_2 などのように，同一 2 原子で構成され極性をもたないガスは，分子の回転運動によって電磁場に変化を与えないので，赤外線に対して不活性である．

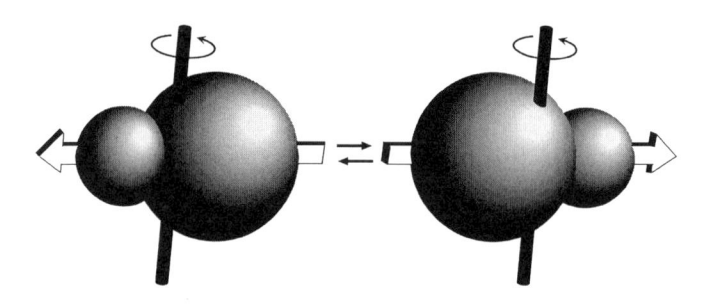

図 12.10 極性分子ガスの回転運動と電磁場との相互作用

重心のまわりに回転する分子の慣性モーメント I は，

$$I = \sum_i m_i r_i^2 \tag{12.26}$$

で与えられる．ここで，r_i，m_i はそれぞれの粒子の重心からの距離と質量である．回転角速度を ω とすると，分子の回転エネルギー ε_r は，

$$\varepsilon_r = \frac{1}{2} I \omega^2 \tag{12.27}$$

となり，回転速度の 2 乗に比例した任意の値をとる．しかし，量子力学によると (例えば，参考文献 [150])，エネルギーは飛び飛びの値しか許されない．つまり，回転する分子の角運動量 $I\omega$ がとりうる値は，

$$I\omega = \frac{h}{2\pi} \sqrt{J(J+1)} \tag{12.28}$$

のみ許されるから，式 (12.27) と式 (12.28) から，回転エネルギーのとりうる値は次式となる．

$$\varepsilon_r = \frac{h^2}{8\pi^2 I} J(J+1), \quad (J = 0, 1, 2...) \tag{12.29}$$

ここで，h はプランクの定数，J は回転量子数で整数である．

12.2 電磁波とガスとの相互作用

分子の回転エネルギーが，ある量子化された値から次の値に移るとき特定の波長の電磁波を吸収または放射する．このため，分子の回転スペクトルは飛び飛びの値をとることになる．

◇　◇　◇　Example　◇　◇　◇

HCl の吸収スペクトルを計算してみよう．塩素分子は，質量 m_H と m_Cl の原子が $l = 1.275 \times 10^{-10}$ m の距離で結合している剛体回転子でモデル化する．原子の質量は分子量 M とアボガドロ数 Na から $m = M/Na$ で与えられるから．分子の慣性モーメントは，

$$I = \frac{m_\mathrm{H}\, m_\mathrm{Cl}}{m_\mathrm{H} + m_\mathrm{Cl}} l^2 \tag{12.30}$$

で表される．式 (12.29) のエネルギーの変化と吸収電磁波は $\Delta\varepsilon_r = h\nu$ の関係がある．吸収電磁波の波長は 表 12.4 となり，マイクロ波から赤外線領域の電磁波と相互作用することがわかる．

表 12.4 HCl の回転エネルギー変化による電磁波の吸収・放射

波長 λ [μm]	振動数 ν [Hz]	遷移の J の値
480.7	6.24×10^{11}	$0 \to 1$
240.4	1.25×10^{12}	$1 \to 2$
160.5	1.87×10^{12}	$2 \to 3$
120.5	2.49×10^{12}	$3 \to 4$
96.1	3.12×10^{12}	$4 \to 5$
80.5	3.73×10^{12}	$5 \to 6$
69.0	4.35×10^{12}	$6 \to 7$
60.4	4.96×10^{12}	$7 \to 8$
53.8	5.57×10^{12}	$8 \to 9$
48.4	6.18×10^{12}	$9 \to 10$
44.2	6.79×10^{12}	$10 \to 11$

★　　★　　★　　★　　★

固体や液体の分子は，その隣接分子によって運動が干渉されるので，明確な回転エネルギー順位が存在せず，回転スペクトルは観測されない．

(2) 振動スペクトル

分子は，それを構成する原子が平衡位置を中心に振動している．極性分子や多原子気体では，その振動によって電気双極子が変化して電磁波を放射・吸収する．

いま，前節と同様に 2 原子気体を考え，平衡位置からの最大変位を x として原子がばね

定数 k のばねで結合されているとする．このとき，この振動子の振動エネルギー ε_v は，

$$\varepsilon_v = \frac{1}{2} k x^2 \tag{12.31}$$

となり，最大変位の 2 乗に比例した任意の値をとる．しかし，量子力学によると，エネルギーは飛び飛びの値しか許されない．つまり，振動エネルギーのとりうる値は次式となる．

$$\varepsilon_v = (v + 0.5) h \nu_0, \quad (v = 0, 1, 2...) \tag{12.32}$$

ここで，ν_0 は分子の固有振動数，v は振動量子数で整数である．質量が m_1，m_2 の原子で構成される 2 原子分子では，固有振動数は次式で与えられる．

$$\nu_0 = \frac{1}{2\pi} \sqrt{\frac{(m_1 + m_2)k}{m_1 m_2}} \tag{12.33}$$

2 原子分子の固有振動数を 表 12.5 に示す[13]．これらの分子では，対応する吸収波長が赤外線に対応することがわかる．常温のガス分子は，ボルツマン分布からほとんどの分子が基底状態にあると考えられる．したがって，常温のガスでは大部分の遷移は $v = 0 \rightarrow 1$ である．

H_2O や CO_2 のような多原子気体では，第 14 章に示すように振動モードが多数存在する．

表 12.5 2 原子分子の振動エネルギー変化による電磁波の吸収・放射

分子	固有振動数 ν_0 [Hz]	波長 ($v = 0 \rightarrow 1$) λ [μm]
HCl	8.65×10^{13}	3.47
NO	5.62×10^{13}	5.33
CO	6.42×10^{13}	4.66

(3) 回転 – 振動スペクトル

実在のふく射性ガスは，振動と回転が同時に存在する．このため，気体の吸収スペクトルは，回転と振動の両方のエネルギー変化に依存する．また，両方の運動の変化で電磁波が放射される．

式 (12.29) と式 (12.32) を組み合わせることによって，回転 – 振動のエネルギーは，

$$\varepsilon_{r-v} = (v + 0.5) h \nu_0 + \frac{h^2}{8\pi^2 I} J(J+1), \quad (J = 0, 1, 2, ..., v = 0, 1, 2, ...) \tag{12.34}$$

で表され，飛び飛びの値をとる．表 12.4 と 表 12.5 を比較するとわかるように，振動のエネルギーギャップの方が回転のそれより遙かに大きいので，回転 – 振動の吸収スペクト

12.2 電磁波とガスとの相互作用

ルは，振動のエネルギー遷移による振動数を中心として回転の吸収線が細かく組み合わされた構造となる．量子力学の解析によると，式 (12.34) の J, v は全ての整数値をとることができず，回転量子数 J は一つの振動遷移の間に ± 1 だけ変化できる．

図 12.11 は，窒素ガス 1 atm，ガス厚さ 1 m 中に $H^{35}Cl$ ガスが 500 ppmv 存在するとき，HITRAN [118] を用いて計算した HCl 分子の吸収スペクトルを示したものである．通常，Cl には ^{35}Cl と ^{37}Cl の同位体が $3:1$ の割合で存在するので，それぞれの吸収スペクトルが近接して存在する．図から，振動による吸収バンド $3.47\ \mu m$ を中心に約 $0.025\ \mu m$ 間隔に微細な吸収スペクトルが存在することがわかる．このように，ふく射性ガスの回転－振動スペクトルは著しい波長依存性を示すために，ふく射性ガスを含む媒体のふく射伝熱計算は膨大な時間を必要とする．

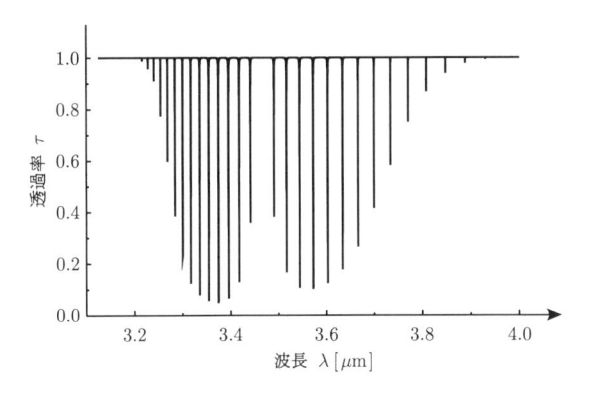

図 12.11 HCl 分子の回転－振動吸収スペクトル

分子中の電子配置が変化すると分子のエネルギーも変化する．電子配置の異なる分子状態間のエネルギー遷移によって，電磁波の放射・吸収が起こる．この電子遷移のエネルギー順位も量子力学によって飛び飛びの値をとり，その変化に応じた波長の電磁波と相互作用を及ぼす．一般に，電子遷移による電磁波の波長は可視光または紫外線の領域であり，ふく射伝熱にはあまり寄与しない．

第13章 凝縮物質のふく射物性

13.1 物体面の放射率・吸収率・反射率

固体や液体などの凝縮物質 (condensed matter) は，分子などの粒子が互いに近距離にある物質である．固体と液体は，分子間力の小さい気体と異なり，相互の分子間力が強いため，物性的には類似の性質を示す．第 3.2 節で述べたように，局所熱力学的平衡にある凝縮物質は，物質表面から熱ふく射を放射し，外部から物質に入射する電磁波を吸収・反射する．物体の放射特性を同じ温度の黒体と比較したものが放射率 (emissivity) である．入射ふく射に対して物体に吸収されるエネルギーと比較したものが吸収率 (absorptivity) であり，反射特性と比較したものが反射率 (reflectivity) である．

熱ふく射に相当する電磁波は，不透明物体のごく薄い表面で減衰する場合が多い．したがって，ふく射物性は，表面の酸化膜や汚れ，表面形状により大きく変化する．また，純粋な物質でも結晶の粒界や内部応力の影響などを受ける場合もある．このように，ふく射物性が物体固有の値となることは希である[*1]．

ふく射物性については，既に第 3.2 節で詳細に議論しているが，以下にそれらを要約する．

(1) 放射率

温度 T の局所熱力学的平衡の物体から放射される熱ふく射を考える．物体表面 dA から $\hat{s}_0$ 方向 (天頂角 θ，方位角 ϕ) に放射される単色ふく射強度を $I_\lambda(\lambda, \hat{s}_0, T)$，これと同

[*1] emissivity のように，-vity の付く語は，一般に物体固有の値を示す場合が多い．しかし，ふく射物性は表面の性状に大きく影響され，熱伝導率 (thermal conductivity) のように，物質固有の値にならない場合が多々ある．したがって，均質な物質で，完全に滑らかな表面の値にのみ emissivity, absorptivity, reflectivity を使用し，一般の物体表面には，emittance, absorptance, reflectance の使用を推奨する場合がある．しかし，このような区別はされない場合が多いので，本書でも全ての物質表面のふく射物性について -vity の付く語を使用する．

一温度の単色黒体放射のふく射強度を $I_{b,\lambda}(\lambda, T)$ とすると，単色指向放射率

$$\varepsilon_{\theta,\lambda}(\lambda, \hat{s}_0, T) \equiv \frac{I_\lambda(\lambda, \hat{s}_0, T)}{I_{b,\lambda}(\lambda, T)} \tag{13.1}$$

が定義される．式 (13.1) を積分することによって，

全指向放射率

$$\varepsilon_\theta(\hat{s}_0, T) \equiv \frac{\int_0^\infty I_\lambda(\lambda, \hat{s}_0, T)\,\mathrm{d}\lambda}{\int_0^\infty I_{b,\lambda}(\lambda, T)\,\mathrm{d}\lambda} = \frac{\int_0^\infty I_\lambda(\lambda, \hat{s}_0, T)\,\mathrm{d}\lambda}{I_b(T)} \tag{13.2}$$

単色 (半球) 放射率

$$\varepsilon_\lambda(\lambda, T) \equiv \frac{\int_{2\pi} I_\lambda(\lambda, \hat{s}_0, T)\cos\theta\,\mathrm{d}\Omega}{\int_{2\pi} I_{b,\lambda}(\lambda, T)\cos\theta\,\mathrm{d}\Omega} = \frac{E_\lambda(\lambda, T)}{E_{\lambda b}(\lambda, T)} \tag{13.3}$$

全 (半球) 放射率

$$\varepsilon(T) \equiv \frac{\int_{2\pi}\int_0^\infty I_\lambda(\lambda, \hat{s}_0, T)\,\mathrm{d}\lambda\cos\theta\,\mathrm{d}\Omega}{\int_{2\pi}\int_0^\infty I_{b\lambda}(\lambda, T)\,\mathrm{d}\lambda\cos\theta\,\mathrm{d}\Omega} = \frac{E(T)}{E_b(T)} \tag{13.4}$$

が定義される．

(2) 吸収率

放射率は物体の温度により定まる物体固有の値であるが，吸収率は物体固有の特性ではなく，外部からの入射ふく射の波長や方向に依存する量である．反射率も同様に入射ふく射に依存する量である．

方向 $\hat{s}_i(\theta_i, \phi_i)$ から $\mathrm{d}A$ に $I_{\lambda,i}(\lambda, \hat{s}_i)\cos\theta_i\,\mathrm{d}\Omega_i\,\mathrm{d}A$ のふく射エネルギーが入射し，その入射ふく射エネルギーの内 $-Q_a(\lambda, \hat{s}_i)$ だけ吸収し，物体の内部エネルギーに変換されるとき，

単色指向吸収率

$$\alpha_{\lambda,\theta_i}(\lambda, \hat{s}_i) \equiv \frac{-Q_a(\lambda, \hat{s}_i)}{I_{\lambda,i}(\lambda, \hat{s}_i)\cos\theta_i\,\mathrm{d}A\,\mathrm{d}\Omega_i} \tag{13.5}$$

全指向吸収率

$$\alpha_\theta(\hat{s}_i) \equiv \frac{\int_0^\infty -Q_a(\lambda, \hat{s}_i)\,\mathrm{d}\lambda}{\mathrm{d}A\cos\theta_i\,\mathrm{d}\Omega_i\int_0^\infty I_{\lambda,i}(\lambda, \hat{s}_i)\,\mathrm{d}\lambda} \tag{13.6}$$

13.1 物体面の放射率・吸収率・反射率

単色（半球）吸収率

$$\alpha_\lambda(\lambda) \equiv \frac{\int_{-2\pi} -Q_a(\lambda, \hat{s}_i)\, d\Omega_i}{dA\, d\lambda \int_{-2\pi} I_{\lambda,i}(\lambda, \hat{s}_i) \cos\theta_i\, d\Omega_i} \tag{13.7}$$

全（半球）吸収率

$$\alpha \equiv \frac{\int_0^\infty \int_{-2\pi} -Q_a(\lambda, \hat{s}_i)\, d\Omega_i\, d\lambda}{dA \int_0^\infty \int_{-2\pi} I_{\lambda,i}(\lambda, \hat{s}_i) \cos\theta_i\, d\Omega_i\, d\lambda} \tag{13.8}$$

ここで，$\int_{-2\pi} \cos\theta_i\, d\Omega_i$ は $\hat{s}_i(\theta_i, \phi_i)$，$\pi/2 < \theta_i < \pi$，$0 < \phi_i < 2\pi$ で，面に入射する方向の半球方向積分を表す．

(3) 反射率

方向 $\hat{s}_i(\theta_i, \phi_i)$ からふく射強度 $I_{\lambda,i}(\lambda, \hat{s}_i)$ で入射するふく射エネルギーの内，方向 $\hat{s}_r(\theta_r, \phi_r)$ にふく射強度 $I_{\lambda,r}(\lambda, \hat{s}_i, \hat{s}_r)$ で反射されるとき，

単色 2 方向反射関数

$$\rho_{\lambda, \theta_i, \theta_r}(\lambda, \hat{s}_i, \hat{s}_r) \equiv \frac{I_{\lambda,r}(\lambda, \hat{s}_i, \hat{s}_r)}{-I_{\lambda,i}(\lambda, \hat{s}_i) \cos\theta_i\, d\Omega_i} \tag{13.9}$$

ここで，添え字 r は反射成分を表し，$\hat{s}_r(\theta_r, \phi_r)$，$0 < \theta_r < \pi/2$，$0 < \phi_r < 2\pi$ である．式 (13.9) を入射ふく射方向 $\hat{s}_i$ の関数と考え，半球方向に積分することによって

単色指向-半球反射率

$$\rho_{\lambda, \theta_i}(\lambda, \hat{s}_i) \equiv \frac{\int_{2\pi} I_{\lambda,r}(\lambda, \hat{s}_r) \cos\theta_r\, d\Omega_r}{-I_{\lambda,i}(\lambda, \hat{s}_i) \cos\theta_i\, d\Omega_i} \tag{13.10}$$

図 3.11 に示したような乱反射面と鏡面の二つの典型的な反射面を考えると，

単色鏡面反射率

$$\rho^S_{\lambda, \theta_i}(\lambda, \hat{s}_i) \equiv \frac{I_{\lambda,r}(\lambda, \hat{s}_r) \cos(\pi - \theta_i)\, d\Omega_i}{-I_{\lambda,i}(\lambda, \hat{s}_i) \cos\theta_i\, d\Omega_i} = \frac{I_{\lambda,r}(\lambda, \hat{s}_r)}{I_{\lambda,i}(\lambda, \hat{s}_i)} \tag{13.11}$$

単色拡散反射率

$$\rho^D_{\lambda, \theta_i}(\lambda, \hat{s}_i) = \frac{\pi I_{\lambda,r}(\lambda)}{-I_{\lambda,i}(\lambda, \hat{s}_i) \cos\theta_i\, d\Omega_i} \tag{13.12}$$

ここで，$I_{\lambda,r}(\lambda)$ は，反射角によらない拡散反射強度である．

単色指向 - 半球反射率

$$\rho_{\lambda,\theta_i}(\lambda,\hat{s}_i) = \rho^D_{\lambda,\theta_i}(\lambda,\hat{s}_i) + \rho^D_{\lambda,\theta_i}(\lambda,\hat{s}_i) \tag{13.13}$$

が定義される．

式 (13.10) を積分することによって，

単色半球反射率

$$\rho_\lambda(\lambda) = \frac{\int_{-2\pi} \rho_{\lambda,\theta_i}(\lambda,\hat{s}_i)\, I_{\lambda,i}(\lambda,\hat{s}_i) \cos\theta_i \, d\Omega_i}{\int_{-2\pi} I_{\lambda,i}(\lambda,\hat{s}_i) \cos\theta_i \, d\Omega_i} \tag{13.14}$$

全半球反射率

$$\rho = \frac{\int_0^\infty \int_{-2\pi} \rho_{\lambda,\theta_i}(\lambda,\hat{s}_i) I_{\lambda,i}(\lambda,\hat{s}_i) \cos\theta_i \, d\Omega_i \, d\lambda}{\int_0^\infty \int_{-2\pi} I_{\lambda,i}(\lambda,\hat{s}_i) \cos\theta_i \, d\Omega_i \, d\lambda} \tag{13.15}$$

となる．

また，指向性量について，物体表面に垂直方向の値に「垂直」を付加し，ε_n, α_n, ρ_n と表す．

13.2 キルヒホッフの法則

第 3.3 節のキルヒホッフの法則をまとめると，以下のようになる．単色指向放射率と単色指向吸収率のキルヒホッフの法則の一般形

$$\varepsilon_{\lambda,\theta}(\lambda,\hat{s}_0) = \alpha_{\lambda,\theta}(\lambda,\hat{s}_i) \tag{13.16}$$

ここで，$\hat{s}_i = -\hat{s}_0$ である．この法則は，温度 T の局所熱力学的平衡状態にある物体に波長 λ の電磁波が入射したときの吸収率と，その波長のふく射に対する物体の放射率との関係を表しており，式 (13.16) には何の制限もついていない．

このキルヒホッフの法則に，種々の条件を加えることによって，様々な表現が成立する．

(1) 表面の放射率・吸収率が角度によらない (拡散面) 場合，

(2) または，表面へ入射するふく射強度が入射角によらず一定 (等方性入射) の場合

13.3 実在物体のふく射物性

$$\varepsilon_\lambda(\lambda) = \alpha_\lambda(\lambda) \tag{13.17}$$

(a) $\varepsilon_{\lambda,\theta}$ と $\alpha_{\lambda,\theta}$ が波長によらず一定（灰色面），

(b) または，表面への入射ふく射強度が物体と同一温度 T の黒体または灰色体の場合

$$\varepsilon_\theta(\hat{s}_0) = \alpha_{\theta_i}(\hat{s}_i) \tag{13.18}$$

条件 (1) または (2)，および (a) または (b) のいずれかが満足されるとき

$$\varepsilon = \alpha \tag{13.19}$$

13.3 実在物体のふく射物性

13.3.1 放射率

放射率は，温度と波長，放射方向の関数である．しかし，電気絶縁体や酸化した金属面では，半球放射率を垂直放射率で代用する場合が多い[28]．図 13.1 は，常温域における種々の物質の全垂直放射率 ε_n の概略値[41]を示している．

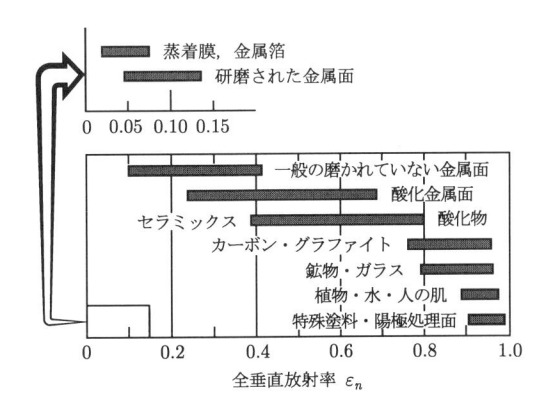

図 13.1 代表的な常温物質の全垂直放射率

一般的に，金属表面の放射率は小さい．特に，よく磨かれた金や銀表面の放射率は 0.02 程度である．これは，第 12.1.4 項で述べたように，金属は自由電子の存在により電気の良導体であり，入射電磁波の大部分を反射するためである．このため，キルヒホッフの法則から放射率が小さくなる．

金属では，表面近傍のごくわずかな領域で電磁波が放射・吸収されるため，表面に酸化膜や汚れがあると，放射率が著しく増加する．表面が酸化したステンレス鋼では，放射率が 0.1〜0.5 の幅広い値をとる．このように一般の物体の放射率は，その表面の性状によって大きく異なることが多い．図 13.2 は，インコネルの単色垂直放射率 $\varepsilon_{\lambda,n}$ を示したものである[151, 152]が，表面の加工条件や酸化条件で広範囲に放射率の値が分布していることがわかる．

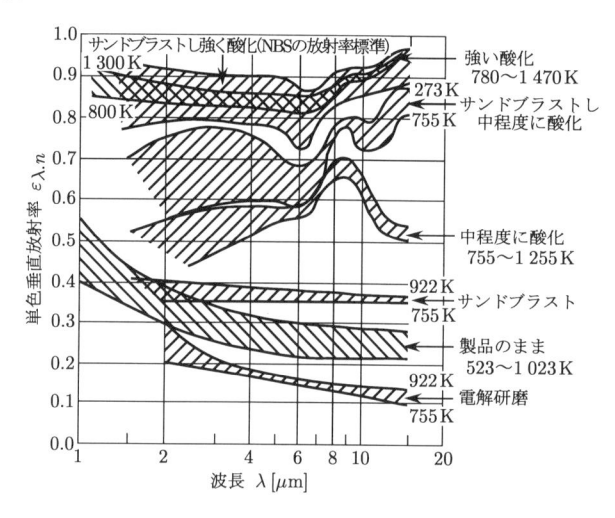

図 13.2 表面状態によるインコネルの単色垂直放射率の変化

電気絶縁体の放射率は，一般的に 0.6 以上であることが多い．これは，第 12 章の図 12.3 に示したように，物質構成する格子の共振振動数と常温域の放射スペクトルが近い値となっていることに起因する．水は，図 12.5 に示したように，可視光に対しては透明であるが，常温域のふく射に対して不透明で，高い放射率を示す．水を含む人体や動植物の放射率も 0.9 以上であることに注意する．

図 13.3 は，各種物体面の半球・単色放射率を示したものである[41]．白色ペイントは，可視光に対して放射率が小さいが，常温付近のふく射に対しては高い放射率を示す．このように，可視光域の見かけの放射率と赤外域の電磁波に対する放射特性は大きく異なるのが普通である．図 13.3 に示す太陽光の集熱器の選択吸収膜として用いられるクロム処理面は白色ペイントと逆の放射特性を示す．短波長の太陽エネルギーを吸収し，長波長の常温域の赤外線放射を小さくすることができる．

13.3 実在物体のふく射物性

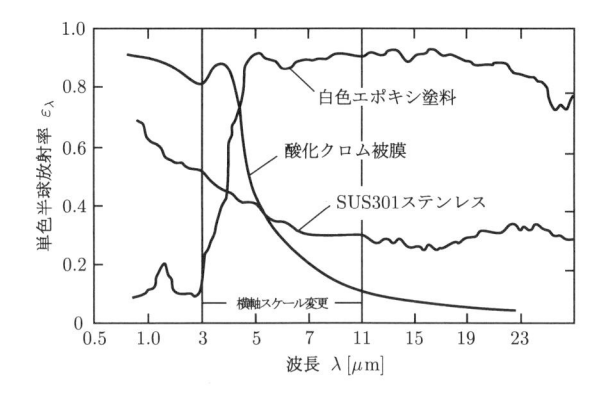

図 13.3 各種表面の半球単色放射率

図 13.4 に，電気絶縁体および金属の典型的な指向放射率を示す[28]．図に示すように，電気絶縁体では，$\theta < 60°$ の範囲で指向放射率がほぼ一定である．θ が大きくなると急激に指向放射率が減少し，$\theta = 90°$ で 0 となる．一方，金属では垂直放射率 ε_n は小さいが，θ が増大すると放射率が大きくなる．しかし，さらに大きい角度では再び指向放射率が減少し $\theta = 90°$ で 0 となる．図 13.4 には，その現象は示されていない．実際，金属のような電気伝導体では，垂直放射率と半球放射率との関係は，$1 < \varepsilon/\varepsilon_n < 1.3$，また誘電体の

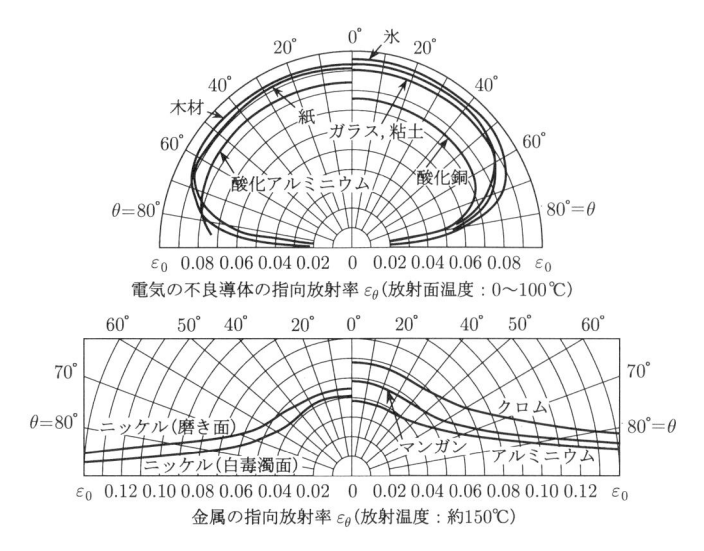

図 13.4 電気絶縁体と良導体の全指向放射率

ような絶縁体では $0.95 < \varepsilon/\varepsilon_n < 1$ の場合が多い.

実在の凝縮物質の放射率,反射率などのふく射物性は,Touloukian の熱物性データブック[153, 154, 155, 156] に広範囲に記載されている.固体のふく射物性の計測法については牧野の解説がある[157].

13.3.2 吸収率

同一温度の黒体ふく射が物体に入射するとき,キルヒホッフの法則から全(半球)吸収率と全(半球)放射率は等しい.しかし,入射ふく射がこの条件を満足することは希なので,吸収率と放射率は異なることが普通である.特に,入射ふく射の波長分布が物体の黒体ふく射の波長分布と大きく異なる場合は注意が必要である.

局所熱力学的平衡の物体は,式 (13.16) が成立するから,全(半球)吸収率は,次式で表される.

$$\alpha = \frac{\int_0^\infty \int_{2\pi} \varepsilon_{\lambda,\theta}(\lambda, \hat{s}_0) I_{\lambda,i}(\lambda, \hat{s}_0) \cos\theta_0 \, d\Omega_0 \, d\lambda}{\int_0^\infty \int_{-2\pi} I_{\lambda,i}(\lambda, \hat{s}_i) \cos\theta_i \, d\Omega_i \, d\lambda} \tag{13.20}$$

入射ふく射が方向によらず一定の場合は,式 (13.17) より,

$$\alpha = \frac{\int_0^\infty \varepsilon_\lambda(\lambda) I_\lambda(\lambda) \, d\lambda}{\int_0^\infty I_\lambda(\lambda) \, d\lambda} \tag{13.21}$$

入射ふく射が方位 $\hat{s}$ の平行光線の場合は,入射ふく射は $\delta(\hat{s}_i \cdot \hat{s} - 1) I_{\lambda,i}(\lambda, \hat{s}_i)$ で表される.ここで,$\delta(\hat{s}_i \cdot \hat{s} - 1)$ は,デルタ関数である.したがって,式 (13.20) は次式となる.

$$\alpha = \frac{\int_0^\infty \varepsilon_{\lambda,\theta}(\lambda, \hat{s}_i) I_{\lambda,i}(\lambda, \hat{s}_i) \, d\lambda}{\int_0^\infty I_{\lambda,i}(\lambda, \hat{s}_i) \, d\lambda} \tag{13.22}$$

表 13.1 は,種々の物体の太陽光に対する全吸収率 α_{sol} と常温付近での全放射率を示している[41].例えば,図 13.3 にも示したように,白い塗料は太陽光の波長域 ($0.2 < \lambda < 3\,\mu\text{m}$) での全吸収率は小さいが,常温付近 ($3 < \lambda < 100\,\mu\text{m}$) では,ほとんど黒体として扱うことができる.つまり,常温近傍の放射特性向上のためには,黒い塗料の必要はなく,太陽光の吸収を考えると,むしろ白色塗料の方が有効な場合が多い.

水,ソーダガラス,多くのセラミックス,人の表皮,衣服などは,遠赤外線といわれて

13.3 実在物体のふく射物性

表 13.1 常温の各種表面の太陽光に対する全吸収率 α_{sol} (常温) と常温域での全放射率 ε (常温) との比較

表面	α_{sol} (常温)	ε (常温)	$\alpha_{\text{sol}}/\varepsilon$
アルミニウム蒸着面	0.09	0.03	3.0
アルミ膜上の石英ガラス	0.19	0.81	0.23
金属面に塗られた白ペイント	0.21	0.96	0.22
金属面に塗られた黒ペイント	0.97	0.97	1.0
光沢のないステンレス板	0.50	0.21	2.4
赤レンガ	0.63	0.93	0.68
人の肌 (白人)	0.62	0.97	0.64
雪	0.28	0.97	0.29
トウモロコシの葉	0.76	0.97	0.78

いる長波長域の熱ふく射に対して良好な放射・吸収体なので，特別な遠赤外線放射物質は不要である．

13.3.3 反射率

反射特性は，物体の物性値だけでなく，表面の微細構造[158)]や物体の内部構造まで考える必要があり，物質の固有の値から理論的に導出可能な"完全平面"で均質物体の反射特性とは大きな隔たりがあるのが普通である．反射の場合は，入射ふく射の反射方向が一定ではないので，それを考慮する必要がある．代表的な反射特性として拡散面と鏡面があるが，物体の反射特性は入射角度によって変化するのが普通である．一般的に，垂直方向の入射に対しては拡散面でも，入射角が 90°近傍では鏡面反射する物体が多い．

◇　◇　◇　Example　◇　◇　◇

X線は物体を透過するので，これを反射する鏡を作ることが難しい．しかし，入射角が 90°近傍での反射率は 1 に近づき X 線を鏡面反射するので，斜めから入射する曲面鏡を作って X 線を集光することができる．

★　★　★　★　★

不透明物体に対して，式 (13.10) とキルヒホッフの法則を考える．$\hat{s}_i$ からの平行光線が入射する場合を考えると，エネルギー保存則から次式が導かれる．

$$\alpha_{\lambda,\theta}(\lambda,\hat{s}_i) = \varepsilon_{\lambda,\theta}(\lambda,\hat{s}_0) = 1 - \rho_{\lambda,\theta}(\lambda,\hat{s}_i) \tag{13.23}$$

図 13.5 は，各種金属面の垂直単色反射率の波長変化を示している．図では，付録 13.A に示す光学物性値より，各種金属面の反射率を計算している．銀やアルミニウムが白色光

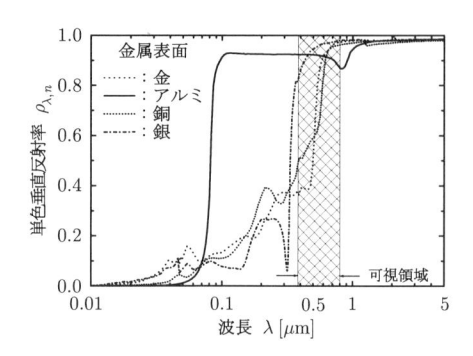

図 13.5 各種金属面（常温）の垂直反射率の波長依存性

に対して白く見え，銅が赤く見えるのは，銀やアルミは目の光感度が高い $0.5\,\mu$m 近傍の波長に対する反射率が一定であるのに対し，銅は可視光域波長で赤に相当する長波長域をより多く反射するためである．

◇　　◇　　◇　Example　◇　　◇　　◇

白色光の下に置かれた物体に色が着いて見えるのは，物体表面の反射率（多くは拡散反射成分が多い）に波長依存性があるからである．トンネル内で用いられるナトリウムランプのように，単波長に近い光の下に置かれた物体が色の変化を示さないのは，入射光に他の波長成分が含まれていないからである．

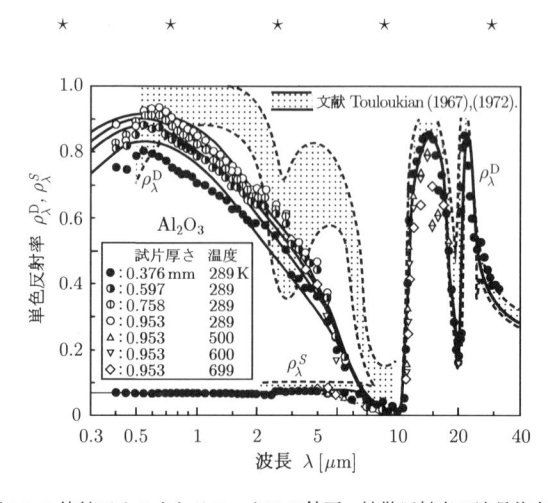

★　　　★　　　★　　　★　　　★

図 13.6 焼結アルミナセラミックスの鏡面・拡散反射率の波長依存性

図13.6 は,アルミナ焼結セラミックス (Al_2O_3) の単色拡散反射率 ρ_λ^D と,単色鏡面反射率 ρ_λ^S を示している[159].焼結セラミックスは表面を光学研磨してあるので,図の拡散反射成分はセラミックスの結晶内部の散乱に起因していることがわかる.長波長域でのふく射の吸収は,結晶の格子振動と電磁波の共振に起因するものと考えられている.単波長域の反射特性は,結晶構造や製造過程の影響が大きく文献によって大きく異なった値[154]を示している.

13.4 平滑面のふく射物性の推定法

表面が入射電磁波の波長に対して滑らかで,平面とみなせる不透明物体は電磁波を鏡面反射する.このときの反射率は比較的容易に推定できる.

いま,図13.7 に示すような平面波の電磁波が媒質 0 から媒質 1 に入射する場合を考える.第4.4節で議論したように,電磁波は横波であるから反射面に平行な成分と垂直な成分がある.媒質が電磁波に対して透明で,屈折率がそれぞれ n_0, n_1 の場合,屈折角と入射角は次式で示すスネルの法則 (Snell's law) が成り立つ.

$$n_0 \sin\theta_i = n_1 \sin\theta_t \tag{13.24}$$

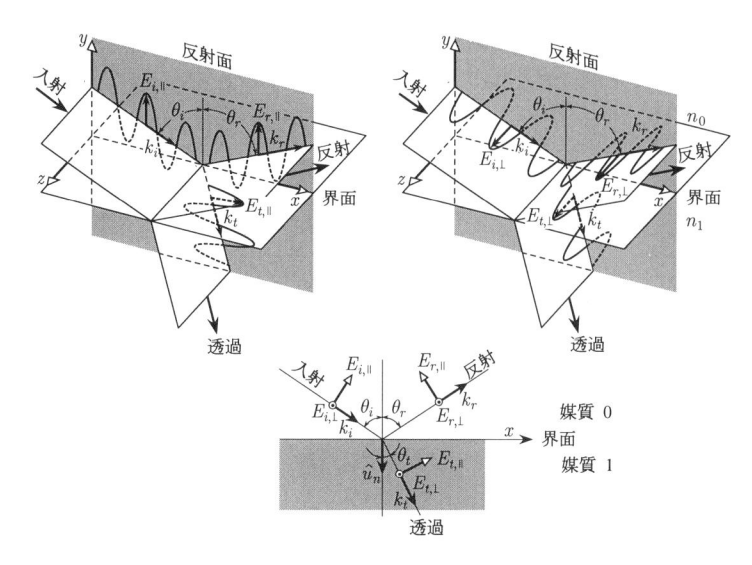

図 13.7 媒質 0 から媒質 1 に平面波の電磁波が入射するときの反射と透過

反射，屈折した電磁波の電場振幅の比，つまり振幅反射率 $r_\parallel$, $r_\perp$，振幅透過率 $t_\parallel$, $t_\perp$ は，次式で与えられる[11]．

$$r_\perp \equiv \frac{E_{r,\perp}}{E_{i,\perp}} = \frac{n_0 \cos\theta_i - n_1 \cos\theta_t}{n_0 \cos\theta_i + n_1 \cos\theta_t} \tag{13.25}$$

$$r_\parallel \equiv \frac{E_{r,\parallel}}{E_{i,\parallel}} = \frac{n_1 \cos\theta_i - n_0 \cos\theta_t}{n_0 \cos\theta_t + n_1 \cos\theta_i} \tag{13.26}$$

$$t_\perp \equiv \frac{E_{t,\perp}}{E_{i,\perp}} = \frac{2\,n_0 \cos\theta_i}{n_0 \cos\theta_i + n_1 \cos\theta_t} \tag{13.27}$$

$$t_\parallel \equiv \frac{E_{t,\parallel}}{E_{i,\parallel}} = \frac{2\,n_0 \cos\theta_i}{n_0 \cos\theta_t + n_1 \cos\theta_i} \tag{13.28}$$

これらがフレネルの公式 (Fresnel equations) である．上式は，媒体 0 で電磁波が減衰する場合にも成り立つ．つまり，媒体 1 の屈折率が複素屈折率 $m_1 = n_1 - i\,k_1$ で表されるときにも成り立ち，式 (13.24)〜(13.26) は次式で表される．

$$n_0 \sin\theta_i = m_1 \sin\theta_t \tag{13.29}$$

$$r_\perp = \frac{n_0 \cos\theta_i - m_1 \cos\theta_t}{n_0 \cos\theta_i + m_1 \cos\theta_t} \tag{13.30}$$

$$r_\parallel = \frac{m_1 \cos\theta_i - n_0 \cos\theta_t}{n_0 \cos\theta_t + m_1 \cos\theta_i} \tag{13.31}$$

ここで，$r_\perp$, $r_\parallel$, θ_t は複素数であることに注意する．第 4.4 節で示したように，ふく射強度は電場の振幅の 2 乗に比例するから，反射率は，

$$\rho_\perp = r_\perp\,r_\perp^*, \quad \rho_\parallel = r_\parallel\,r_\parallel^* \tag{13.32}$$

ここで，r^* は振幅反射率の共役複素数である．

入射ふく射は偏光していない場合が多い．つまり，入射電磁波の反射面に平行な成分と垂直な成分は等しいので，角度 θ で入射する電磁波に対する物体の鏡面単色反射率 $\rho^S_{\lambda,\theta}$ は次式で与えられる．

$$\rho^S_{\lambda,\theta}(\lambda, \hat{s}_i) = \frac{\rho_\perp + \rho_\parallel}{2} \tag{13.33}$$

媒体 0 の屈折率が 1 で，媒体 1 の複素屈折率 $m_1 = n - i\,k$ としたとき，式 (13.32) は，

$$\rho_\perp = \frac{\alpha^2 + \beta^2 - 2\alpha\cos\theta + \cos^2\theta}{\alpha^2 + \beta^2 + 2\alpha\cos\theta + \cos^2\theta} \tag{13.34}$$

$$\rho_\parallel = \rho_\perp\,\frac{\alpha^2 + \beta^2 - 2\alpha\sin\theta\tan\theta + \sin^2\theta\tan^2\theta}{\alpha^2 + \beta^2 + 2\alpha\sin\theta\tan\theta + \sin^2\theta\tan^2\theta} \tag{13.35}$$

13.4 平滑面のふく射物性の推定法

ここで,

$$\alpha^2 = 0.5\Big[\sqrt{(n^2 - k^2 - \sin^2\theta)^2 + 4n^2k^2} + (n^2 - k^2 - \sin^2\theta)\Big] \tag{13.36}$$

$$\beta^2 = 0.5\Big[\sqrt{(n^2 - k^2 - \sin^2\theta)^2 + 4n^2k^2} - (n^2 - k^2 - \sin^2\theta)\Big] \tag{13.37}$$

ここで,n, k は,それぞれ物体の複素屈折率 m_1 の実部および虚部であり,物質固有の値で電磁波の波長 λ および物質温度 T の関数である.入射電磁波が物体面に垂直に入射する場合の反射率は

$$\rho^S_{n,\lambda} = \frac{(n-1)^2 + k^2}{(n+1)^2 + k^2} \tag{13.38}$$

で表される.

図 13.8 は,波長 $\lambda = 0.5\,\mu m$ の光に対する水とアルミニウムの指向単色反射率を示している.誘電体の場合は,$\theta = 60°$ まで反射率はほぼ一定で,その後反射率が増大する.金属では $\theta = 80°$ 近傍で反射率が最小値を示す.

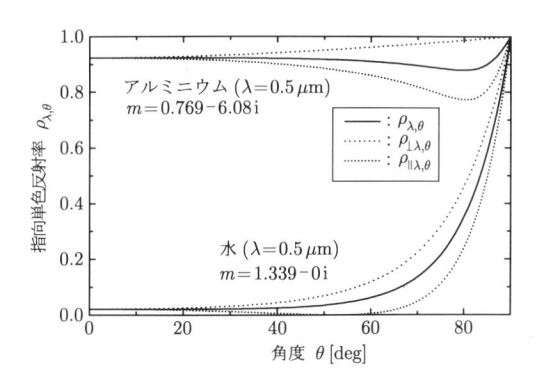

図 **13.8** 金属と誘電体の鏡面反射率の角度変化

式 (13.3),(13.23) を考慮すると,不透明物体に対する単色垂直放射率と単色半球放射率は,次式で与えられる.

$$\varepsilon_{\lambda,n}(\lambda, T) = 1 - \rho^S_{\lambda,n} \tag{13.39}$$

$$\varepsilon_\lambda(\lambda, T) = 1 - \int_0^{\pi/2} \rho^S_{\lambda,\theta} \sin 2\theta \, d\theta \tag{13.40}$$

図 13.9 は,付録 13.A に示す物質の光学定数と本節の推定法を用いて計算したアルミニウムの各種放射率を実験値[160]と比較したものである[161].実験値は推定値に比べて 50% 程度大きな値となっている.純金属の放射率は,非常に小さいことと,次節に述べ

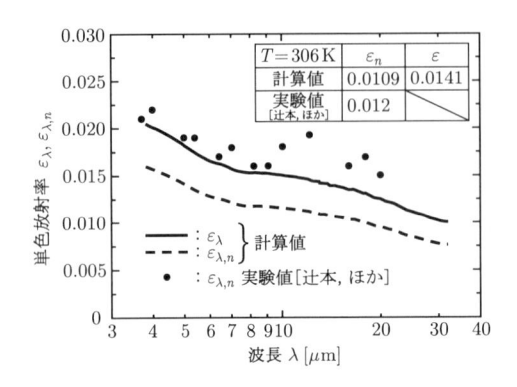

図 13.9 アルミニウムの放射率の推定値と実験値との比較

るように金属の放射率は表面や結晶構造の影響で大きく異なった値になることを考えると，比較的良好な一致を示していることがわかる．

このように，物体の複素屈折率が与えられると，放射率や反射率が推定できる．特に，低温のふく射物性や異なる温度のふく射が入射する場合の反射率の推定には便利である．種々の物質の複素屈折率数 m は，Palik によって広範な波長に対して常温物質の値が纏められている[162, 163]．付録 13.A に各種物体の複素屈折率とその値から算出した単色反射率を示してある．

13.5 金属面のふく射物性の推定法

赤外線領域のふく射は金属表面近傍で減衰し反射されるため，純粋な金属面の放射率は小さいのが一般的である．平滑な金属表面のふく射物性を推定するために，複素誘電関数の古典分散式 (12.16) の光学定数パラメータを詳細に推定し，ふく射物性を推定する方法[164]がある．この方法は，各物質について詳細な光学パラメータを温度の関数として測定する必要がある．他の方法は，第 12.1.4 項で示したドルーデモデルを簡略化して，金属の一般的性質を導入することによって，簡単にふく射物性を推定する方法である[97, 165]．この手法は，比較的容易にふく射物性を推定できるが，放射率が小さく温度があまり高くない金属のふく射物性の推定に使用される．本節では，後者の手法を比較的広範囲なふく射物性に使用できるようにしたものを述べる．

式 (12.19) に示すドルーデモデルについて，波長 $\lambda\,[\mu m]$ の長い電磁波に対して複素屈折率 $(n-ik)$ と複素誘電関数 $(\varepsilon' - i\varepsilon'')$ は，次式で示す近似が成り立つ[92]．

13.5 金属面のふく射物性の推定法

$$n^2 \approx k^2 \approx \frac{\varepsilon''}{2} = \frac{\nu_p^2}{\nu\,\gamma} = \frac{1}{4\pi\,\varepsilon_0\,\rho_e\,\nu} \quad = \frac{\lambda}{4\pi\,c_0\,\varepsilon_0\,\rho_e} \tag{13.41}$$

ここで，ν_p, γ は，式 (12.19) に示したプラズマ振動数と緩和振動数，c_0, ε_0 は光速と真空の誘電率，ρ_e は金属の電気抵抗率 $[\Omega\cdot\text{m}]$ で電磁波の振動数 ν の関数である．長波長の赤外線に対して，振動数の抵抗率を直流電気抵抗率 ρ_{dc} で置き換えると，

$$n \approx k \approx \sqrt{3 \times 10^{-3}\,\frac{\lambda}{\rho_{\text{dc}}}} \tag{13.42}$$

上式は Hagen - Rubens の関係といわれる[92]．付録 13.A に示す各種金属の複素屈折率を見ると，上式の近似は長波長域においても必ずしも満足していない．しかし，後述するように，放射率の大まかな推定にはよい近似となっている．

一方，式 (13.38) とキルヒホッフの法則から，単色垂直吸収率と放射率は，$n = k$ の関係を用いて，

$$\alpha_{\lambda,n} = \varepsilon_{\lambda,n} = 1 - \rho_{\lambda,n} = \frac{4n}{2n^2 + 2n + 1} \tag{13.43}$$

長波長域の金属では $n \gg 1$ であるので，上式を $1/n$ で展開し，式 (13.43) を用いると，

$$\left.\begin{aligned}\alpha_{\lambda,n} &= \frac{2}{n} - \frac{2}{n^2} + \frac{1}{n^3} + ... \approx 2\left(\frac{\rho_{\text{dc}}}{3\times 10^{-3}\lambda}\right)^{0.5} \\ &\quad -2\left(\frac{\rho_{\text{dc}}}{3\times 10^{-3}\lambda}\right) + \left(\frac{\rho_{\text{dc}}}{3\times 10^{-3}\lambda}\right)^{1.5}\end{aligned}\right\} \tag{13.44}$$

温度 T の黒体ふく射に対する全垂直吸収率は，

$$\left.\begin{aligned}\alpha_{\lambda,n} &\approx \frac{1}{\sigma T^4} \times \int_0^\infty \left[2\left(\frac{\rho_{\text{dc}}}{3\times 10^{-3}\lambda}\right)^{0.5} - 2\left(\frac{\rho_{\text{dc}}}{3\times 10^{-3}\lambda}\right)\right. \\ &\quad \left. + \left(\frac{\rho_{\text{dc}}}{3\times 10^{-3}\lambda}\right)^{1.5}\right] E_{b,\lambda}\,\text{d}\lambda\end{aligned}\right\} \tag{13.45}$$

全波長について式 (13.45) を積分することにより，次式が得られる[166]．

$$\alpha_{\lambda,n} \approx 0.578\,(\rho_{\text{dc}}\,T)^{0.5} - 0.178\,(\rho_{\text{dc}}\,T) + 0.0584\,(\rho_{\text{dc}}\,T)^{1.5} \tag{13.46}$$

多くの金属では，物体温度 T_s と電気抵抗率は次式の関係があるから，

$$\rho_{\text{dc}} = a T_s^b, \quad b > 1 \text{ and } b \approx 1 \tag{13.47}$$

参考温度 T_{ref} の電気抵抗率 $\rho_{dc,ref}$ が与えられている温度 T_s の金属面に温度 T の黒体ふく射が入射したときの全垂直吸収率は，式 (13.46) から次式で与えられる．

$$\alpha_{\lambda,n} \approx 0.578\,D - 0.178\,D^2 + 0.0584\,D^3 \tag{13.48}$$

ただし，

$$D = \sqrt{\rho_{\rm dc,ref} \frac{T_s T}{T_{\rm ref}}} \quad [(\Omega \cdot {\rm m} \cdot {\rm K})^{1/2}] \tag{13.49}$$

この推定式は長波長の熱ふく射に対して有効であるが，太陽光などのように，短波長のふく射に対しては成立しないことに注意する．$T_s = T$ のとき，上式は全垂直放射率 ε_n を与える．

図 13.10 は，種々の温度における金属面の全垂直放射率を式 (13.46) と比較したものである．白金が 1 800 K のとき，$\sqrt{(\rho_{\rm dc} T)}$ が約 0.03 に対応するから，かなり高温まで本推定式が有効であることがわかる．金属面の放射率は，表面の金属組織の状態によって大きく変化する場合が多い[167, 168]．特に，放射率の小さい金属面では，その差異が数倍に達することもある．そこで，本章の付録 13.A や実測値によって，ある温度における全垂直放射率 $\varepsilon_{\rm ref}$ が与えられると，式 (13.46) または，図 13.10 から $\sqrt{(\rho_{\rm dc,ref} T_{\rm ref})}$ が求められるから，各種温度の放射率や吸収率が式 (13.48) によって推定できる．

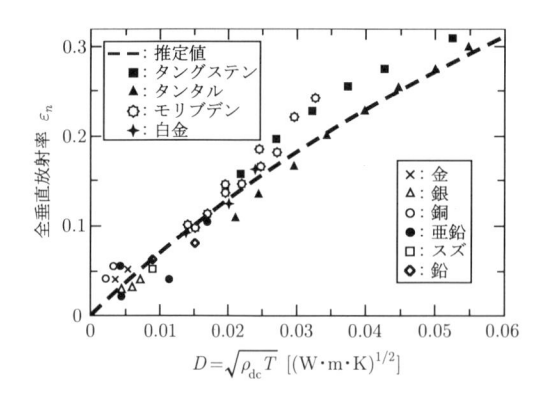

図 13.10 各種金属面の全垂直放射率と推定式との比較

全半球放射率 ε についても式 (13.46) と同様なものが求められており[166]，次式が得られる．

$$\alpha_{\lambda,n} \approx 0.766\, D - [0.309 - 0.0889 \ln D^2]\, D^2 - 0.0175\, D^3 \tag{13.50}$$

図 13.11 は，種々の温度における金属面の全半球放射率を式 (13.50) と比較したものである．ある温度の全半球放射率が与えられると，全垂直放射率の場合と同様に各種温度の放射率や吸収率が式 (13.50) によって推定できる．

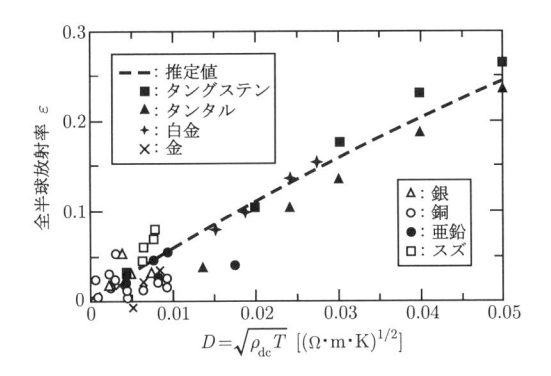

図 13.11 各種金属面の全半球放射率と推定式との比較

◇　◇　◇　Example　◇　◇　◇

温度 $T_s = 400\,\mathrm{K}$ のアルミニウム蒸着面に温度 $T = 600\,\mathrm{K}$ の黒体放射が照射されているときの全半球吸収率を推定してみよう．図 13.9 に示したように，$T_\mathrm{ref} = 306\,\mathrm{K}$ の全半球放射率が 0.0141 であるから，式 (13.50) から $\sqrt{\rho_\mathrm{dc,ref} T_\mathrm{ref}} = 0.019\,(\Omega\cdot\mathrm{m}\cdot\mathrm{K})^{1/2}$ となる．式 (13.49) から $D = 0.19 \times (T_s T)^{1/2}/T_\mathrm{ref} = 0.0304$ となり，式 (13.50) に代入して $\varepsilon = 0.0224$ となる．同様にして $T_s = T$ とすると，金属面の放射率が推定できる．各種金属面の反射率は付録 13.A で与えられている．金属蒸着面は放射率や吸収率の下限を与える場合が多く，実在金属面の放射率や吸収率は蒸着面の値の数倍になることもある．

★　　★　　★　　★　　★

13.6　非金属平滑面のふく射物性の推定

誘電体などの非金属面は，第 12 章で述べたように，物体が不透明な長波長域のふく射に対してローレンツの振動子モデルで記述できる場合が多い．しかし，金属面と異なり，ドルーデモデルや Hagen - Rubens の関係などの単純化が難しいために，個々のふく射物性を推定または測定する必要がある．付録 13.A に示すような光学物性が与えられている物質については，第 13.4 節で示したフレネルの反射則を用いて各種温度の放射率や吸収率などが推定できる．

セラミックスなど各種物質の放射率や反射率の温度依存性は，諸種の研究者によって計測されている．図 13.12 は，酸化マグネシウムの反射率の温度依存性と，式 (12.18) に示

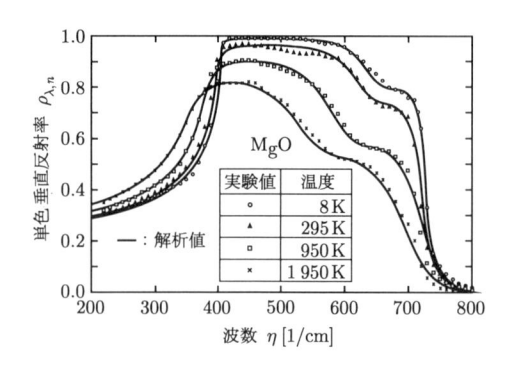

図 13.12 MgO の反射率の温度依存性と振動子モデルによる推定式との比較

した振動子モデルによる推定式との比較を示したものである[169]．この場合，温度によって振動子モデルのパラメータの値が変化する．このようなイオン結晶の場合では，結晶が高温になることによって格子振動による減衰パラメータ γ_j が大きくなり，反射率のピークが小さくなる．さらに，格子振動の非線形性が増大し，共振周波数 $\nu_{0,j}$ も変化する．

単色放射率や反射率が物質温度によって著しく変化しない物質も多い．このような物質では，放射率の温度依存性は主に黒体ふく射の波長分布が温度によって変化することによる．

ガラスや水などのような透明媒体では，波長域によってはふく射が物体内部を透過する．このような半透過性媒質の放射率などは，物質固有の値とはならずに媒体の厚さに大きく依存した値となる．この場合，第 8 章や第 11.3 節で述べたふく射輸送方程式を解いて放射率などを推定する必要がある．

図 13.13 は，付録 13.A の複素屈折率を用いて第 11.3 節のふく射要素法[126, 127]により計算した石英ガラスの単色半球放射率である．このとき，複素屈折率から吸収係数 κ_λ と媒体内の黒体放射強度 $I_{b,\lambda,m}(T)$ は次式で与えられる．

$$\kappa_\lambda = \frac{4\pi k}{\lambda_0}, \quad I_{b,\lambda,m}(T) = n^2 I_{b,\lambda}(T) \tag{13.51}$$

ここで，λ と $I_{b,\lambda}(T)$ は真空中の波長と単色黒体放射強度である．ガラスなどの透明媒体では，媒体表面における電磁波の反射や屈折も考慮に入れる必要がある．

ガラスの光学定数 $m = n - ik$ が温度によって著しく変化しない場合，単色放射率を波長で積分することによって全放射率が計算できる．図 13.14 は，物体の温度によって複素

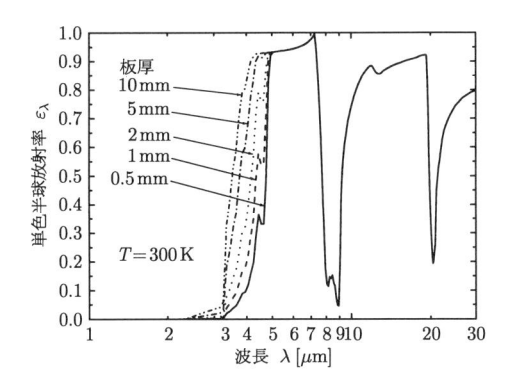

図 13.13 板厚が常温の石英ガラスの単色半球放射率に及ぼす影響

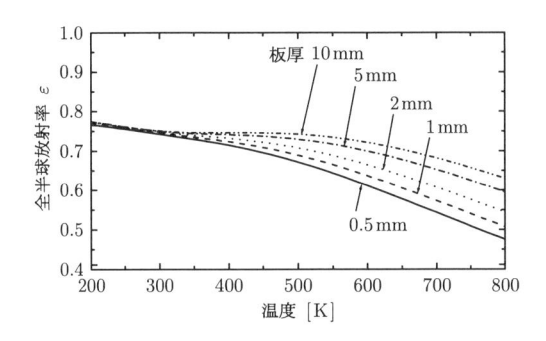

図 13.14 石英ガラスの全半球放射率の温度変化

屈折率が変化しないと仮定した場合に，石英ガラスの放射率の温度変化を示したものである．ガラスが高温になると，黒体放射の短波長成分が占める割合が増大するために全放射率が温度と共に減少する．

13.7 皮膜を有する平滑面のふく射物性の推定法

実際の物質では，前節の純粋物質のふく射特性を示すことは希である．多くの場合，酸化膜や皮膜で覆われた物質のふく射特性を示す場合が多い．本節では，皮膜を有する平滑面のふく射物性の推定法をフレネル反射に基づき解析する．

図 13.15 に示すように，外部雰囲気，膜，基板をそれぞれ 0, 1, 2 とすると，角度 θ_i で入射した電磁波は，基盤と膜内を多重反射と透過を繰り返して外部へ反射する．付録 13.A

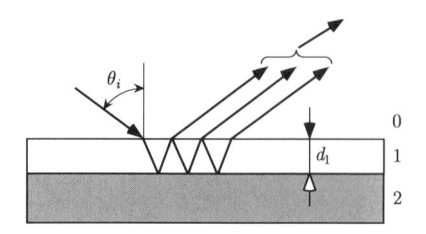

図 13.15 厚さ d_1 の膜がある物体に入射する電磁波の反射

を参照すると，反射電磁波の振幅反射率は，

$$r_{\parallel/\perp} = \frac{r_{01,\parallel/\perp} + r_{12,\parallel/\perp}\exp(-i\beta)}{1 + r_{01,\parallel/\perp}r_{12,\parallel/\perp}\exp(-i\beta)} \tag{13.52}$$

ここで，$r_{\parallel/\perp}$ は $\parallel$ 波または $\perp$ 波の振幅反射率（複素数），$r_{ij,\parallel/\perp}$ は i 層と j 層の複素振幅反射率で，式 (13.30)，(13.31) と同様に求められる．β は膜厚 d_1 と波長 λ，複素屈折率 m_1 の関数として次式で与えられる．

$$\beta = 4\pi\left(\frac{d_1}{\lambda}\right)m_1\cos\phi_1 \tag{13.53}$$

式 (13.52) は複素数であるから，無偏光入射電磁波に対する反射率は，

$$\rho^S_{\lambda,\theta}(\lambda,\theta) = \frac{1}{2}(r_\perp r_\perp^* + r_\parallel r_\parallel^*) \tag{13.54}$$

となる．単色放射率は，前節と同様に計算できる．ここで，酸化膜などの厚さは薄いので，各層の多重反射では，ふく射を電磁波として扱う必要があり，多重反射光が互いに波動として干渉する．前節のガラスのように厚さが電磁波の波長に比べて十分厚い板では，多重反射による干渉は起こらず，ふく射はエネルギー束としての扱いが可能である．

金属表面[170]やシリコンウェハ[171]などに酸化皮膜が存在する場合は，膜厚やふく射の波長によって放射率が周期的に変動する．

付録 13.A

文献[163]に示されているデータの中から種々の常温物質の光学物性値を示し，式 (13.38)〜(13.40) を用いて計算した単色反射率 $\rho_{\lambda,n}$，ρ_λ と式 (13.1)，(13.4) による 300 K における全放射率を示す．図 13.16 〜 図 13.23 に金属材料の，また 図 13.24 〜 図 13.28 に非金属材料の光学定数と反射率・放射率を示す．

付録 13.A

金属面

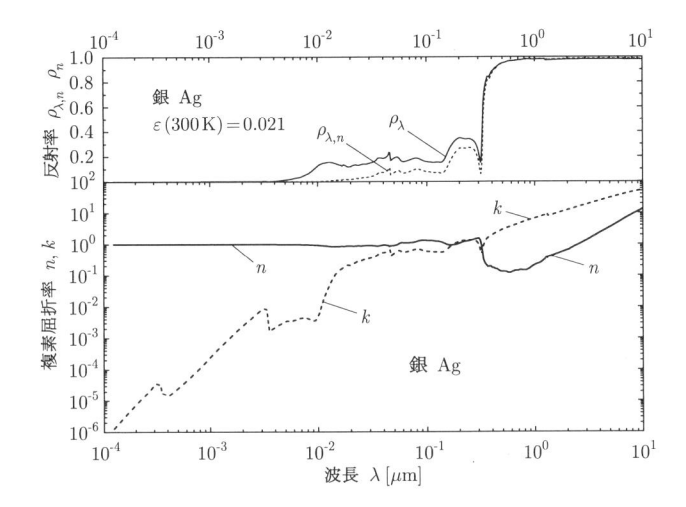

図 13.16 銀の光学定数と反射率・放射率

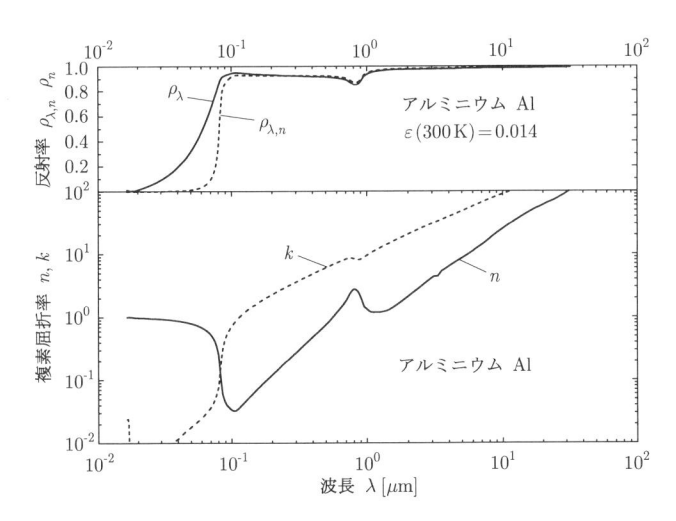

図 13.17 アルミニウムの光学定数と反射率・放射率

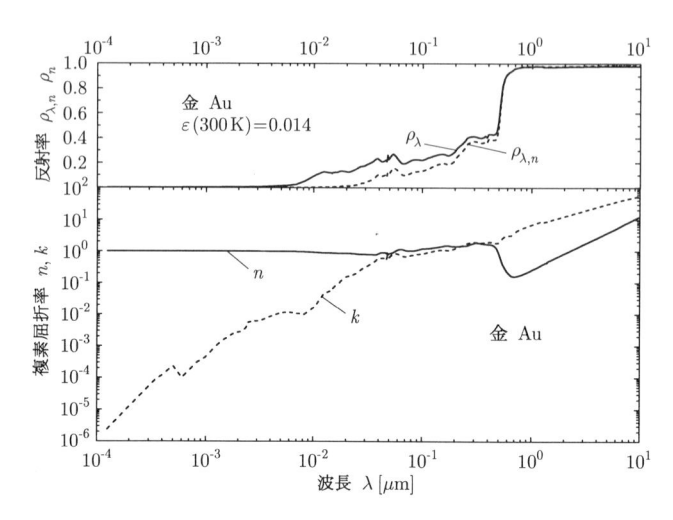

図 13.18 金の光学定数と反射率・放射率

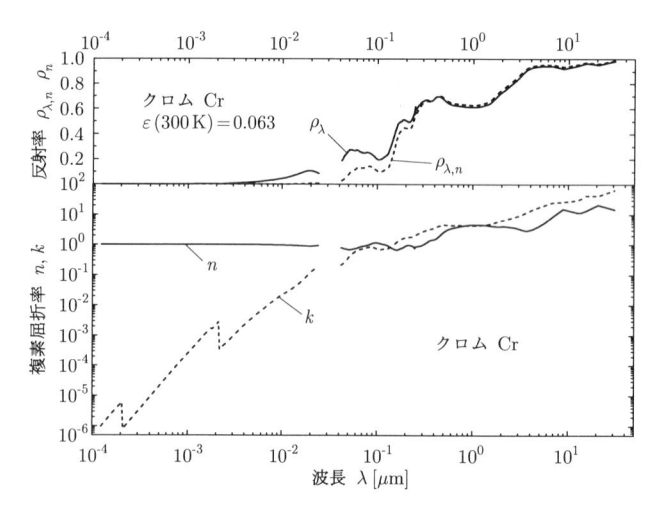

図 13.19 クロムの光学定数と反射率・放射率

付録 13.A

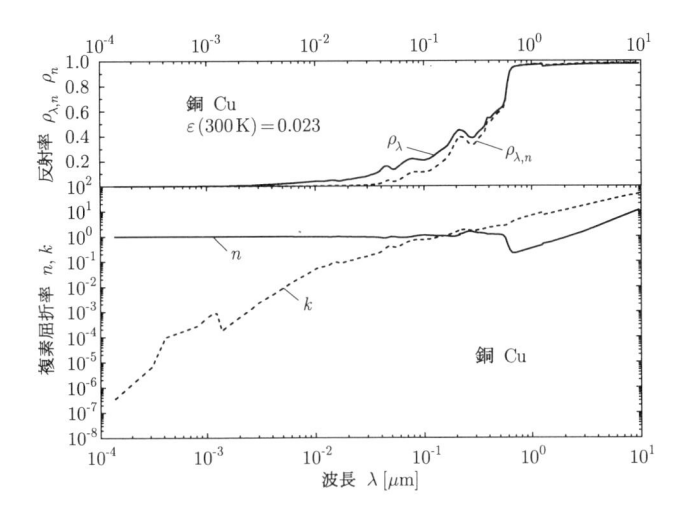

図 13.20 銅の光学定数と反射率・放射率

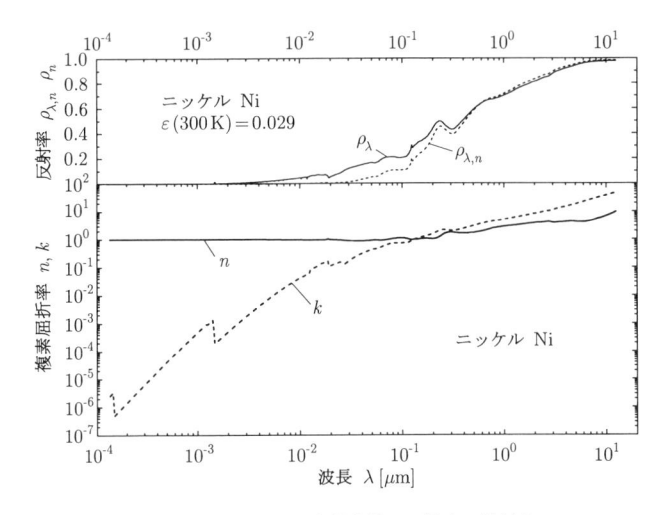

図 13.21 ニッケルの光学定数と反射率・放射率

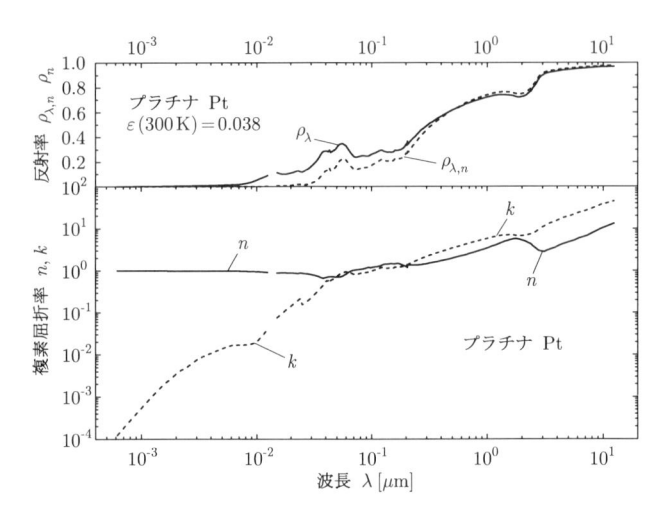

図 13.22 プラチナの光学定数と反射率・放射率

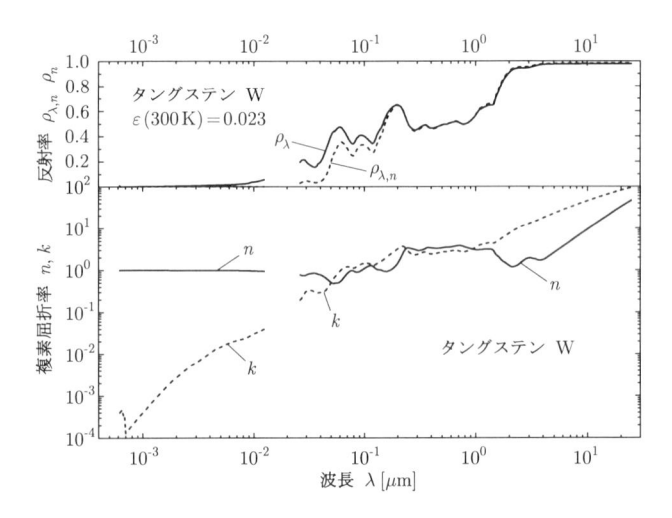

図 13.23 タングステンの光学定数と反射率・放射率

付録 13.A

非金属面

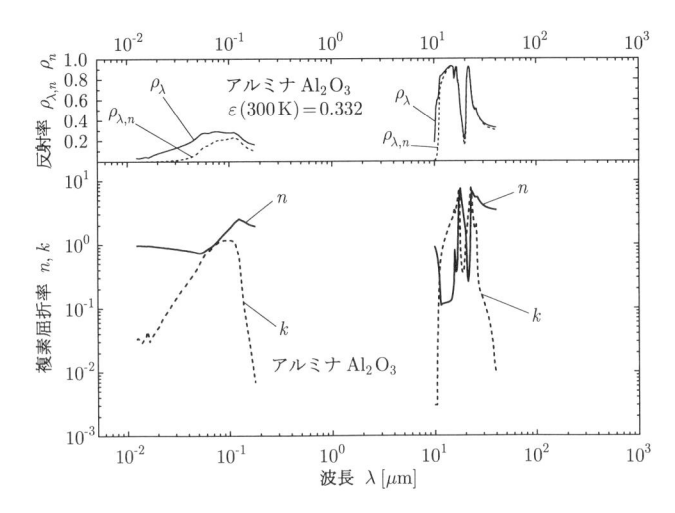

図 13.24 アルミナの光学定数と反射率・放射率（ただし，ふく射特性は厚さ無限大の板の場合を示す）

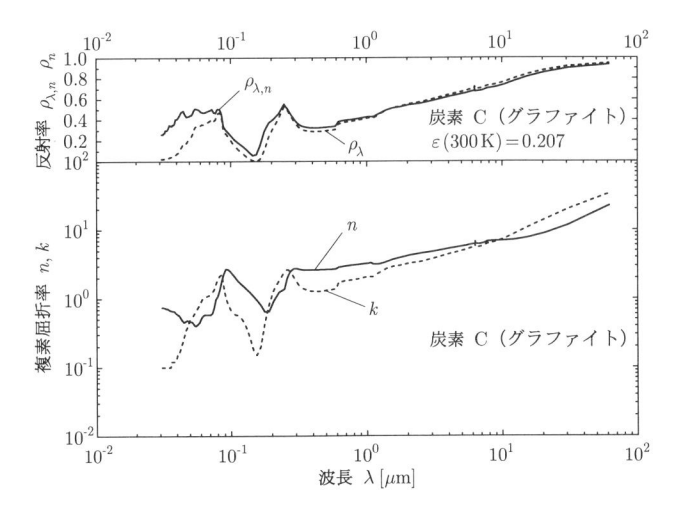

図 13.25 炭素の光学定数と反射率・放射率（ただし，このデータのみ反射面に垂直な波の成分だけを示す）

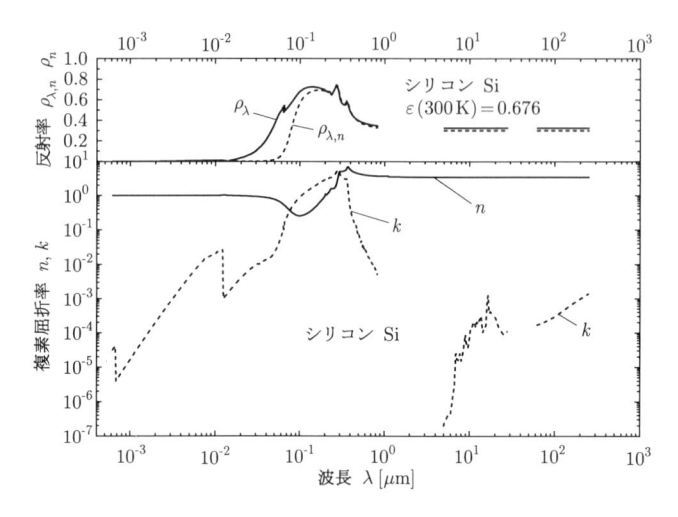

図 13.26 シリコンの光学定数と反射率・放射率

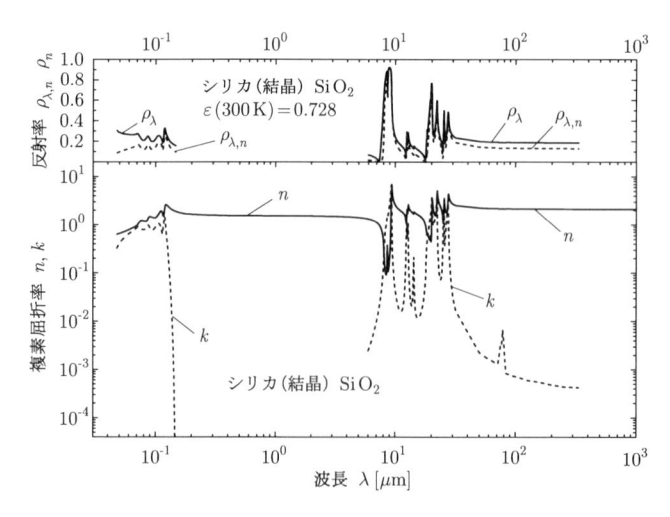

図 13.27 シリカ (結晶) の光学定数と反射率・放射率 (ただし, ふく射特性は厚さ無限大の板の場合を示す)

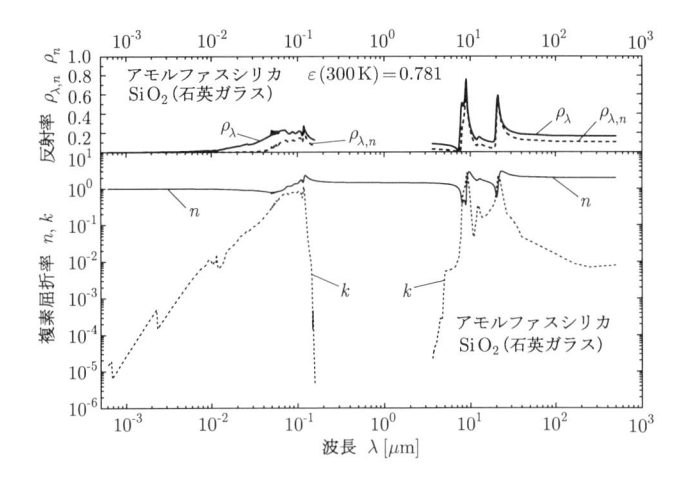

図 13.28 アモルファスシリカ（石英ガラス）の光学定数と反射率・放射率
（ただし，ふく射特性は厚さ無限大の板の場合を示す）

付録 13.B

図 13.15 を参照すると，電磁波が媒質 0 から 1 に向かうときの振幅反射率を r_{01}，振幅透過率を t_{01}，逆に媒質 1 から 0 に向かうときの振幅反射率を r_{10}，振幅透過率を t_{10}，媒質 0 から 1 に向かうときの振幅反射率を r_{12} とする．電磁波が媒質 1 内を 1 回反射して通過するときの振幅減衰と位相遅れをそれぞれ τ と ϕ_1 とすると

$$\tau = \exp\left[-i\,4\,\pi \left(\frac{d_1}{\lambda}\right) m_1 \cos\phi_1\right] \tag{13.55}$$

と表される[*2]．ここで，τ は複素数である．多重反射の結果，媒質 0 へ反射する合成振幅反射率は

$$r = r_{01} + t_{01}\,r_{12}\,t_{10}\,\tau + t_{01}\,r_{12}\,t_{10}\,\tau\,r_{10}\,r_{12}\,\tau + \cdots\cdots \tag{13.56}$$

フレネル反射の関係 $r_{10} = -r_{01},\ t_{10} = t_{01},\ t_{01}t_{10} = 1 - r_{01}^2$ を用いると，

$$r = r_{01} + (1 - r_{01}^2)\,r_{12}\,\tau[1 - r_{10}\,r_{12}\,\tau + (-r_{10}\,r_{12}\,\tau)^2 + \cdots\cdots] \tag{13.57}$$

右辺第 2 項は等比数列であるから，

$$r = r_{01} + \frac{(1 - r_{01}^2)\,r_{12}\,\tau}{1 + r_{10}\,r_{12}\,\tau} = \frac{r_{01} + r_{12}\,\tau}{1 + r_{10}\,r_{12}\,\tau} \tag{13.58}$$

となり，式 (13.52) が導かれる．

[*2] 薄膜が波長に比べて薄いので，反射も波動光学で扱い反射光の干渉を考慮する必要がある．

第14章 ふく射性ガスのふく射物性

　熱ふく射に相当する波長域の電磁波と相互作用を及ぼし，電磁波を吸収・放射するガスをふく射性ガスという．3原子以上の原子で構成される多くのガス，また異なる原子で構成され，極性をもつ2原子分子のガスがこれに相当する．近年の地球温暖化問題や燃焼器の極限設計などにおいて，ふく射性ガスによるふく射伝熱の重要性は日増しに高まっている．ガスのふく射物性については多くの研究があるが[172]，国内では国友が詳細な解説を行っている[173]．

　本章では，二酸化炭素や水蒸気などのふく射特性を述べ，ふく射性ガスを伝熱解析に使用するためのガスモデルについて論じる．

14.1 ふく射性ガスの概要

　二酸化炭素や水蒸気，メタンなどのふく射性ガスが赤外線を吸収・放射するのは，第12.2節で述べたように，分子間の結合が電磁波による振動エネルギーの変化や，分子が回転するときの角運動量変化が赤外域の電磁波のエネルギーと同一であるために起こる現象である．したがって，ふく射性ガスの放射・吸収は波長に強く依存する．ガスの振動・回転によるエネルギー変化が電磁波の吸収スペクトルとなるが，それは量子効果によって飛び飛びの値をとる．さらに，ふく射性ガス分子が並進運動することによるドップラー効果や，分子相互の衝突による放射・吸収電磁波の位相変化によって放射・吸収波長に拡がりを生じる．

　図14.1は，常温の室内空気層を1.3m透過した黒体ふく射のふく射強度を比較的粗い分解能 ($\Delta\eta = 16\,[1/\text{cm}]$) の分光器で計測したものである[91]．図には水蒸気と二酸化炭素の吸収スペクトルが現れている．波長 $4.3\,\mu\text{m}$ 近傍の吸収バンドを細かい分解能で計測すると図14.2 (a) となり，さらに詳細なデータベースを用いて計算すると，図14.2 (b),(c)のようになっている．気象データの解析で用いられるデータベース HITRAN[118] では，常温域の二酸化炭素の吸収線が60 802本存在し，その吸収線拡がりが温度や気圧によっ

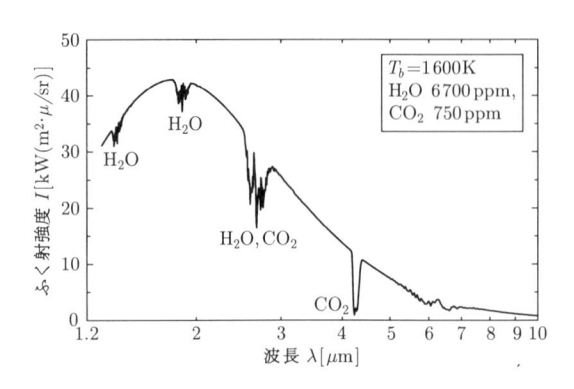

図 14.1 二酸化炭素と水蒸気を含む常温空気層を透過した高温黒体ふく射の単色ふく射強度[91]

て変化する．高温のガスではその吸収スペクトル線の数はさらに増大する．

これらの吸収スペクトルを考慮して第 11 章の単色ふく射伝熱の解析を行い，その積分値として伝熱量が計算できる．この単色計算を厳密に行う限りにおいて，ふく射の輸送方程式は厳密に満足されている．しかし，図 14.2 (c) の波長分解能で非等温任意形状 3 次元媒体のふく射伝熱解析を実行することは，現在のスーパーコンピュータをもってしても容易なことではない．

これらの，困難さを克服する手段として，古典的な Hottel のガス放射率のチャート[40]や各種のガスモデルが提案されている．しかし，ふく射伝熱解析が実用的に可能な波長分解能でガスモデルを使用した場合，ガスを透過するふく射の減衰は Beer の法則を満足せず，ガス吸収や放射の普遍的な量であるべき単色吸収係数 $\kappa\,[1/m]$ が，ふく射が伝播する光路長の関数となる．したがって，ガスモデルを使う場合には，ふく射伝熱の多くのテキストで扱われているふく射性媒体のふく射エネルギー輸送方程式がそのまま適用できないことになる．

14.2 吸収スペクトル

第 12.2.2 項で述べたように，ふく射性ガスでは分子の運動エネルギーが量子効果のために飛び飛びの値をとり，ある特定の波長の電磁波に作用する．このために，ふく射性ガスは，電磁波の波長に対して不連続な吸収・放射特性を示す．本節では，CO_2 や H_2O 分子を例にして，ふく射性ガスの吸収スペクトルを述べる．

14.2 吸収スペクトル

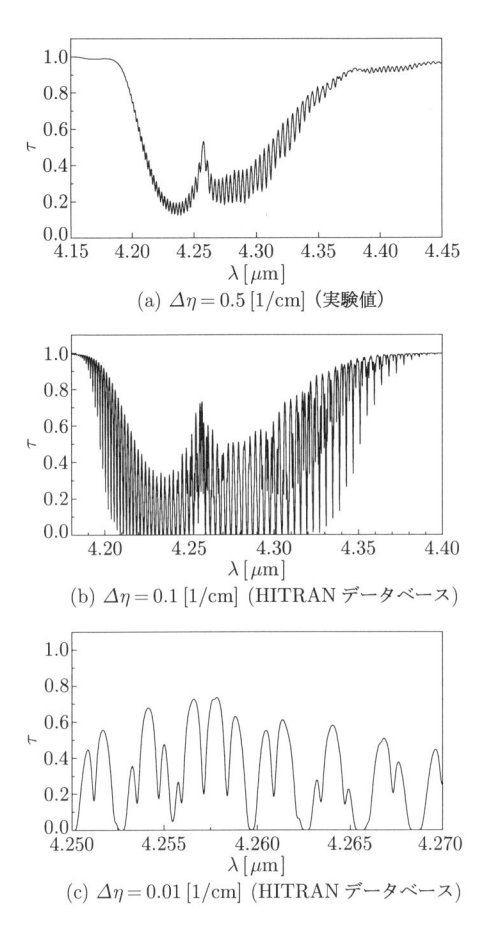

(a) $\Delta\eta = 0.5\,[1/\mathrm{cm}]$（実験値）

(b) $\Delta\eta = 0.1\,[1/\mathrm{cm}]$（HITRAN データベース）

(c) $\Delta\eta = 0.01\,[1/\mathrm{cm}]$（HITRAN データベース）

図 14.2 二酸化炭素の 4.3 μm 吸収バンドの微細スペクトル構造

(1) H_2O

水分子は，図 14.3 に示すような構造をしており，対称伸縮，変角，逆対称伸縮の三つの振動モードが存在する．これらの振動モードはそれぞれ (3 652, 1 595, 3 756 [1/cm]) の整数倍の値をとるが，この振動モードのエネルギー順位は独立に存在しうるので，各モードのエネルギー順位から別な振動モードのエネルギー順位に移行するときにも電磁波を放射・吸収する．

分光分析の領域では波長 λ [μm] や振動数 ν [Hz] の代わりに波数 η [1/cm] を用いるこ

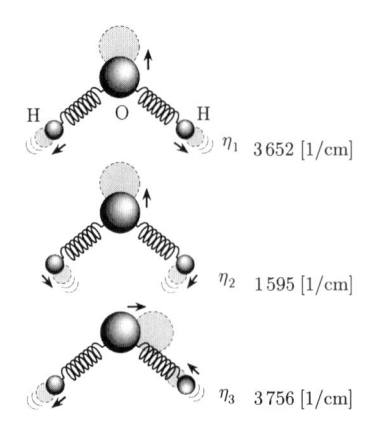

図 14.3 水蒸気の分子モデルと振動モード

とが多いので，以下では，主に波数を使用する．波数 $\eta\,[1/\mathrm{cm}]$ と波長，振動数との関係は

$$\eta\,[1/\mathrm{cm}] = \frac{10\,000}{\lambda\,[\mu\mathrm{m}]} = \frac{\nu\,[\mathrm{Hz}]}{100\,c_0\,[\mathrm{m/s}]} \tag{14.1}$$

となる．

　水分子のエネルギー順位は，基底順位を 0 として，図 14.3 の η_1, η_2, η_3 モードの振動エネルギー順位がそれぞれ $0,0,0$ から $0,1,0$ への吸収スペクトル ($\eta = 1\,595\,[1/\mathrm{cm}]$, $\lambda = 6.3\,\mu\mathrm{m}$) を 000-010 バンドまたは，遷移前後のエネルギー順位を引き算した (010) バンドというように表される．第 12.2.2 項で述べたように，この振動エネルギー遷移に回転エネルギー遷移のエネルギー順位が重ね合わさって 図 14.2 に示したような複雑なガスの吸収バンドを形成する．これを振動・回転吸収バンドという．代表的な分子の振動エネルギー遷移と吸収バンド名 (多くは代表的な振動エネルギー遷移の吸収波長で表すことが多い) を 表 14.1 に示す[116]．

　表 14.1 に示すように，一つの振動・回転吸収バンドには多数の吸収スペクトルがある．この振動・回転吸収スペクトルに対して吸収係数 $\kappa(\eta)\,[1/\mathrm{m}]$ が与えられると，これを波数で積分した値として，特定の振動・回転吸収バンドに対する積分吸収係数 (band-integrated absorption coefficient) $\alpha\,[(1/\mathrm{cm})(1/\mathrm{m})]$ が次式で定義される．

$$\alpha = \int_0^\infty \kappa(\eta)\,\mathrm{d}\eta \tag{14.2}$$

吸収係数は単位体積当たりのふく射性ガス分子密度に比例するから，単位体積に含まれ

14.2 吸収スペクトル

表 14.1 水蒸気の代表的な吸収バンドと 296 K における積分吸収係数

バンド μm	中心波数 [1/cm]	振動量子数表示	吸収スペクトル本数	積分吸収係数 $/\rho_p$ [(1/cm)(1/m)/(g/m^3)]
回転	–	回転	1 728	176
6.3	1 595	000 - 010	1 763	35.4
2.7	3 151	000 - 020	1 132	0.253
↑	3 652	000 - 100	1 302	1.66
↑	3 756	000 - 001	1 546	24.1
1.87	5 331	000 - 011	1 306	2.69
1.38	7 250	000 - 101	1 366	1.88

るふく射性ガスの質量 ρ_p [g/m^3] で規格化した積分吸収係数 α/ρ_p [(1/cm)(1/m)/(g/m^3)] として与えられる[*1].

水分子は，図 14.3 の形状からもわかるように，電子の分布に偏りがあるので，分子の回転によっても電磁波を吸収・放射する．そのため，振動・回転の吸収バンドだけでなく，多くの多原子分子と同様に回転のみの吸収バンドが存在する．

常温の水蒸気は，同位体を無視した場合でも，ふく射伝熱に考慮しなければならない吸収スペクトルが 48 523 本存在する[118]．水分子の振動モードのエネルギー順位は，常温では多くが基底状態にあり，ほとんどのエネルギー遷移が基底状態と，その一つ上のエネルギー状態の遷移となる．しかし，ガスが高温になると高いエネルギー順位の振動モードの遷移に基づく振動・回転吸収バンドを考慮しなければならないので，さらに多くの吸収スペクトルを考慮する必要がある．

(2) CO_2

二酸化炭素分子は，図 14.4 に示すような構造をしており，三つの原子が一直線上に並んでいる．このような分子は，電子の分布が対称で，分子が振動しないとき，回転による吸収バンドが存在しない．しかし，分子が 図 14.4 のように振動すると，分子に分極が生じ，振動・回転吸収バンドができる．

二酸化炭素は，対称伸縮，変角，逆対称伸縮の三つの振動モードが存在する．これらの振動モードはそれぞれ 1 351, 667, 2 396 [1/cm] である．ただし，第 2 の振動モードは互いに結合軸に対して直交する二つの振動モードがある．各振動モードはそれぞれの整数倍

[*1] 積分吸収係数は，単位体積当たりの分子数で規格化 [(1/cm)(1/cm)/(molecule/cm^3)] や標準状態のふく射性ガスの分圧で規格化 [(1/cm)(1/cm/atm)] する場合もある．

O C O

η_1 1 351 [1/cm]

η_{2a} 667 [1/cm]

η_{2b}

η_3 2 396 [1/cm]

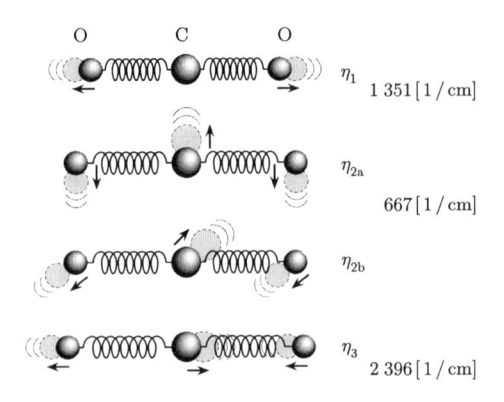

図 14.4 二酸化炭素の分子モデルと振動モード

の値をとり，あるエネルギー順位から異なる振動モードのエネルギー順位に移行するときに電磁波を放射・吸収する．しかし，水蒸気の場合に見られた回転モードの遷移のみの吸収スペクトルはなく，振動・回転吸収バンドとして吸収スペクトルが存在する．二酸化炭素のような分子構造をしたガスでは，第 1 の振動モードはそれ自体 (00^00 - 10^00) では電磁波の吸収放射に寄与しない．また，第 2 の振動モードは，直交するものが二つあるので，それらの振動の位相が $\pi/2$ ずれると炭素原子が円運動する．この回転運動も量子化されるので，その量子数を上付きで示している[171]．代表的な二酸化炭素の振動エネルギー遷移[116]と吸収バンド名を 表 14.2 に示す．

表 14.2 二酸化炭素の代表的な吸収バンド

バンド μm	中心波数 [1/cm]	振動量子数表示	吸収スペクトル本数	積分吸収係数 $/\rho_p$ [(1/cm)(1/m)/(g/m^3)]
15	667	00^00 - 01^10	153	10.98
4.3	2 349	00^00 - 00^01	109	125.3
2.7	3 613	00^00 - 10^01	99	3.430

(3) 2 原子分子・多原子分子

O_2 や N_2 などのように同じ原子で構成される 2 原子気体は，熱ふく射に対して不活性である．HCl のように，異種原子で構成される 2 原子気体は熱ふく射に相当する波長域の電磁波に対して吸収・放射スペクトルをもつ．このような分子では，振動モードは一つなので振動・回転吸収バンドも比較的単純である．また，回転の吸収バンドも存在するが，多くの場合，吸収スペクトルの波長域がマイクロ波に属すので熱ふく射にはあまり関与し

14.3 温度の影響

代表的なふく射性 2 原子分子ガスの振動エネルギー遷移[118, 175]と吸収バンド名を 表 14.3 に示す．

表 14.3 ふく射性 2 原子分子の吸収バンド

分子	バンド [μm]	中心波数 [1/cm]	振動量子数表示	吸収スペクトル本数	積分吸収係数 $/\rho_p$ [(1/cm)(1/m)/(g/m^3)]
CO	4.7	2 143	0-1	100	22.3
	2.35	4 260	0-2	100	0.165
NO	5.3	1 876	0-1	833	10.0
	2.7	3 723	0-2	832	0.162
HCl	3.5	2 886	0-1	39	7.85
	1.8	5 668	0-2	35	0.178

メタンやオゾン，フロンなどのような多原子気体は，地球温暖化に大きな影響を与える．N 個の原子から構成されるガスは，一般に $(3N-6)$ 個の振動モードをもつので，上記の気体に比べて複雑な吸収スペクトルとなる．

14.3 温度の影響

第 1.4 節で述べたように，局所熱力学的平衡状態の気体分子のエネルギー分布はボルツマン分布となる．つまり，振動エネルギー ε_i を有する分子の数 $N(\varepsilon_i)$ は次式で表すことができる．

$$\frac{N(\varepsilon_i)}{N} = \frac{g_i\, e^{-\varepsilon_i/(kT)}}{\displaystyle\sum_{j=1}^{\infty} g_j\, e^{-\varepsilon_j/(kT)}} \tag{14.3}$$

ここで，N は局所熱力学的平衡にある分子の個数，g_i は同じエネルギーを有する異なるモードの波動関数の数で縮退度という[*2]．

量子力学によると，固有振動数 ν である分子の振動モードのエネルギーは次式で示す飛び飛びの値のみが許される．

$$\varepsilon_v = \left(v + \frac{1}{2}\right) h\nu, \quad (v = 0, 1, 2, \cdots\cdots) \tag{14.4}$$

式 (14.4) の振動エネルギーを 式 (14.3) に代入すると，エネルギー準位 ε_v にある粒子の

[*2] 分子の振動や電磁波のエネルギーモードでは，g_i は一定値となるから，エネルギー分布は式 (1.11) と同じになる．

割合は，次式で表すことができる[150]．

$$\frac{N(\varepsilon_v)}{N} = \left(1 - e^{-h\nu/(kT)}\right) e^{-vh\nu/(kT)}, \quad (v = 0, 1, 2, \cdots\cdots) \tag{14.5}$$

図 14.5 は，ボルツマン分布を模式的に示したものである．図の縦軸のエネルギー準位は，二酸化炭素の 4.3 μm 振動モードのエネルギー準位である．ガスが低温の場合，分子の大多数は基底状態の ε_v にあり，分子のエネルギー遷移は基底状態とそのすぐ上のエネルギー準位との間で行われる．一方，ガスが高温になると，分子はより多くの振動エネルギー準位をとることが可能となり，エネルギー遷移の組合せ数が増大する．

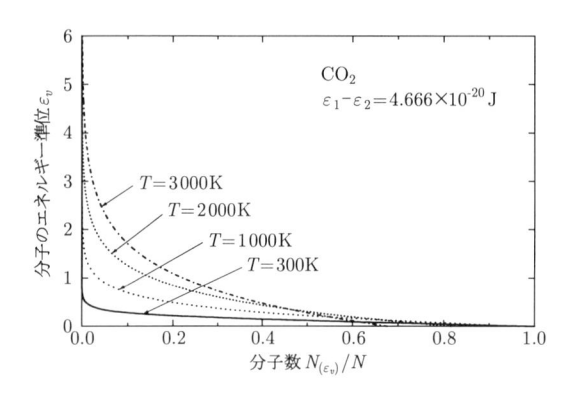

図 14.5 温度によるボルツマン分布の変化とエネルギー準位

◇　◇　◇　Example　◇　◇　◇

二酸化炭素の 4.3 μm バンドの振動モードのエネルギー準位と分子割合 $N(\varepsilon_v)/N$ を 300 K と 1000 K で比較してみよう．式 (14.5) を用いて計算した結果が 表 14.4 である．常温のガスでは $v = 2$ 以上のエネルギー準位の分子はほとんど存在しない．一方，1000 K でもほとんどの分子は基底状態にあるが，高いエネルギー準位の分子が存在する．

表 14.4 CO_2 の温度による 4.3 μm バンド振動エネルギー準位の存在割合

エネルギー準位 v	$T = 300\,\mathrm{K}$	$T = 1000\,\mathrm{K}$
0	0.999987	0.96594
1	1.3×10^{-5}	3.3×10^{-2}
2	1.6×10^{-10}	1.2×10^{-3}
3	2.1×10^{-15}	3.9×10^{-5}

★　　★　　★　　★　　★

14.3 温度の影響

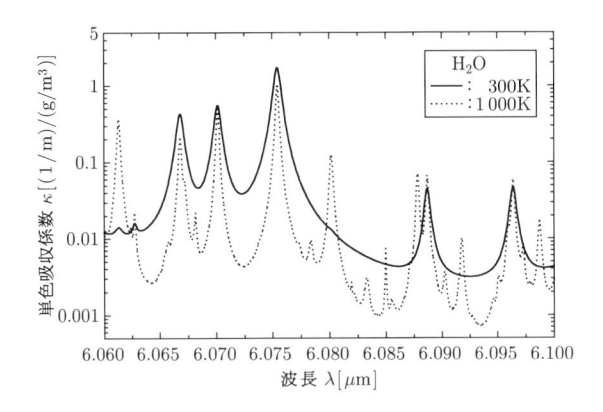

図 14.6 波長 $6\,\mu\mathrm{m}$ 近傍における H_2O の単色吸収係数の温度依存性

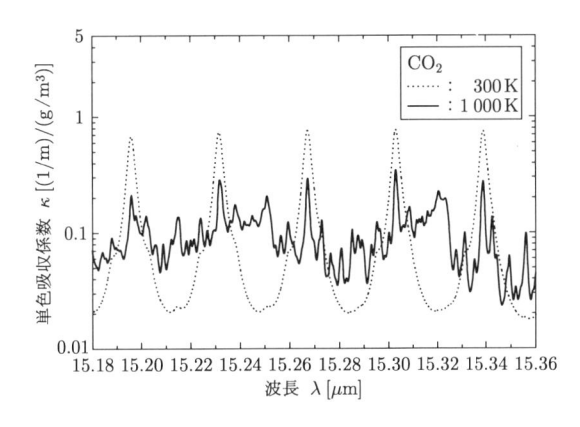

図 14.7 波長 $15\,\mu\mathrm{m}$ 近傍における CO_2 の単色吸収係数の温度依存性

図 14.6 と図 14.7 は，単色吸収係数をガス吸収係数のデータベース HITEMP によって計算した．高温と常温ガスの振動 - 回転吸収スペクトルを示したものである[121]．図は，ガスの吸収線は単位体積当たりに含まれるふく射性ガスの質量で規格化して表している．ガスが高温になると吸収線の数が格段に増加することがわかる．例えば，常温のガス吸収線データベース HITRAN では，H_2O で 48 523 本，CO_2 では 60 802 本収録されているが，高温ガス用の HITEMP では，それぞれ 1 283 468 本，1 032 269 本の吸収線データが必要となり，膨大なデータベースとなる．

14.4 スペクトルの拡がり

　ガス分子が静止していれば，前節の吸収スペクトルは一義的に定まる．しかし，分子が運動しているために分散が生じ，吸収スペクトルは波長に対して分布をもつ．これが拡がり (broadening) である．1本の吸収スペクトルを考えると，振動数 ν における単位振動数当たりの吸収係数を $\kappa_\nu(\nu)$ とすると，吸収スペクトルの線強度 $S\,[\mathrm{Hz/m}]$ は次式で与えられる．

$$S \equiv \int_0^\infty \kappa_\nu(\nu)\,\mathrm{d}\nu \tag{14.6}$$

実在ふく射性ガスでは，下記の拡がりがある．

(1) 自然拡がり (natural broadenig)

　分子が振動数 ν の電磁波を放射すると，分子の内部エネルギーが $h\nu$ だけ減少する．このエネルギー減少は一瞬に起こることはない，分子はある微少時間この電磁波を放射する．この放射時間は分子の励起状態の自然寿命に関連する．分子は互いに無関係に電磁波を放射しているので，ある励起状態の電磁波放射の波長はそれぞれの分子で同一であるが，電磁波の位相は分子それぞれで独立である．ふく射性ガスは，多数の分子で構成されるので，波長が同じでも同一時刻に放射される電磁波の位相が異なるために，放射スペクトルに拡がりができることになる．吸収スペクトルも同様である．しかし，一般のふく射性ガスでは，後述の圧力拡がりやドップラー拡がりに比べ，自然拡がりは無視できる場合が多い．

(2) 圧力拡がり，衝突拡がり (pressure broadenig, collision broadenig)

　ガス分子は互いに衝突しながら並進運動している．ふく射性ガスが電磁波を放射しながら衝突すると分子の衝突によって電磁波の放射が瞬間的に断ち切られ，再び異なる位相の電磁波が放射される．このような途切れ途切れの電磁波が多数の分子から放射されるため，自然拡がりと同様に，放射スペクトルは波長に対して拡がりをもつ．これが圧力拡がり，または，衝突拡がり (pressure broadenig, collision broadenig) であり，ローレンツ拡がり (Lorentz broadening) と呼ばれることも多い．この分布は，振動数 ν_0 の放射・吸収

14.4 スペクトルの拡がり

スペクトルをもつ分子が, 平均の衝突間隔 $\tau\,[\text{s}]$ で衝突しているふく射性ガス分子群では,

$$\kappa_L(\nu) = \frac{S}{\pi} \frac{\gamma_L}{(\nu - \nu_0)^2 + \gamma_L^2} \tag{14.7}$$

となる[173]. ここで, $\gamma = 2\pi/\tau$ である. 上式は, しばしばローレンツ分布 (Lorentz distribution) とも呼ばれる. 一般に, ガスの衝突間隔は, 励起状態の分子の自然寿命より遙かに短いので, 自然拡がりに比べてこの拡がりが主体となる.

分子の衝突間隔は分子の速度と分子密度に比例するので, ある基準状態 (p_0, T_0) からの γ の変化は, 近似的に次式で表される.

$$\gamma_L(p, T) = \gamma_L(p_0, T_0) \frac{p}{p_0} \left(\frac{T_0}{T}\right)^{1/2} \tag{14.8}$$

つまり, ガスの温度が高くなり, 圧力が低くなると圧力拡がりは小さくなる. 実在のふく射性ガスでは, 分子の衝突は衝突する相手のガスによっても変化するため, 厳密な拡がりを推定することは複雑な作業になる. HITRAN などの吸収スペクトルデータベース[118]では, 自分自身のガスとの衝突と N_2 との衝突を按分した半実験式で γ_L を表している.

(3) ドップラー拡がり (Doppler broadening)

分子は, マクスウェル分布 (Maxwell distribution) の速度分布で並進運動している. この分子が電磁波を放射するとき, 静止系から見た電磁波の周波数はドップラーシフトしている. 分子は任意の方向に運動しているので, 放射・吸収スペクトルを中心にドップラーシフトによる分布が生じる. これがドップラー拡がり (Doppler broadening) である. 電磁波の吸収についても同様な拡がりが生じる. マクスウェル分布で並進運動している分子群のドップラー拡がりは次式となる[173].

$$\kappa_D(\nu) = S \left(\frac{m\,c_0^2}{2\pi\,k\,T\nu_0^2}\right)^{1/2} \exp\left[-\frac{m\,c_0^2\,(\nu - \nu_0)^2}{2\,k\,T\,\nu_0^2}\right] \tag{14.9}$$

ここで, m は分子の質量である. ドップラー拡がりの半値幅は次式で表される.

$$\gamma_D = \left(\frac{2\,k\,T\,\ln 2}{m\,c_0^2}\right)^{1/2} \nu_0 \tag{14.10}$$

ドップラー拡がりの半値幅は吸収線の振動数に比例するので, 可視光や紫外光で重要になる. また, 温度が高く低圧のガスは圧力拡がりが小さくなるので, 相対的にドップラー拡

がりが重要になる．特に，高層空気のように空気の密度が小さい場合は，ドップラー拡がりが無視できない．

ドップラー拡がりと圧力拡がりを組み合わせたフォークト分布 (Voigt profile)[174] がある．

14.5 ガスモデル

14.5.1 広域バンドモデル

ふく射伝熱において，ガスの微細な吸収スペクトルよりも，それらを積分したエネルギー移動が問題となる．そこで，微細な吸収スペクトルを平均化した平均吸収係数を各振動・回転吸収バンドと回転吸収バンドについて，実験的・理論的に近似表示した広域バンドモデル (wide band model) が提唱されている．

個々の吸収スペクトルに比べて十分大きい波数分解能 $\Delta\eta$ に対して，平均吸収係数 $\bar{\kappa}(\eta)$ [1/m] が次式で定義される．

$$\bar{\kappa}(\eta) \equiv \frac{1}{\Delta\eta} \int_{\eta-\Delta\eta/2}^{\eta+\Delta\eta/2} \kappa(\eta') \, d\eta' \qquad (14.11)$$

平均吸収係数をモデル化したものは多数あるが，ここでは，Edwards の指数型広域バンドモデル[117] を示す．このモデルは，振動・回転吸収バンドを指数関数で近似し，吸収係数のパラメータを実験的に定めたものである．バンドモデルの中では比較的広く用いられているが，各バンドの積分吸収係数は 20% 程度の誤差を含む．場合によっては 50 ～ 80% の誤差があることを考慮する必要がある[117, 176]．

図 14.8 と 図 14.9 は高温バンドを含む LBL(Line by Line) データベース[120] と，式 (14.11) を用いて計算した平均吸収係数 $\bar{\kappa}(\lambda)/p$ [(1/m)/atm] と付録 14.A で計算した Edwards の指数型広域バンドモデル[92] の平均吸収係数とを比較したものである[121]．1 000 K におけるデータは，広域バンドモデルで比較的よく近似できることがわかる．

光路長 L のガス層を透過したときの平均透過率は，

$$\bar{\tau}(\eta) = \frac{1}{\Delta\eta} \int_{\eta-\Delta\eta/2}^{\eta+\Delta\eta/2} \exp\left[-\kappa(\eta')L\right] d\eta' \qquad (14.12)$$

で定義されるが，後述の吸収線重なりパラメータ (lines overlap parameter) β と $\bar{\kappa}(\eta)L$ が $\beta \leq 1 \text{ and } 0 < \bar{\kappa}(\eta)L \leq \beta$ または $\beta \leq 1 \text{ and } 0 \leq \kappa(\eta)L \leq 1$ の条件を満たす場合に

14.5 ガスモデル

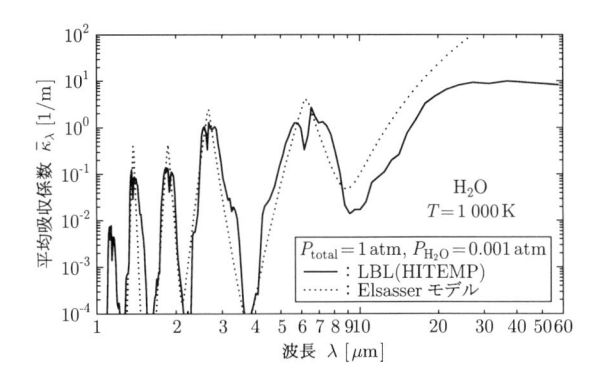

図 14.8 水蒸気の平均吸収係数

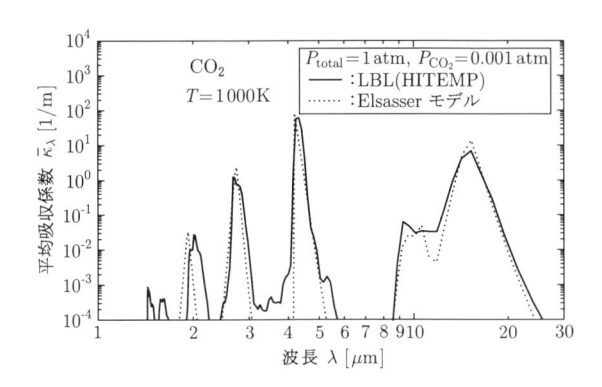

図 14.9 二酸化炭素の平均吸収係数

限り，上式は次のように簡略化される．

$$\bar{\tau}(\eta) = \exp\left[-\bar{\kappa}(\eta) L\right] \tag{14.13}$$

14.5.2 狭域バンドモデル

第 14.1 節で述べたように，ふく射性ガスは吸収スペクトルが飛び飛びの値をとるので，単色吸収係数 $\kappa(\eta)$ [1/m] が波長によって急激に変化する．いま，強度 $I_0(\eta)$ のふく射が光路 L [m] の低温ふく射性ガスを透過して $I(\eta)$ となる場合を考える．ふく射エネルギーは，ふく射性ガスの内部エネルギーとなり減衰する．ガスが低温の場合，ガス自体が放射するふく射は無視できる．このときの透過率 τ は，

$$\tau(\eta) \equiv \frac{I(\eta)}{I_0(\eta)} = \exp\left[-\kappa(\eta)L\right] \quad \text{または} \quad \ln\tau = -\kappa(\eta)\,L \tag{14.14}$$

減衰率と光路長を片対数表示すると直線となり，その傾きが減衰係数となる．これは光路長によらず一定である．これが Beer の法則または Lambert・Beer の法則である．

しかし，ふく射性ガスは波長依存性が著しいために，ふく射伝熱で解析可能な波長分解精度での平均の透過率 $\bar{\tau}$ は，

$$\bar{\tau}(\eta) = \frac{1}{\Delta\eta} \int_{\eta-\Delta\eta/2}^{\eta+\Delta\eta/2} \exp\left[-\kappa(\eta')\,L\right]\,\mathrm{d}\eta' \tag{14.15}$$

で表される．式 (14.11) で定義の $\bar{\kappa}(\eta)$ と $\bar{\tau}(\eta)$ を比較して，式 (14.14) を考えると，

$$\ln\bar{\tau} \neq -\bar{\kappa}(\eta)\,L \tag{14.16}$$

となり，平均の吸収係数は Beer の法則を満足しない．

二酸化炭素を含む空気中を 15 μm と 4.3 μm 近傍のふく射が透過するときの減衰率を光路長に対して表すと 図 14.10 に示すようになる．つまり，ふく射性ガスの減衰係数は光路長の関数となり，Beer の法則が成立しないことがわかる．

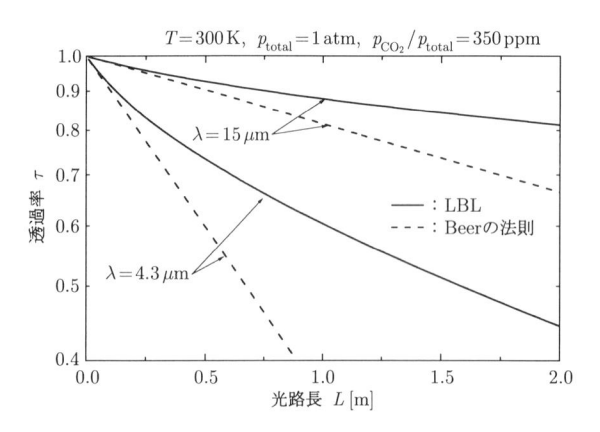

図 14.10 二酸化炭素を 350 ppm 含む空気層を透過した 15 μm と 4.3 μm 近傍のふく射の減衰率と光路長との関係

波長に対し微細な構造をもつふく射性ガスの吸収スペクトルを記述するために，狭域バンドモデルが用いられる．狭域バンドには多くのモデルが提唱されているが，本章では，それらの中から吸収線の微細構造を波数が等間隔の吸収線で近似する Elsasser の狭域バ

14.5 ガスモデル

ンドモデル[117]と，吸収線の位置がランダムに分布するMalkmusの統計狭域バンドモデル[177]を紹介する．

他の各種狭域バンドモデルはGoodyらによって解説されている[174]．このようなバンドモデルはあくまでも近似であり，厳密なふく射エネルギーの伝播を計算するためには，吸収スペクトルの微細構造を考えたLBLデータベースの吸収係数を用いて単色ふく射の計算をする必要がある．しかし，その計算には膨大な計算時間を必要とする．

(1) Elsasserの狭域バンドモデル

図14.11 (a) は，水蒸気の $2.7\,\mu\mathrm{m}$ バンドの吸収係数分布を模式化したものである．この微小波数領域では個々の吸収線強さは一様で吸収線の間隔も一様であると仮定し，その拡がりを圧力拡がりの形状で代表すると，微小波数領域 $\Delta\eta$ における吸収係数分布は図14.11 (b) となる．この吸収係数は，次式で表される[174]．

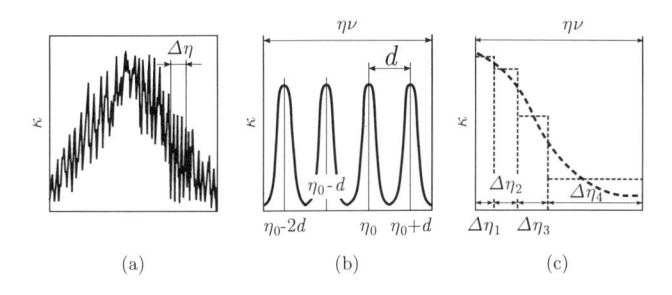

図14.11 Elsasserの狭域バンドモデルと波数分割

$$\kappa(\eta) = \bar{\kappa}(\eta) \frac{\sinh 2\beta}{\cosh 2\beta - \cos(z - z_0)} \tag{14.17}$$

$$\beta \equiv \frac{\pi\,\gamma_L}{d}, \quad z \equiv \frac{2\,\pi\,\eta}{d}, \quad z_0 \equiv \frac{2\,\pi\,\eta_0}{d} \tag{14.18}$$

ここで，d と η_0 は吸収スペクトルの線間隔と中心波数，β は吸収線重なりパラメータ (lines overlap parameter) で，付録14.Aで与えられる．

この狭域バンドモデルを使用することによって吸収スペクトルの微細構造を近似できるために，式 (14.15) を用いて比較的少ない波数分割数で透過率の計算が可能である．さらに，図14.11 (c) に示すように，波数空間 $\Delta\eta$ 内で吸収係数を再配置し，さらに下記の

積分

$$\int \frac{\sinh 2\beta}{\cosh 2\beta - \cos z} \, dz = 2 \tan^{-1}[\coth \beta \tan \frac{z}{2}] \qquad (14.19)$$

を用いて，上式の区間 $\Delta\eta$ における $\kappa(\eta)$ の積分値が等しくなるように重み係数を定めると，

$$\frac{1}{\xi_k} \equiv \frac{\Delta\eta_k}{\Delta\eta} = \frac{2}{\pi}\Big[\tan^{-1}\Big\{\tanh\beta \tan\frac{\pi k}{2M}\Big\} \\ - \tan^{-1}\Big\{\tanh\beta \tan\frac{\pi(k-1)}{2M}\Big\}\Big] \qquad (14.20)$$

となる[178]．

等温のガス塊を波数 η のふく射が距離 L だけ透過するときのバンド平均透過率は，図 14.11 (c) と式 (14.20) を参照して，次式で表すことができる．

$$\bar{\tau}_\eta = \frac{1}{M} \sum_{k=1}^{M} \exp\Big[-\bar{\kappa}(\eta) L \frac{\xi_k}{M}\Big] \qquad (14.21)$$

このような波数分割を用いて式 (14.15) を計算すると，$\Delta\eta$ 中の細分割数 $M = 5 \sim 10$ で良好な解析精度が得られる[178]．特に，低温低圧ガスで吸収スペクトルが孤立している場合は，図 14.11 (c) のモデルは有効である．

温度 T のガス塊からのふく射を考える．入射する外来ふく射が無視できるとき，ガス塊を L だけ通過する方向のバンド単色指向放射率はキルヒホッフの法則から，次式で，

$$\bar{\varepsilon}_{\theta\lambda} = 1 - \bar{\tau}_\lambda \qquad (14.22)$$

と表すことができる．これは，均一な等温ガスについて適用可能である．ガス中に温度分布がある場合や，ふく射性ガスの濃度が不均一で β が変化する場合は，代表的なガス温度と圧力について波数の細分割区分を定めてふく射伝熱計算を行う必要がある．一般に，非一様温度分布のふく射性ガスのふく射伝熱を計算するためには，LBL モデルによる単色計算を行う必要がある．しかし，非一様温度分布のガスに対して行った LBL による厳密計算結果と Elsessar モデルによる近似計算を比較した結果，比較的良好な一致が得られている[179]．

(2) Malkmus の統計狭域バンドモデル

ふく射性ガスの吸収線は，各種の振動－回転モードが複雑に重なり合っている場合が多いので，図 14.11 に示したような等間隔で強度の等しい吸収線が並ぶことは希である．特

14.5 ガスモデル

に，複雑な分子構造をもつガスや多数の振動モードが共存する高温のガスではこの傾向が著しい．このような任意の強度の吸収線が任意の波数に確率的に存在する場合の吸収線モデルを 図 14.12 に示す．

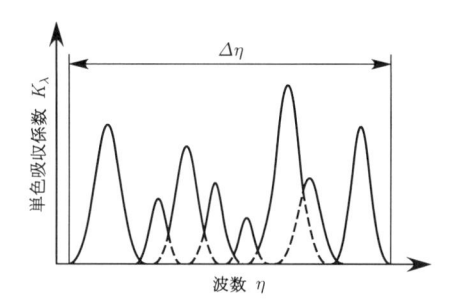

図 14.12 統計狭域バンドモデルの吸収線分布

このような分布を示す吸収線に対して圧力拡がりを仮定する．$\bar{\delta}$ を有効線間隔 $[1/\text{cm}]$ とすると，ふく射が等温ガス塊を $L\,[\text{m}]$ 透過したときのバンド透過率は次式で与えられる[180]．

$$\bar{\tau}_\eta = \exp\left[-2\frac{\gamma_L}{\bar{\delta}}\left(\sqrt{1+L\bar{\kappa}(\eta)\frac{\bar{\delta}}{\gamma_L}}-1\right)\right] \tag{14.23}$$

温度 T のガス塊に入射する外来ふく射が無視できるとき，放射率はキルヒホッフの法則から式 (14.22) で表すことができる．外来ふく射が無視できる場合，式 (14.22) を全波長域に積分することによってガス塊の全指向放射率が次式で与えられる．

$$\bar{\varepsilon}_\theta = \int_0^\infty \frac{(1-\bar{\tau}_\lambda)\,I_{b,\lambda}(T)\,\mathrm{d}\lambda}{E_b(T)/\pi} \tag{14.24}$$

統計狭域バンドモデルでは，各ガスの透過率を $\tau_{\eta,j}$ とすると，混合ガスの透過率は次式で与えられる[177]．

$$\bar{\tau}_\eta = \prod_{j=1}^N \bar{\tau}_{\eta,j} \tag{14.25}$$

Soufiani らは，水蒸気，二酸化炭素，一酸化炭素について，$1/\bar{\delta}$ と平均吸収係数をふく射性ガスの分圧 p_x で規格化した値 $\bar{\kappa}(\eta)/p_x$ および γ_L について，狭域バンド幅 $\Delta\eta = 25\,[1/\text{cm}]$, 波数 $\eta = 150 \sim 9\,300\,[1/\text{cm}]$, 温度範囲 $T = 300 \sim 2\,900\,\text{K}$ におけるデータベースを構築した[177]．そのデータを付録 14.B に示している．

図 14.13 と 図 14.14 に，ガスモデルを用いて $1\,000\,\text{K}$ の水蒸気と二酸化炭素のバンド指向放射率を高温ガスデータベース HITEMP [120] を用いて計算した厳密値と比較してい

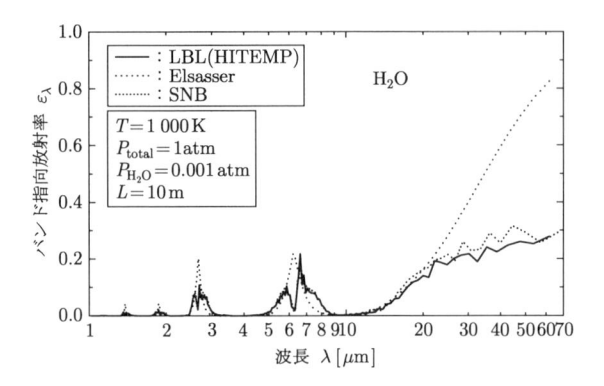

図 14.13 水蒸気を含むガス層の光路長 10 m におけるバンド指向放射率と狭域バンドモデルの比較

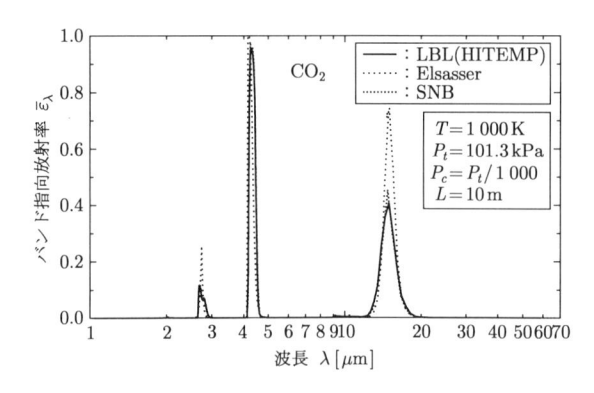

図 14.14 二酸化炭素を含むガス層の光路長 10 m におけるバンド指向放射率と狭域バンドモデルの比較

る[121]. バンド指向放射線はキルヒホッフの法則より次式で与えられる.

$$\bar{\varepsilon}_\lambda = \bar{\alpha}_\lambda = 1 - \bar{\tau}_\eta \tag{14.26}$$

水蒸気の場合, Elsessar の狭域バンドモデルは分子の回転に起因する長波長域における吸収バンドに大きな差異が認められる. また, 二酸化炭素では $15\mu m$ の回転-振動バンドで大きめの値を与える. しかし, この波長域の差異は, 1 000 K のガスではふく射伝熱にあまり寄与しない. 統計狭域バンドモデルでは, LBL のデータと全波長域でよい一致を示していることがわかる.

図 14.15 と 図 14.16 は, 等温ガス塊の全指向放射率をガス分圧と光路長の積 $p_x L$ [kPa·

14.5 ガスモデル

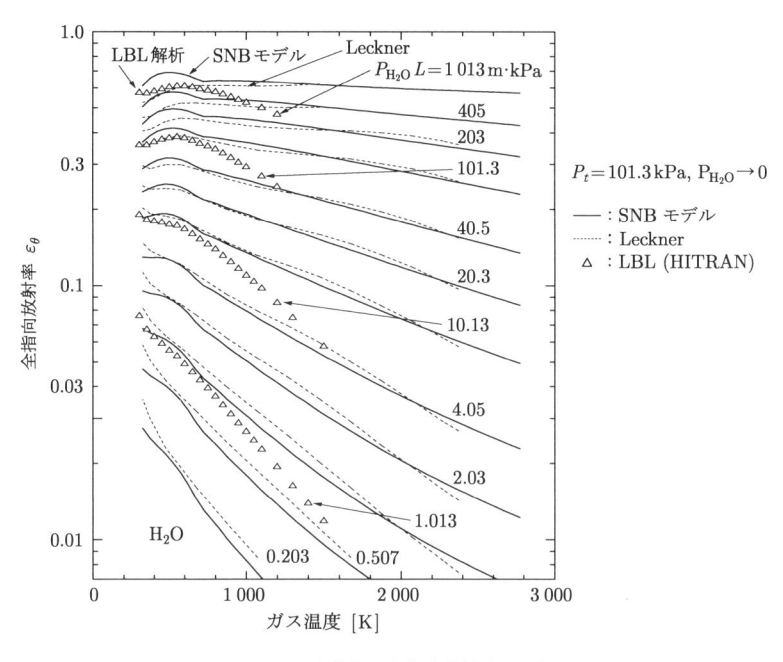

図 14.15 水蒸気の全指向放射率の比較

m] をパラメータにして表したものである[181]．吸収線の圧力拡がりは窒素ガスに対するもので，ふく射性ガスの分圧が全圧に比べ十分低い場合（$p_{H_2O}, p_{CO_2} \to 0$）である．図では，統計狭域バンドモデル (SNB) の推定値と Leckner のデータ[182]を比較している．また，常温ガスに適用可能な HITRAN データベース[118]で計算した LBL 解析の結果も示している．統計狭域バンドモデルは Leckner の値と比較的よい一致を示している．多くのハンドブックに引用される Hottel の放射率チャートは，水蒸気の高温域でのずれが大きいことが指摘されている[92, 181]．常温のふく射性ガスに適用可能な LBL データベース HITRAN [118]は，高温になると第 14.3 節で議論した高温バンドを含まないので，高温になると精度が著しく低下する．この場合では，HITRAN は 600 K 程度が適用限界であることがわかる．高温ガスに適用可能なデータベース HITEMP [120]を用いても，二酸化炭素で 1 000 K，水蒸気で 2 000 K 程度が適用限界である．

水蒸気と二酸化炭素について全指向放射率と平行平板系の等温ガス層からの熱流束について，統計狭域バンドモデル (SNB)[177]，Elsessar の狭域バンドモデル[178]，Hottel の放射率チャートで求めた値と，最も信頼性が高いと考えられる HITEMP データベー

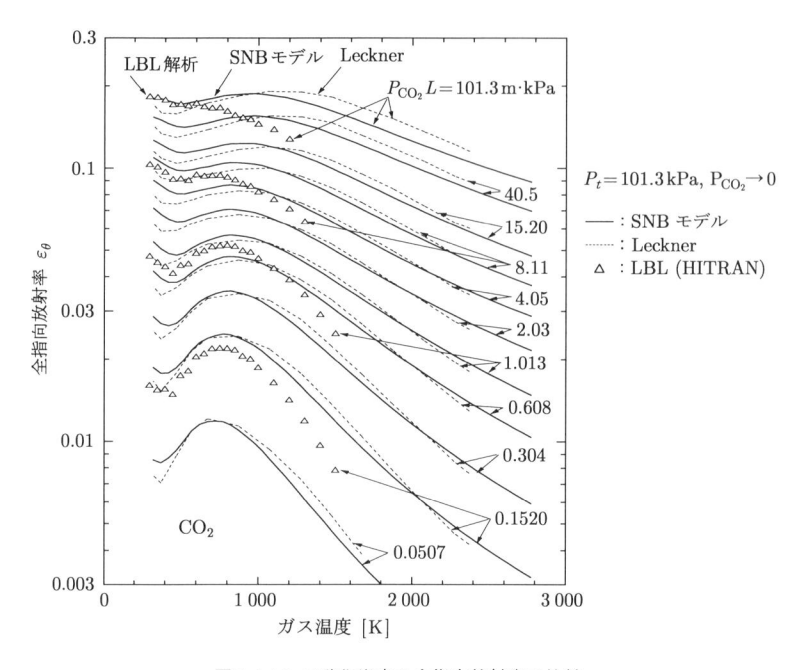

図 14.16 二酸化炭素の全指向放射率の比較

スによる LBL モデル[120] と比較した[183].ガス温度が 300～1 000 K では,各モデルは 10% 以内で良好な一致を示した.しかし,Hottel のチャートと Elsessar の狭域モデルは,300～400 K で比較的大きな誤差を示している.

付録 14.C では,統計狭域バンドモデルのデータベース[177]を用いて計算した全指向放射率を水蒸気,二酸化炭素および一酸化炭素について示している.

14.5.3 等温ガス塊の放射率

ふく射性ガスが散乱物質を含まないとき,ふく射輸送方程式は式 (9.5) を参照して,

$$\frac{\partial I_\lambda(x,\hat{s})}{\partial(\kappa_\lambda x)} = -I_\lambda(x,\hat{s}) + I_{b,\lambda}(T) \tag{14.27}$$

図 14.17 に示すように,ガス塊外部から入射するふく射強度を $I_\lambda(\vec{r}_0,\hat{s})$ とすると,等温ガス塊の場合,これを境界条件として式 (9.7) を参考にして解くことができる.距離 L だけ通過した後のふく射強度は次式で与えられる.

$$I_\lambda(\vec{r},\hat{s}) = I_\lambda(\vec{r}_0,\hat{s})\,e^{-\kappa_\lambda L} + \left(1 - e^{-\kappa_\lambda L}\right)I_{b,\lambda}(T) \tag{14.28}$$

14.5 ガスモデル

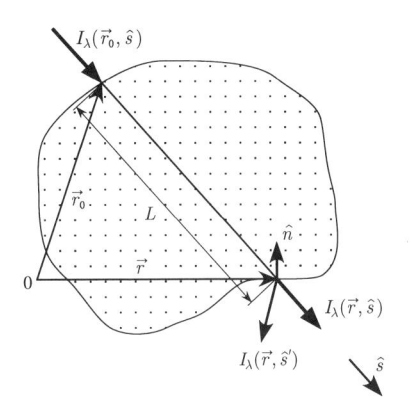

図 14.17 等温ガス塊を透過するふく射強度の変化

ガスモデルの狭域バンド透過率 $\bar{\tau}_\lambda$ は，式 (14.21) と式 (14.23) で表すことができるから，

$$I_\lambda(\vec{r}, \hat{s}) = I_\lambda(\vec{r}_0, \hat{s})\,\bar{\tau}_\lambda(L) + [1 - \bar{\tau}_\lambda(L)]\,I_{b,\lambda}(T) \tag{14.29}$$

等温ガス塊の境界面の位置ベクトル $\vec{r}$ における微小面積 dA を考えて，その法線ベクトルを $\hat{n}$ とすると，dA における単色熱流束は，

$$q_\lambda = \int_{2\pi} I_\lambda(\vec{r}, \hat{s})\,\hat{n} \cdot \hat{s}\,d\Omega \tag{14.30}$$

上式を波長によって積分することにより，微小面積に入射する熱流束が計算できる．上式の定義では，熱流束は負値となる．その絶対値を等温度の黒体ふく射熱流束 $E_b(T)$ で除すことによってガス体の見かけの放射率が求められる．

L は方位 $\hat{s}$ によって異なるから，ガス塊の形状や境界面の位置によっても異なることに注意する．もし，等温ガス塊が壁面などで覆われている場合は，壁面からのふく射もガス塊の放射熱流束に大きく影響する．外来入射ふく射 I_0 がガス自体の放射に比べて無視でき，かつ，光路長が各方位で等しい場合，つまり，半球状の等温ガス塊で容器壁面からのふく射が無視できる場合，図 14.15 と図 14.16 はガス塊の全半球放射率と等しくなる．しかし，このような条件を満足する系を実際に実現させることは難しい．

図 14.18 は，各種温度の黒体ふく射が，光路長 L [m] で 360 ppm の二酸化炭素と相対湿度 100〜30 % の水蒸気を含む常温大気層を透過するときの全透過率を示したものである．図には HITRAN による LBL 解析と，統計狭域バンドモデルで計算した値も示してあるが，両者はよい一致を示している．高温のふく射に対して，大気はほぼ透明である

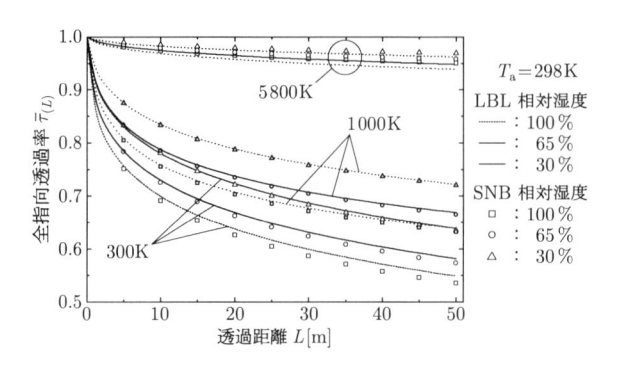

図 14.18 各温度の黒体ふく射が 25 ℃ の大気 L [m] を通過するときの全指向透過率

が，常温のふく射では 10 m の相対湿度 65％ の空気層を透過した場合で 27％ 減衰することがわかる．このふく射の吸収は，大型室内や屋外のふく射では無視できない量である．

前述したように，等温ガス塊のふく射熱流束はガス塊の形状と大きさに依存するために，式 (14.30) を解く必要があるが，第 1 次近似の手法として，ガス塊の有効厚さを使用することもできる．体積 V，表面積 A の等温ガス塊に対して，有効厚さ (mean beam length) L_g は次式で表すことができる[37]．

$$L_g = 0.9 \frac{4V}{A} \tag{14.31}$$

有効厚さを用いることによって，ガス塊のふく射熱流束は次式で近似できる．

$$q = [1 - \tau(L_g)] E_b(T) = \varepsilon(L_g\, p_x) E_b(T) \tag{14.32}$$

上式の透過率 $\tau(L_g)$ は各種ガスモデルから計算することができ，付録 14.C の図 14.25，図 14.26 の $\varepsilon(L_g\, p_x)$ からも推定できる．式 (14.31) の係数 0.9 は，ガス塊の大きさによって異なった値となる．そもそもガスはバンドモデルを使用する限りにおいて Beer の法則が成立しないために，吸収係数が定義できる灰色ガスの解析を行い詳細な係数を与えることは意味がないことに注意する．

図 14.19 は，立方体形状の等温ガス塊の熱流束を黒体のふく射熱流束で除した見かけの放射率を LBL による厳密解と比較したものである[184]．式 (14.32) で与えられる近似解は，厳密解と比べて比較的よい一致を示すことがわかる．しかし，この手法は，あくまでも近似であり，非等温ガス塊には適用できないばかりでなく，ガス塊の角部などでは大きな誤差となることが知られている．

14.5 ガスモデル

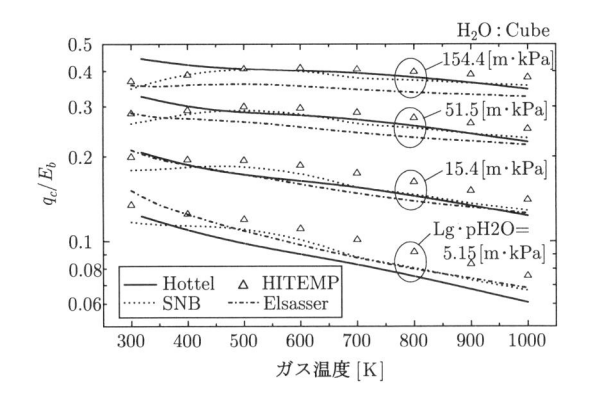

図 14.19 立方体等温ガス塊のふく射熱流束について，有効厚さ L_g とガスモデルを使用した推定値と LBL による厳密解との比較

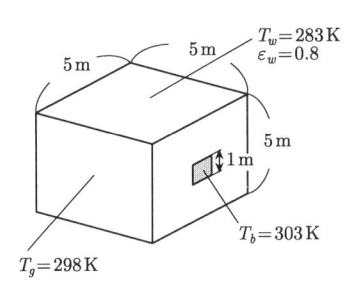

図 14.20 室内空間のふく射伝熱

◇　◇　◇　Example　◇　◇　◇

図 14.20 のように，一辺が 5 m の室内に $T_g = 25\,℃$，相対湿度 65 % の空気を考える．室内の壁が黒体で温度 $T_w = 10\,℃$ のとき，$T_b = 30\,℃$，高さ 1 m の黒体鉛直板 1 が部屋の壁沿いにあるときのふく射熱流束を計算してみよう．

LBL による厳密解で各方位におけるふく射強度は式 (14.28) で計算できる．方位積分を離散方位法の S_8 分割[91]) の重みをつけて積分することによって，ふく射熱流束 q_r を計算することができる．その値は 101.7 W/m² となる．

ふく射性ガスが存在しない場合，T_b の黒体と T_w の室温壁とのふく射伝熱量は

$$q_r = \sigma\left(T_b^4 - T_w^4\right) \tag{14.33}$$

で与えられるから，その値は 114.2 W/m² となり 10 % 以上の誤差がある．第 2.1 節の例

と同様に，求めた自然対流による伝熱は $q_c = 11.5\,\mathrm{W/m}$ であるので，ガスふく射の影響は無視できない．

室内の空気や物体面はほぼ常温なので，ふく射の透過率は，常温の黒体ふく射に対する透過率が使用できる．さらに式 (14.29) を用いると，面 1 へのふく射熱流束 q_r は次式となる．

$$q_r = E_b(T_b) - \{E_b(T_w)\,\bar{\tau}(L_g) + [1 - \bar{\tau}(L_g)]\,E_b(T_g)\} \tag{14.34}$$

ここで，$\bar{\tau}(L_g)$ は図 14.18 で与えられた常温の黒体ふく射に対する空気層の透過率である．式 (14.34) の値は $103.3\,\mathrm{W/m^2}$ であるから，近似解でも比較的よい近似を与えることができる．

★　　★　　★　　★　　★

付録 14.A

平均吸収係数は，指数関数分布を仮定して次式で表記される[92]．

$$\bar{\kappa}(\eta) = \frac{\rho_p\,\alpha}{\omega}\,e^{-2|\eta_0 - \eta|/\omega} \tag{14.35}$$

ここで，$\rho_p\,[\mathrm{g/m^3}]$ は，単位体積に含まれるふく射性ガスの質量である．ただし，水蒸気の回転バンドと二酸化炭素の $4.3\,\mu\mathrm{m}$ 振動・回転バンドは，それぞれ次式で近似される．

$$\bar{\kappa}(\eta) = \frac{\rho_p\,\alpha}{\omega}\,e^{(\eta_0 - \eta)/\omega}, \quad \bar{\kappa}(\eta) = \frac{\rho_p\,\alpha}{\omega}\,e^{-(\eta_0 - \eta)/\omega} \tag{14.36}$$

ここで，$\alpha\,[(1/\mathrm{cm})(1/\mathrm{m})/(\mathrm{g/m^3})]$, $\eta_0\,[1/\mathrm{cm}]$, $\omega\,[1/\mathrm{cm}]$ は，それぞれの吸収バンドの積分吸収係数，吸収バンド波数，バンド幅パラメータである．分子量 M のふく射性ガスの分圧 $p_c\,[\mathrm{atm}]$ と $\rho_p\,[\mathrm{g/m^3}]$ との関係は，

$$\rho_p = \frac{p_c\,M}{RT}, \quad R = 8.2056 \times 10^{-6}\,\mathrm{m^3 \cdot atm}\,(1/\mathrm{mol})(1/\mathrm{K}) \tag{14.37}$$

α と ω は，温度の関数として次式で与えられる．

$$\alpha(T) = \alpha_0 \frac{\left[1 - \exp\left(-\sum_{k=1}^{m} u_k(T)\,\delta_k\right)\right]\Psi(T)}{\left[1 - \exp\left(-\sum_{k=1}^{m} u_k(T_0)\,\delta_k\right)\right]\Psi(T_0)}, \quad T_0 = 100\,\mathrm{K} \tag{14.38}$$

$$\Psi(T) = \frac{\prod_{k=1}^{m} \sum_{v_k = v_{0,k}}^{\infty} \dfrac{(v_k + g_k + \delta_k - 1)!}{(g_k - 1)!\,v_k!}\,e^{-u_k(T)v_k}}{\prod_{k=1}^{m} \sum_{v_k = 0}^{\infty} \dfrac{(v_k + g_k - 1)!}{(g_k - 1)!\,v_k!}\,e^{-u_k(T)v_k}} \tag{14.39}$$

付録 14.B

$$u_k(T) = \frac{h\, c_0\, \eta_k}{k\, T} \tag{14.40}$$

$$v_{0,k} = 0 \quad \text{for} \quad \delta_k \geq 0, \quad v_{0,k} = |\delta_k| \quad \text{for} \quad \delta_k \leq 0 \tag{14.41}$$

$$\omega(T) = \omega_0 \left(\frac{T}{T_0}\right)^{0.5} \tag{14.42}$$

上式のパラメータを表 14.5 と表 14.6 にまとめた．ただし，水蒸気の回転バンドについての α は，次式で与えられる．

$$\alpha(T) = \alpha_0 \exp\left[-9\left(\frac{T_0}{T}\right)^{0.5}\right] \tag{14.43}$$

狭域バンドモデルの吸収線重なりパラメータ β は，温度の関数として次式で与えられる．

$$\beta(T) = \gamma_0 \left(\frac{T_0}{T}\right)^{0.5} \frac{\Phi(T)}{\Phi(T_0)} p_e \tag{14.44}$$

$$\Phi(T) = \frac{\left[\prod_{k=1}^{m} \sum_{v_k=v_{0,k}}^{\infty} \left(\frac{(v_k + g_k + \delta_k - 1)!}{(g_k - 1)!\, v_k!}\right)^{0.5} e^{-u_k(T) v_k}\right]^2}{\prod_{k=1}^{m} \sum_{v_k=v_{0,k}}^{\infty} \frac{(v_k + g_k + \delta_k - 1)!}{(g_k - 1)!\, v_k!} e^{-u_k(T) v_k}} \tag{14.45}$$

ただし，水蒸気の回転バンドについての β は，次式で与えられる．

$$\beta(T) = \gamma_0 \left(\frac{T_0}{T}\right)^{0.5} p_e \tag{14.46}$$

p_e は，圧力拡がりに関わる有効圧力で，p_t, p_c をそれぞれガスの全圧とふく射性ガスの分圧として，

$$p_e = \left[\frac{p_t}{p_0} + (b-1)\frac{p_c}{p_0}\right]^n, \quad p_0 = 1\,\text{atm} \tag{14.47}$$

と表される．この場合，ふく射性ガス以外のガスは窒素などのふく射に対して不活性なガスを仮定している．また，これらのパラメータを 表 14.5，表 14.6 にまとめた[172]．

付録 14.B

統計狭域バンドモデルのパラメータは，Soufiani らによってまとめられている[177]．各ガスの圧力拡がりによる半値幅 γ_L [1/cm] は実験式から次式で与えられる．

$$\gamma_{L,\text{CO}_2} = \frac{p}{p_s}\left(\frac{T_s}{T}\right)^{0.7}\left[0.07\, x_{\text{CO}_2} + 0.058\,(1 - x_{\text{CO}_2} - x_{\text{H}_2\text{O}}) + 0.1\, x_{\text{H}_2\text{O}}\right] \tag{14.48}$$

表 14.5 Edwards の広域バンドモデルパラメータ（その 1）

分子（分子量）	バンド $\lambda\,[\mu m]$	バンド $\eta_c\,[1/cm]$	振動量子数 δ_k	有効圧力パラメータ n	有効圧力パラメータ b	積分吸収係数 $\alpha_0\,[(1/(cm\cdot m))/(g/m^3)]$	半値幅 γ_0	バンド拡がりパラメータ $\omega_0\,[1/cm]$
$H_2O\,(18.0152)$ $m=3$ $\eta_1=3\,652\,[1/cm]$ $\eta_2=1\,595\,[1/cm]$ $\eta_3=3\,756\,[1/cm]$ $g_k=(1,1,1)$	回転	0	(0,0,0)	1	$8.6\sqrt{\dfrac{T_0}{T}}+0.5$	5 200.	0.14311	69.3
	6.3	1 600	(0,1,0)	1	↑	41.2	0.09427	56.4
	2.7	3 760	(0,2,0) (1,0,0) (0,0,1)	1	↑	0.19 2.3 22.4	$0.13219^{b,c}$	60.0^b
	1.87	5 350	(0,1,1)	1	$8.6\sqrt{\dfrac{T_0}{T}}+1.5$	3.0	0.08169	43.1
	1.38	7 250	(1,0,1)	1	↑	2.5	0.11628	32.0
$CO_2\,(44.0098)$ $m=3$ $\eta_1=1\,351\,[1/cm]$ $\eta_2=666\,[1/cm]$ $\eta_3=2\,396\,[1/cm]$ $g_k=(1,2,1)$	15	667	(0,1,0)	0.7	1.3	19.0	0.06157	12.7
	10.4	960	(-1,0,1)	0.8	↑	2.47×10^{-9}	0.04017	13.4
	9.4	1 060	(0,-2,1)	0.8	↑	2.48×10^{-9}	0.11888	10.1
	4.3	2 410	(0,0,1)	0.8	↑	110.0	0.24723	11.2
	2.7	3 660	(1,0,1)	0.65	↑	4.0	0.13341	23.5
	2.0	5 200	(2,0,1)	0.65	↑	0.06	0.39305	34.5

一般ガス定数 $R=82.056\times10^6\,m^3\cdot atm/(mol\cdot K)$

付録 14.B

表 14.6 Edwards の広域バンドモデルパラメータ (その 2)

分子 (分子量)	バンド $\lambda\,[\mu m]$	バンド $\eta_c\,[1/cm]$	振動量子数 δ_k	有効圧力パラメータ n	有効圧力パラメータ b	積分吸収係数 $\alpha_0\,[(1/(cm\cdot m))/(g/m^3)]$	半値幅 γ_0	バンド拡がりパラメータ $\omega_0\,[1/cm]$
CO (28.0104) $m=1$ $\eta_1=2\,143\,[1/cm]$ $g_1=1$	4.7 2.35	2143 4260	(1) (2)	0.8 0.8	1.1 1.0	20.9 0.14	0.07506 0.16758	25.5 20.0
NO (30.0061) $m=1$ $\eta_1=1\,876\,[1/cm]$ $g_1=1$	5.34	1876	(1)	0.65	1.0	9.0	0.18050	20.0
CH$_4$ (16.0426) $m=4$ $\eta_1=2\,914\,[1/cm]$ $\eta_2=1\,526\,[1/cm]$ $\eta_3=3\,020\,[1/cm]$ $\eta_4=1\,306\,[1/cm]$ $g_k=(1,2,3,3)$	7.66 3.31 2.37 1.71	1310 3020 4220 5861	(0,0,0,1) (0,0,1,0) (1,0,0,1) (1,1,0,1)	0.8 0.8 0.8 0.8	1.3 ← ← ←	28.0 46.0 2.9 0.42	0.08698 0.06973 0.35429 0.68598	21.0 56.0 60.0 45.0
SO$_2$ (64.0588) $m=3$ $\eta_1=1\,151\,[1/cm]$ $\eta_2=519\,[1/cm]$ $\eta_3=1\,361\,[1/cm]$ $g_k=(1,1,1)$	19.27 8.68 7.35 4.34 4.0	519 1151 1361 2350 2512	(0,1,0) (1,0,0) (0,0,1) (2,0,0) (1,0,1)	0.7 0.7 0.65 0.6 0.6	1.28 ← ← ← ←	4.22 3.674 29.97 0.423 0.346	0.05291 0.05952 0.49299 0.47513 0.58937	33.08 24.83 8.78 16.45 10.91

一般ガス定数 $R=82.056\times10^6\,\mathrm{m^3\cdot atm/(mol\cdot K)}$

第 14 章 ふく射性ガスのふく射物性

$$\left.\begin{array}{l}\gamma_{L,\mathrm{H_2O}} = \dfrac{p}{p_s}\Big\{0.462\,x_{\mathrm{H_2O}}\Big(\dfrac{T_s}{T}\Big) + \Big(\dfrac{T_s}{T}\Big)^{0.5}[0.079\,(1 - x_{\mathrm{CO_2}} - x_{\mathrm{O_2}}) \\ \quad + 0.106\,x_{\mathrm{CO_2}} + 0.036\,x_{\mathrm{O_2}}]\Big\}\end{array}\right\} \quad (14.49)$$

ここで，x_{MMM} はガス MMM のモル分率（濃度），p_s, T_s は基準圧力 1 atm と基準温度 296 K である．他のパラメータ，平均線間隔の逆数 $1/\bar{\delta}$ [cm] と平均吸収係数をふく射性ガスの分圧 p_x で規格化した値 $\bar{\kappa}(\eta)/p_x$ [1/(m·atm)] を 図 14.21 から 図 14.24 に示す．このデータはデータベースとして，波数 150 [1/cm] 〜 9 300 [1/cm] で 25 [1/cm] 間隔で与えられ，温度は 300 K から 200 K 間隔で 2 900 K まで与えられている．

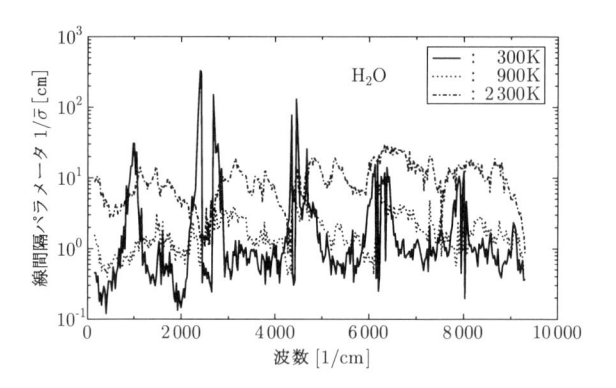

図 14.21 水蒸気の線間隔パラメータ $1/\bar{\delta}$ [cm]

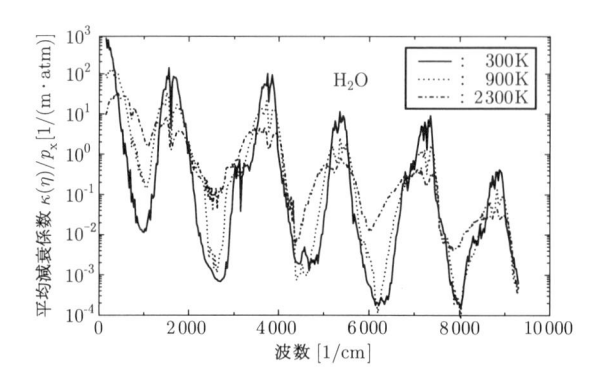

図 14.22 水蒸気の平均減衰係数 $\bar{\kappa}(\eta)/p_x$ [1/(m·atm)]

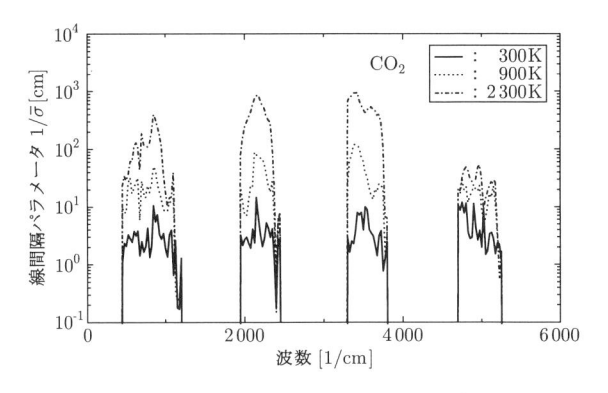

図 14.23 二酸化炭素の線間隔パラメータ $1/\bar{\delta}$ [cm]

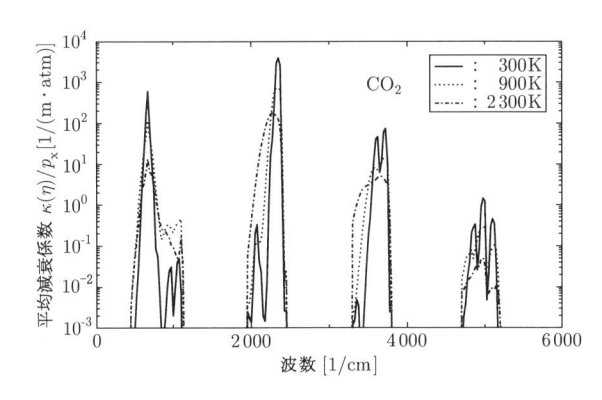

図 14.24 二酸化炭素の平均減衰係数 $\bar{\kappa}(\eta)/p_x$ [1/(m·atm)]

付録 14.C

統計狭域バンドモデルを使うと，式 (14.23) と付録 14.B に示したパラメータ $\bar{\kappa}(\eta), \gamma$ および $1/\bar{\delta}$ によって光路長 L のバンド透過率 $\tau(\eta)$ が求められる．それを式 (14.24) で積分することによってガスの全指向放射率が光路長の関数として計算できる．

この値は，図 14.15，図 14.16 に示したように，実験値や温度範囲を適正に選んだ LBL の値とよく一致する．図 14.25，図 14.26，図 14.27 は，統計狭域バンドモデルで算出した水蒸気，二酸化炭素，一酸化炭素の全指向放射率を示している．このデータは，高温の LBL 解析 (HITEMP) [120] と比較すると，常温ではよい一致を示す．高温域では最大 10 % 程度の差異を生じるが広い温度域の解析に使用可能である．

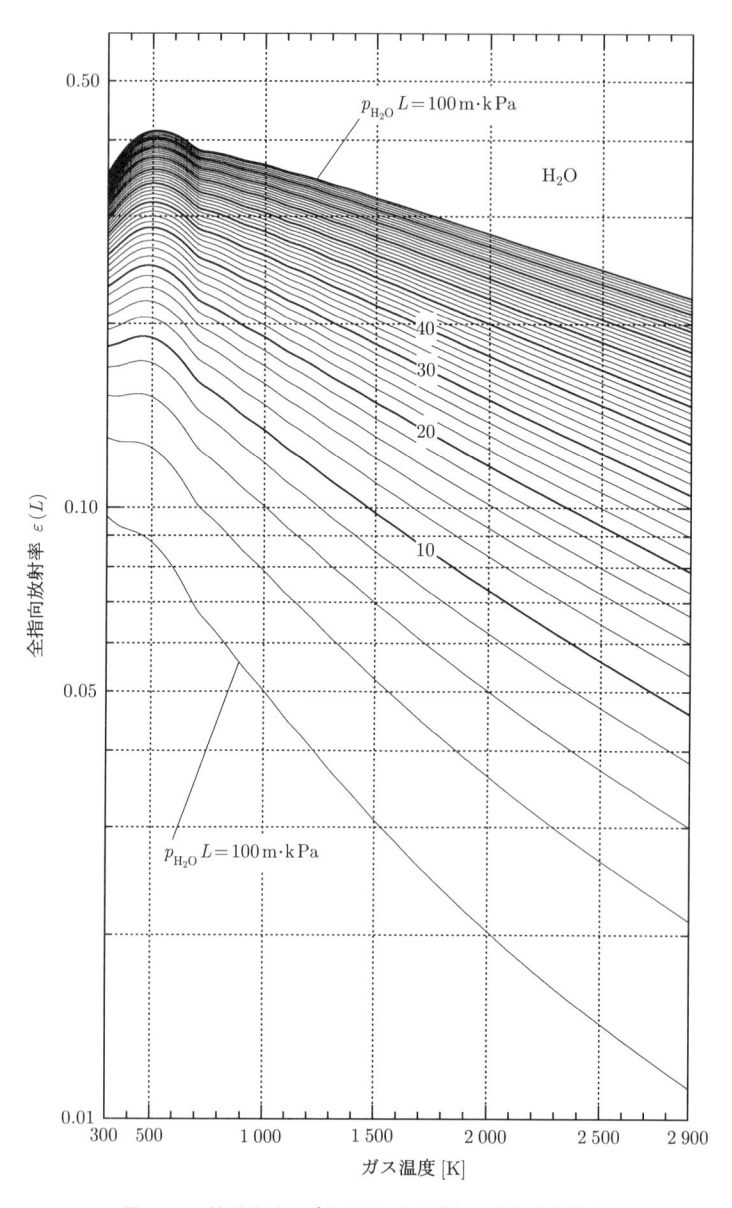

図 14.25 統計狭域モデルを用いた水蒸気の全指向放射率

付録 14.C

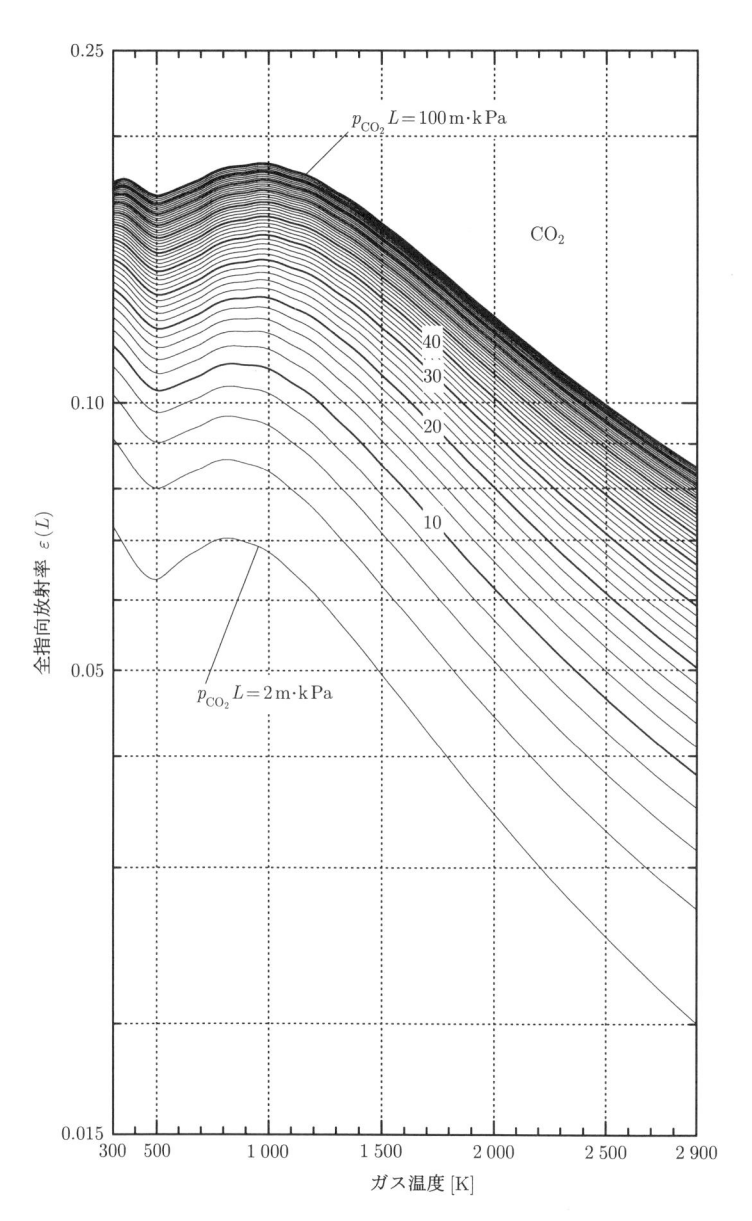

図 14.26 統計狭域モデルを用いた二酸化炭素の全指向放射率

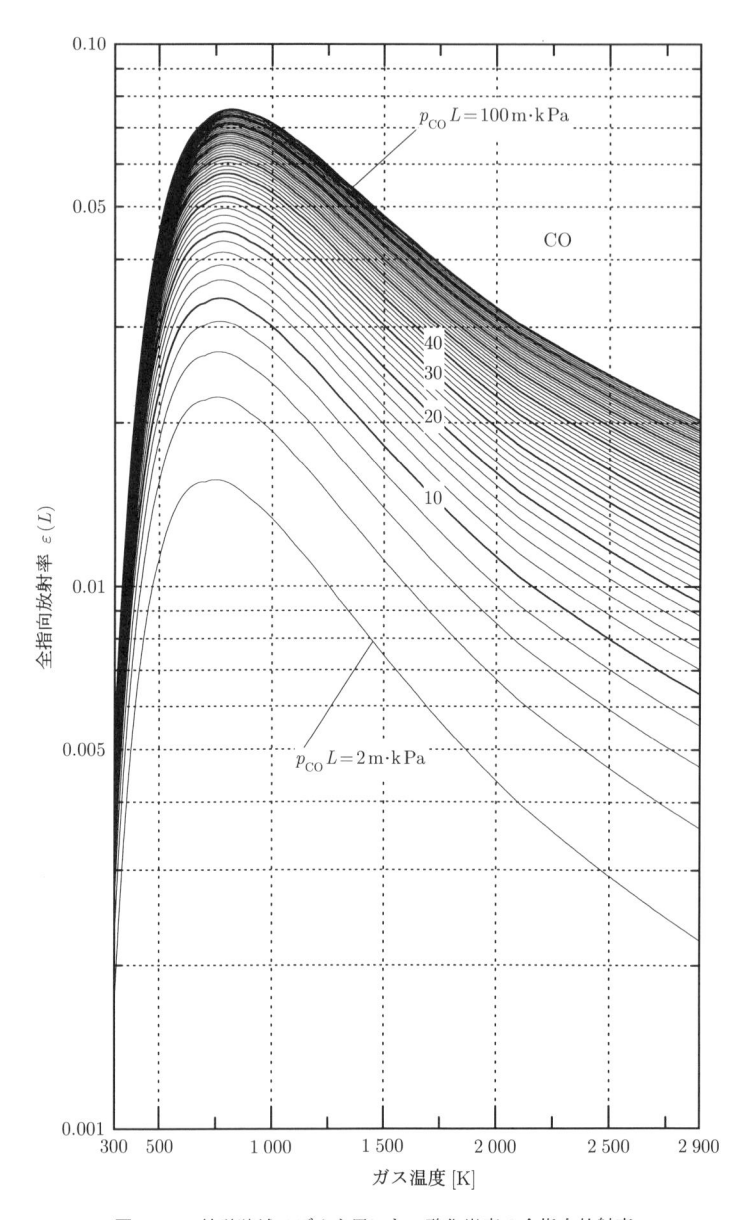

図 14.27 統計狭域モデルを用いた一酸化炭素の全指向放射率

第15章　分散媒体によるふく射の吸収と散乱

　分散媒体 (dispersed media) とは，気相と固相のように二つ以上の相が共存する媒体である．空気中に水を懸濁した雲や霧，液中に気泡が懸濁した気泡流，高温の燃焼ガスに煤を懸濁したロウソクの炎，さらにはグラスウールの断熱材や衣服など，多くの材料は分散媒体である．分散媒体は，各相の境界で電磁波を吸収・散乱するために，均一な単一相で構成される連続媒体とは異なるふく射性質を示す．

　大気における分散媒体は，二酸化炭素やメタンなどの温暖化ガスとは逆の作用をする．つまり，空気中の微粒子であるエアロゾルや雲は，太陽からの短波長の光を散乱して大気のエネルギー吸収を妨げる．一方，地球が放射する長波長の赤外線に対しては散乱・吸収しにくいために，地球の温度を低下させる作用をする．大火山が噴火すると，その噴出物が長時間大気中を漂い，地球の温度が低下する．一説では，恐竜が絶滅したのは大隕石が衝突したときの噴出物が大気中に浮遊し地球を長期間冷却したことによると考えられている．地球温暖化シミュレーションで不確定な要素は，雲や雪などの散乱性媒質のふく射伝熱を正確に推定できないことが要因の一つともいわれている．

　工学的にも，多孔質体や繊維媒体による断熱性能の評価，煤などの散乱性媒体を含んだ輝炎のふく射伝熱は，まだ正確な評価や推定が行われていない．微粉炭燃焼や流動層ボイラの燃焼解析では分散媒体のふく射伝熱解析が不可欠である．また，固体がガスに比べて格段にふく射の吸収・放射がよいことから，多孔質体を利用した伝熱促進[75]が考えられ，さらに高性能断熱やふく射伝熱制御[79]も提唱されている．散乱性媒体のふく射性質のモデル化も論じられている[185]．

　このような分散媒体のふく射伝熱は，第10章と第11章で論じているが，分散媒体のふく射物性については本章で論じる．

15.1 粒子の吸収・散乱

第 8.1 節に示す微小体積に $n_p \times \mathrm{d}A\,\mathrm{d}S$ 個の粒子が含まれている場合を考える．ここで，$n_p\,[個/\mathrm{m}^3]$ は粒子の数密度である．粒子間の連続媒体はふく射を吸収しないと考えると，微小要素に入射する単色入射ふく射強度 $I_\lambda(\vec{r},\hat{s})\,\mathrm{d}A$ のうち粒子に吸収される部分は，

$$\mathrm{d}I_{\lambda,\mathrm{abs}}\,\mathrm{d}A = -I_\lambda(\vec{r},\hat{s})\,C_{\mathrm{abs}}\,n_p\,\mathrm{d}A\,\mathrm{d}S \tag{15.1}$$

粒子に散乱される部分は，

$$\mathrm{d}I_{\lambda,\mathrm{scat}}\,\mathrm{d}A = -I_\lambda(\vec{r},\hat{s})\,C_{\mathrm{sca}}\,n_p\,\mathrm{d}A\,\mathrm{d}S \tag{15.2}$$

ここで，$C_{\mathrm{abs}}, C_{\mathrm{sca}}$ はそれぞれ粒子の吸収断面積と散乱断面積であり，1 個の粒子が入射ふく射を吸収・散乱する等価断面積を表す．また，両者を足し合わせた面積を減衰断面積 $C_{\mathrm{ext}} \equiv C_{\mathrm{abs}} + C_{\mathrm{sca}}$ とする．後述するように，波長に比べて大きな粒子の減衰断面積は，粒子の投影断面積に等しい[*1]が，粒子径と電磁波の波長が同程度の場合は，幾何学的投影面積に比べて大きくも小さくもなりうる．

式 (8.1), (8.4) と式 (15.1), (15.2) を比較することによって，減衰断面積，吸収断面積，散乱断面積 $C_{\mathrm{ext}}, C_{\mathrm{abs}}, C_{\mathrm{sca}}$ と減衰係数，吸収係数，散乱係数との関係は次式となる．

$$C_{\mathrm{ext}}\,n_p = \beta,\ C_{\mathrm{abs}}\,n_p = \kappa,\ C_{\mathrm{sca}}\,n_p = \sigma_s \tag{15.3}$$

$C_{\mathrm{ext}}, C_{\mathrm{abs}}, C_{\mathrm{sca}}$ を粒子 1 個の幾何学的断面積 A_p で除したもの $Q_{\mathrm{ext}}, Q_{\mathrm{abs}}, Q_{\mathrm{sca}}$ を，それぞれ減衰効率，吸収効率，散乱効率という．これらの値は，第 3 章の表 3.4 にまとめてある．単一粒子のふく射減衰に対する散乱割合をアルベド (single scattering albedo) として次式で定義する．

$$\omega \equiv \frac{C_{\mathrm{sca}}}{C_{\mathrm{ext}}} = \frac{Q_{\mathrm{sca}}}{Q_{\mathrm{ext}}} = \frac{\sigma_s}{\beta} \tag{15.4}$$

大直径粒子で減衰断面積が粒子の投影面積に等しい場合，アルベドは半球反射率と一致する．

いま，図 15.1 に示すように $I_\lambda(\vec{r},\hat{s})$ の入射ふく射が粒子に照射されている場合を考える．このとき，$\hat{s}$ つまり天頂角，方位角がそれぞれ θ, ψ の方向に $\mathrm{d}\Omega$ の立体角内に散乱されるふく射微小エネルギーを $\mathrm{d}\phi$ (W) とすると，位相関数 (scattering phase function) $\Phi(\hat{s} \to \hat{s}')$ が次式で定義される．

[*1] 第 15.4 節で述べるように，厳密にはバビネーの原理によって減衰断面積は投影断面積の 2 倍になる．

15.2 大きな粒子の吸収・散乱

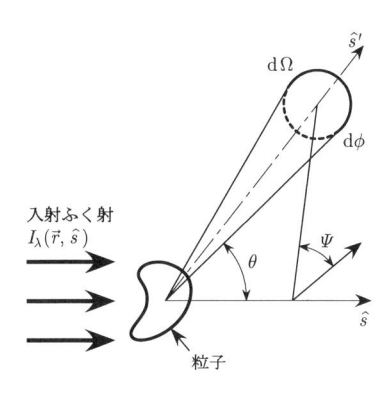

図 15.1 入射ふく射に対する粒子の散乱

$$\Phi(\hat{s} \to \hat{s}') \equiv \frac{\dfrac{d\phi(\hat{s} \to \hat{s}')}{d\Omega}}{\dfrac{1}{4\pi}\displaystyle\int_{4\pi}\dfrac{d\phi(\hat{s} \to \hat{s}')}{d\Omega}\,d\Omega} \tag{15.5}$$

つまり，位相関数は粒子によって $\hat{s}'$ 方向に散乱されるふく射エネルギーの確率密度関数に 4π を乗じたものである．特に，粒子が全ての方向に等しいふく射エネルギーを散乱する場合は，等方散乱で位相関数は散乱角度によらず $\Phi = 1$ となる．位相関数は，不透明壁面の場合では第3.2.3節で定義した2方向反射関数式 (3.28) に対応している．

図 15.1 に示したように，一般的な位相関数は $\hat{s}$ と $\hat{s}'$ との関数である．特に，繊維媒体などが方向性をもって配置されている場合は，入射ふく射の方向と散乱媒体との位置関係を考慮する必要がある．しかし，粒子が球形の場合や非対称粒子が空間中に任意の方向に配置されている場合では，粒子の入射角依存性が平均化されるため，位相関数は θ（または，$\hat{s}\cdot\hat{s}' = \cos\theta$）のみの関数 $\Phi_\lambda(\theta)$ となる．位相関数は，波長と粒子の相対的な大きさによって異なった分布形状となる．

15.2 大きな粒子の吸収・散乱

分散媒体と電磁波の相互作用において，第4.1節で示したように，粒子の大きさは常に電磁波の波長との相対的な大きさで論じられる．第15.3節の Example で示すように，直径 $10\ \mu m$ の水滴は，波長 $0.5\ \mu m$ の可視光に対しては大きな粒子として取扱うことが可能であるが，波長 $2\ cm$ のレーダ波に対しては小さな粒子としての挙動を示す．可視光に対して，この水滴の減衰断面積 C_{ext} は球の断面積に等しく，減衰効率 Q_{ext} は 1 である．

大きな水滴が空気中に浮遊しているときに太陽光が入射すると，水滴内部の屈折により虹が見えるのはこの領域である．球形粒子の場合，粒子の直径を d_p とすると，粒径パラメータ (size parameter) が次式で定義される．ここで，$x \gg 1$ の場合，大きな粒子として扱うことができる．

$$x \equiv \frac{\pi d_p}{\lambda} \tag{15.6}$$

$x \gg 1$ の場合，図 4.2 で示したように，吸収・散乱特性は，その反射や屈折を光をエネルギー光束の集まりとして解析する幾何光学で扱うことができる．幾何光学で扱う場合，大径粒子に対しモンテカルロ法を適用して充填層などの分散媒体のふく射輸送物性を推定することもできる [185, 186]．

図 15.2 は，大きな球形不透明粒子に入射した電磁波がどのように散乱されるかを示したものである．

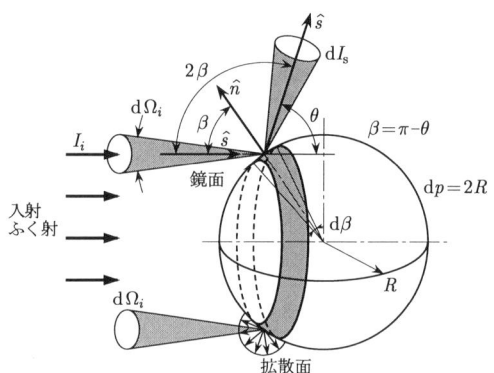

図 15.2 鏡面と拡散面の大径粒子の散乱

粒子を不透明な拡散面の球とし，その反射率を ρ^D とすると，球によって遮られる光 $(I \pi d^2/4) = I C_{\text{ext}}$ の内 ρ^D が反射され $1 - \rho^D$ が吸収されるから，散乱効率と吸収効率は次式で与えられる．

$$Q_{\text{sca}} = \rho^D, \quad Q_{\text{abs}} = 1 - \rho^D \tag{15.7}$$

月のような散乱面の球に光が当たる場合を考えると，光が当たっている部分は等しいふく射強度で反射するので，散乱の指向強度は光が当たっているところが見える面積に比例する．つまり，この場合の位相関数は次式となる [92]．

$$\Phi(\theta) = \frac{8}{3\pi}(\sin\theta - \theta\cos\theta) \tag{15.8}$$

15.2 大きな粒子の吸収・散乱

図 15.3 は，大きな球形粒子の位相関数である．拡散面の位相関数を月でたとえると，$\theta = \pi$ は満月で，$\theta = \pi/2$ は半月，$\theta = 0$ は新月に相当する．

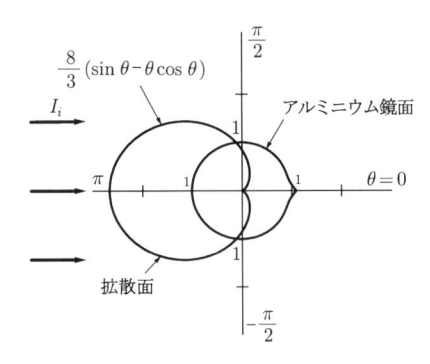

図 15.3 大きな球面粒子の位相関数

球の表面が鏡面の場合，入射した光は，図 15.2 のようにある定まった角度で反射する．このとき入射した光の反射割合は式 (3.33) または式 (3.34) で定義される半球反射率 ρ_h と等しいので，散乱効率と吸収効率は

$$Q_{\text{sca}} = \rho_h, \quad Q_{\text{abs}} = 1 - \rho_h \tag{15.9}$$

となり，位相関数は次式で表される[91]．

$$\Phi(\theta) = \rho^S\left(\frac{\pi - \theta}{2}\right)/\rho_h \tag{15.10}$$

図 15.3 は，0.5 μm の波長に対するアルミニウム球の位相関数を示したものである．鏡面反射率はフレネル則式 (13.13) で計算した．もし，鏡面反射率が角度によらず一定ならば，鏡面の位相関数は 1 となり，粒子は等方散乱となる．

◇　　◇　　◇　Example　◇　　◇　　◇

直径 1 mm のジルコニア粒子の充填層の吸収係数と散乱係数を計算してみよう．直径 1 mm の球形粒子の充填率は約 0.6 であるので，1 m³ 当たりの粒子密度は 2.5×10^8 [個/m³]，波長 1 〜 2 μm の電磁波に対する反射率は約 0.8 である．表面が拡散面であるとすると，式 (15.3), (15.7) から，吸収係数と散乱係数は $\kappa = 5 \times 10^7$ [1/m]，$\sigma_s = 2 \times 10^8$ [1/m] となる．

★　　　★　　　★　　　★　　　★

粒子が球形以外の場合，減衰断面積と散乱効率，位相関数は，粒子の位置に依存する量となる．しかし，表面が凸面で，全表面積が S の不透明粒子で，任意の位置と方向で多数存在する粒子の平均断面積は，次式のように簡単化できる[26]．

$$C_{\text{ext}} = \frac{S}{4} \tag{15.11}$$

このときの散乱効率と吸収効率は，式 (15.7) と式 (15.9) で表される．

◇　◇　◇　Example　◇　◇　◇

直径 $d_f = 0.1\,\text{mm}$ のアルミニウム細線を充填率 1% で充填した繊維群の可視光に対する減衰係数と散乱係数を推定してみよう．細線長さ $l \gg d_f$ とすると，単位体積当たりのアルミニウム細線の長さから，単位体積当たりの細線表面積は $S = 400\,\text{m}^2/\text{m}^3$ となる．細線が全て凸面で構成され，線の配置方向があらゆる方向に向いていると仮定すると，式 (15.11) から単位体積当たりの平均断面積は $100\,\text{m}^2/\text{m}^3$ となる．可視光に対する半球反射率は，図 13.5 の垂直反射率を参考にして 0.9 とすると，式 (15.9) から $\beta = 100\,[1/\text{m}]$，$\sigma_s = 90\,[1/\text{m}]$ となり，散乱は等方となる．

★　★　★　★　★

15.3　小さな粒子の吸収・散乱

$x \ll 1$ の領域で，粒子はレイリー散乱 (Rayleigh scattering) と呼ばれる散乱特性を示す．直径 d_p の複素屈折率が，m の球に対して偏光していない入射光に対する散乱効率と吸収効率は次式となる．

$$Q_{\text{sca}} = \frac{8}{3} \left| \frac{m^2 - 1}{m^2 + 2} \right|^2 x^4 \tag{15.12}$$

$$Q_{\text{abs}} = -4\,Im\left[\frac{m^2 - 1}{m^2 + 2} \right] x \tag{15.13}$$

ここで，$Im[\ ]$ は複素数の虚部を表す．粒子は $\pi d_p/\lambda = x \ll 1$ であるので $x^4 \ll x$ であり，レイリー散乱の領域では粒子の吸収に比べて散乱割合が小さいことがわかる．

◇　◇　◇　Example　◇　◇　◇

雲を直径 $10\,\mu\text{m}$ の水滴群と考えたとき，波長 $0.5\,\mu\text{m}$ の可視光と波長 $2\,\text{cm}$ のレーダ波に対する複素屈折率は，図 12.5 からそれぞれ $m = 1.339 - 0\,i$，$7.456 - 2.338\,i$ である．後述のミー散乱の計算で可視光に対する減衰効率は $2.26\,\text{m}^{-1}$ である．一方，レーダ波に対し

15.3 小さな粒子の吸収・散乱

ては，$x \ll 1$ であるので，レイリー散乱が適用できる．この領域では $Q_{\text{abs}} \fallingdotseq Q_{\text{ext}}$ であり，式 (15.13) から減衰効率は 1.671×10^{-4} m^{-1} となり，可視光に比べて遙かに小さい値となる．つまり，雲は可視光を透過しないが，レーダ波に対しては透明であることがわかる．

★　　★　　★　　★　　★

レイリー散乱する粒子の位相関数は，次式となる．

$$\Phi(\theta) = \frac{3}{4}(1 + \cos^2\theta) \tag{15.14}$$

図 15.4 は，レイリー散乱の位相関数を示している．位相関数は，入射電磁波の偏光面によって異なる分布を示すことがわかる．特に，入射角と直角方向の散乱成分は，散乱面（入射光と反射光で作られる平面）に垂直な成分のみとなる．

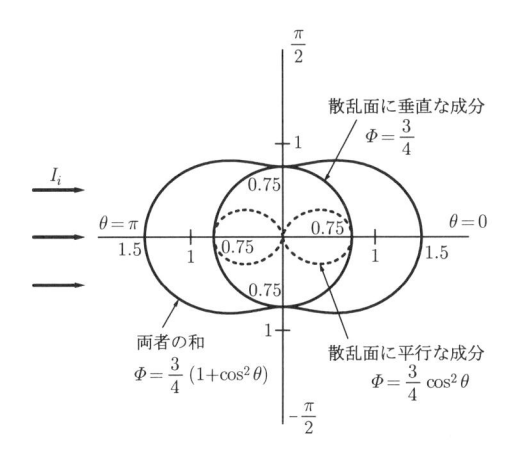

図 15.4 小さな球面粒子の位相関数

◇　◇　◇　Example　◇　◇　◇

気体分子は，電子雲に覆われた非常に小さい粒子群として考えることができる[26, 147]．このとき，$x \ll 1$ であるから，光はレイリー散乱される．その散乱断面積または散乱強度は，x の 4 乗に比例するから，$1/\lambda$ の 4 乗に比例して増大する．大気を透過する太陽光の散乱を考えると，可視光の各波長成分のうち波長の短い光を多く散乱するために空が青く見えることはよく知られている．

この青空が偏光しているのは意外と知られていない．カラー立体映画の眼鏡は偏光板で

図 15.5 青空の偏光

できているので，それを通して図 15.5 に示すように太陽光線と直角方向に青空を見ると空が偏光して見える．これは，図 15.4 に示したように，偏光していない光がレイリー散乱されたときの直角方向成分が 1 成分のみになるからである．雲や埃で空が白く見える場合は，粒子の大きさが気体分子に比べて格段に大きいので，レイリー散乱とはならず偏光現象は現れない．

★　　★　　★　　★　　★

15.4　ミー散乱 (Mie scattering)

入射電磁波に対する複素屈折率 $m = n - ik$ の球形粒子の散乱吸収特性は，マクスウェルの電磁方程式を解くことによって厳密解が得られている．これは，ミー散乱理論 (Mie scattering theory) と呼ばれている．散乱効率・吸収効率は次式となる．

$$Q_{\text{sca}} = \frac{2}{x^2} \sum_{n=1}^{\infty} (2n+1)(|a_n|^2 + |b_n|^2) \tag{15.15}$$

$$Q_{\text{abs}} = \frac{2}{x^2} \sum_{n=1}^{\infty} (2n+1) \, Re\,[a_n + b_n] \tag{15.16}$$

$Re\,[\ ]$ は複素数の実部を表し，$y = mx$ とすると，複素数 a_n, b_n は，

$$a_n = \frac{\psi'_n(y)\,\psi_n(x) - m\,\psi_n(y)\,\psi'_n(x)}{\psi'_n(y)\,\zeta_n(x) - m\,\psi_n(y)\,\zeta'_n(x)} \tag{15.17}$$

$$b_n = \frac{m\,\psi'_n(y)\,\psi_n(x) - \psi_n(y)\,\psi'_n(x)}{m\,\psi'_n(y)\,\zeta_n(x) - \psi_n(y)\,\zeta'_n(x)} \tag{15.18}$$

15.4 ミー散乱 (Mie scattering)

$$\psi_n(z) = \left(\frac{\pi z}{2}\right)^{1/2} J_{n+1/2}(z), \quad \zeta_n(z) = \left(\frac{\pi z}{2}\right)^{1/2} H^{(2)}_{n+1/2}(z) \tag{15.19}$$

ここで，$J_\nu(z)$ と $H^{(2)}_\nu(z)$ は，それぞれ Bessel 関数と第二種 Hankel 関数であり，' は関数の微分を表す．

$\cos\theta = \mu$ として，位相関数は次式となる．

$$\Phi(\mu) = \frac{2\left(|S_1(\mu)|^2 + |S_2(\mu)|^2\right)}{x^2 Q_{\text{sca}}} \tag{15.20}$$

$$S_1(\mu) = \sum_{n=1}^{\infty} \frac{2n+1}{n(n+1)} \left[a_n \pi_n(\mu) + b_n \tau_n(\mu)\right] \tag{15.21}$$

$$S_2(\mu) = \sum_{n=1}^{\infty} \frac{2n+1}{n(n+1)} \left[b_n \pi_n(\mu) + a_n \tau_n(\mu)\right] \tag{15.22}$$

$$\pi_n(\mu) = \frac{\mathrm{d}P_n(\mu)}{\mathrm{d}\mu} \tag{15.23}$$

$$\tau_n(\mu) = \mu\, \pi_n(\mu) - (1-\mu^2)\frac{\mathrm{d}\pi_n(\mu)}{\mathrm{d}\mu} \tag{15.24}$$

$P_n(\mu)$ は，Legendre 関数である．

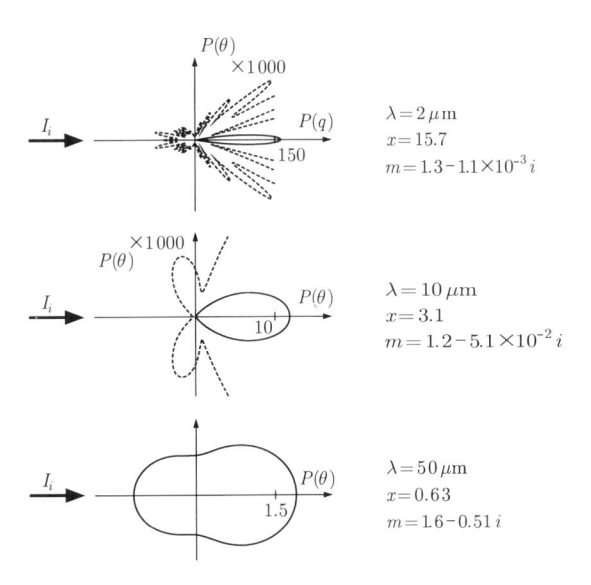

図 15.6 直径 10μm の水滴に種々の波長 λ の電磁波が照射されたときの位相関数

図 15.6 は，位相関数の一例であり，直径 10 μm の水滴が波長 λ の電磁波照射を受ける場合の位相関数を示している．このとき，水の複素屈折率は広範囲な波長領域についてまとめられている図 12.5 のデータ[145] を使用している．粒径パラメータ x が小さいときはレイリー散乱と類似な位相関数となるが，x が大きくなるほど前方散乱が大きくなる．

図 15.7〜図 15.9 は，粒子のふく射パラメータを直径 1〜100 μm の水滴について行ったものである．ここで，a_1 は粒子の前方散乱パラメータで，位相関数を Legendre 級数で近似したときの第一項の係数[122] で次式で定義される．

$$a_1 \equiv \frac{3}{2} \int_{-1}^{1} \Phi(\mu) \mu \, d\mu \tag{15.25}$$

波長 2 μm 以下では水はふく射を吸収しないので，アルベドは 1 である．また，波長の変化によって減衰効率は大きく変化する．x が大きくなる $\lambda \ll d_p$ で Q_ext は 2 に漸近する．また，x が小さくなる $\lambda \gg d_p$ において，Q_ext, a_1 とアルベドは小さくなることがわ

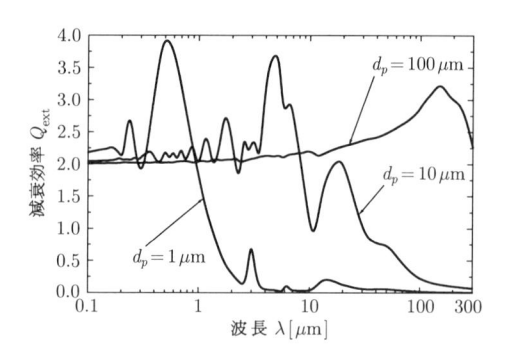

図 15.7 波長 λ の電磁波に対する各種水滴の減衰効率 Q_ext の変化

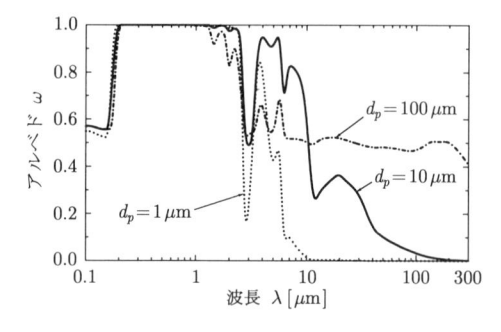

図 15.8 波長 λ の電磁波に対する各種水滴のアルベド ω の変化

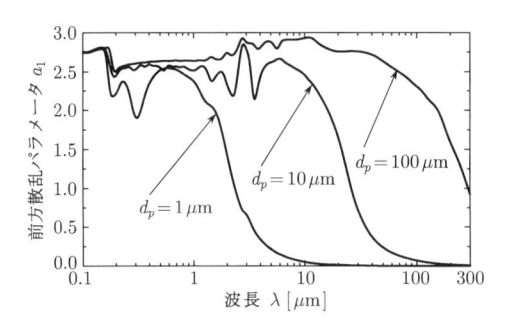

15.4 ミー散乱 (Mie scattering)

図 15.9 波長 λ の電磁波に対する各種水滴の前方散乱パラメータ a_1 の変化

かる.

ミー散乱理論は厳密解であるから，粒子が電磁場強度に比例した散乱（線形散乱）をする限りにおいては，粒子径の制限はない．散乱計算プログラムは，文献[147] などに細述されている．このとき，式 (15.15), (15.16), (15.21), (15.22) の級数計算で必要な項数 n_max は，次式が推奨されている[147].

$$n_\mathrm{max} \approx x + 4\,x^{1/3} + 2 \tag{15.26}$$

粒径パラメータ x が大きい巨大粒子の散乱では，式 (15.15), (15.16) の項数が非常に多くなり，精度の高い計算が不可能になる．より精度の高い計算法が提示され[187]，x が 50 000 程度まで実用的な計算が可能となっている．その手法の詳細は，付録 15.A に示している．

粒子の散乱・吸収特性は粒径と波長の関数であり，それを個々の値として計算することは多大な計算時間を必要とする．そこで，各粒径と波長に関してあらかじめ散乱パラメータを計算して，その内挿によって値を求めることができる[86]．また，後述の付録 15.B では，水滴のふく射パラメータを示した散乱データベースを広範囲な波長と粒径について示している．

◇　◇　◇　Example　◇　◇　◇

幾何光学と波動光学の接点

$d_p \gg \lambda$，つまり $x \gg 1$ の粒子を考える．幾何光学で考えると，光が遮られて吸収または散乱される面積（減衰断面積）は粒子断面積に等しく，減衰効率 Q_ext は 1 である．一

方,波動光学で考えると,粒子が電磁場に影響を及ぼす領域は $d_p \gg \lambda$ で,バビネーの原理 (Babinet's principle)[26] により,減衰断面積は粒子の幾何的断面積の 2 倍となる.つまり,減衰効率 Q_ext は 2 となってしまう.

したがって,大きい粒子群の減衰係数 β が幾何光学と波動光学的扱いによって 2 倍違うことになる.この差異は,幾何光学で波動の回折を考慮に入れていないために生じる矛盾であり,厳密には波動光学的に取扱った減衰係数が正しい.

実際の大径粒子群では,回折による光の散乱は角度が小さく,ふく射エネルギー伝播に及ぼす影響はさほど大きくはないので,非等方散乱の位相関数を考慮したふく射伝播解析をすれば,どちらの減衰係数を用いても結果には大差がない場合が多い.

★　　★　　★　　★　　★

15.5　多分散粒子群のふく射特性

燃焼炉における煤や灰分などの粒子群,液体燃焼や水の噴霧,雲やエアロゾルなどは広い粒径分布をもつ.このような粒径分布をもつ分散性媒体について,ふく射伝熱解析を行う際には,広範囲にわたる電磁波の波長領域と液滴径を考慮に入れる必要がある.単一液滴のふく射特性が求められれば,多分散の液滴群のふく射特性を以下の式により求めることができる[92].

$$\beta_\lambda = \int_0^\infty C_\text{ext}(d_p)\, n_p(d_p)\, \mathrm{d}d_p \tag{15.27}$$

$$\kappa_\lambda = \int_0^\infty C_\text{abs}(d_p)\, n_p(d_p)\, \mathrm{d}d_p \tag{15.28}$$

$$\sigma_{s,\lambda} = \int_0^\infty C_\text{sca}(d_p)\, n_p(d_p)\, \mathrm{d}d_p \tag{15.29}$$

ここで,d_p は粒子直径,$n_p(d_p)$ は粒子の数密度関数,$C_\text{ext}(d_p), C_\text{abs}(d_p), C_\text{sca}(d_p)$ は,それぞれ単一粒子の減衰断面積,吸収断面積,散乱断面積である.単一液滴の位相関数を $\Phi_d(d_p,\theta)$ とすると,粒子群の位相関数 $\Phi(\theta)$ は次式で表される.

$$\Phi(\theta) = \frac{1}{\sigma_{s,\lambda}} \int_0^\infty C_\text{sca}(d_p)\, \Phi_d(d_p,\theta)\, n_p(d_p)\, \mathrm{d}d_p \tag{15.30}$$

液体の粒子群は種々の分布を有するが,ここでは,微粒化液体の典型的な分布である抜山・棚沢の粒径分布式[124] を取り上げる.図 15.10 は,抜山・棚沢の液滴分布を有する多分散粒子群について,式 (15.28) で吸収係数を計算し,第 15.1 節で定義した吸収効率

15.5 多分散粒子群のふく射特性

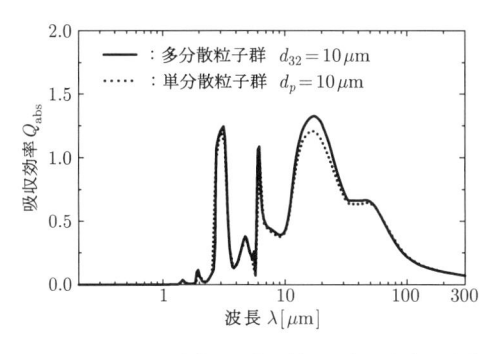

図 15.10 波長 λ の電磁波に対する粒径分布を有する液滴群の吸収効率 Q_{ext} と単分散粒子の吸収効率の比較

Q_{abs} を求めたものである.図には,次式で定義される面積平均径あるいは体面積平均径 (Sauter diameter) d_{32} を等しくとった単分散粒子の吸収効率も示している[86].両者は,よく一致していることがわかる.

$$d_{32} = \frac{\int_0^\infty n(d_p)\, d_p^3\, \mathrm{d}d_p}{\int_0^\infty n(d_p)\, d_p^2\, \mathrm{d}d_p} \tag{15.31}$$

図 15.11 は,式 (15.30) で計算した粒子群の平均位相関数と,体面積平均径 d_{32} を等しくとった単分散粒子の位相関数を示したものである.両者は若干の差異があるが,比較的よい相似性を示している.

これらの事柄から粒径分布を有する粒子群のふく射特性は,その粒子群の体面積平均径

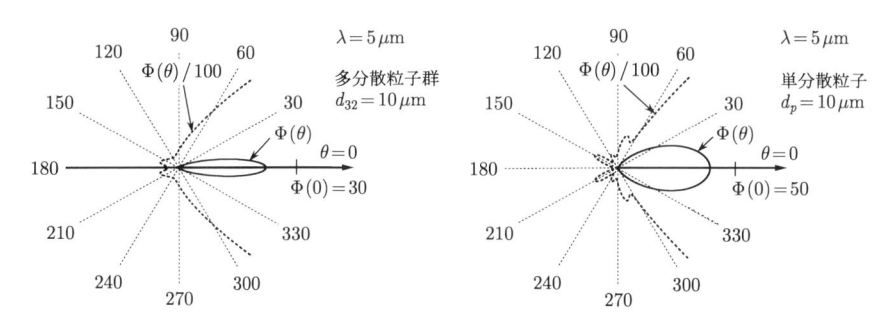

図 15.11 波長 $5\,\mu\mathrm{m}$ の電磁波に対する粒径分布を有する液滴群の平均位相関数と単分散粒子の位相関数の比較

d_{32} と等しい単分散粒子群で近似できることがわかる．粒子群のふく射伝熱解析を行い，粒子群の体面積平均径と等しい単分散粒子群の伝熱解析とを比較した結果，両者のふく射伝熱特性は比較的よく一致することが確かめられている[86]．

15.6 実在粒子のふく射物性

粒子のふく射特性を明らかにするには，粒子の複素屈折率を知る必要がある．幾つかの物質では，第13章に示す複素屈折率が与えられている．雲や水滴を構成する水の複素屈折率は 図12.5 で与えられたので，数密度と粒径が与えられると，ふく射性ガスを含むふく射伝熱解析が第11章の解析で可能となる．

表15.1 は，代表的な雲の粒子直径と平均的な数密度を示す[188]．ただし，このデータは気象条件などで大きく変化する．

表 15.1 代表的な雲の体面積平均径と粒子密度

種類	数密度 $[1/m^3]$	雲水量 $[g/m^3]$	体面積平均径 $d_{32}\,[\mu m]$
層雲	4.4×10^8	0.22	11.8
層積雲	3.5×10^8	0.14	10.6
乱層雲	2.8×10^8	0.50	20.6
高層雲	4.3×10^8	0.28	12.2

表 15.2 近赤外線域における各種物質の複素屈折率

種類	複素屈折率 $m = n - ik$
炭素	$2.20 - 1.12\,i$
無煙炭	$2.05 - 0.54\,i$
瀝青炭	$1.85 - 0.22\,i$
褐炭	$1.70 - 0.066\,i$
石炭灰	$1.50 - 0.020\,i$

表15.2 は，代表的な石炭と石炭灰の近赤外域における複素屈折率を示し[92]，図15.12，図15.13 に各種石炭灰と炭素における複素屈折率の波長依存性を示している[189,190]．これらの計測値または実測値は諸種のデータがあり，それぞれは必ずしも一致していない．また，煤はサブミクロンの炭素粒子であるが，一般的にナノスケールの炭素粒子が凝集したものであり，球形粒子ではない．したがって，第15.4節の球形粒子の散乱は厳密には適用できず，近似的な扱いであることに注意する．

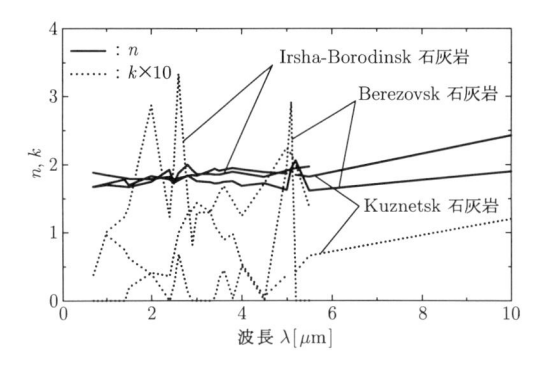

図 15.12 各種石炭灰の複素屈折率

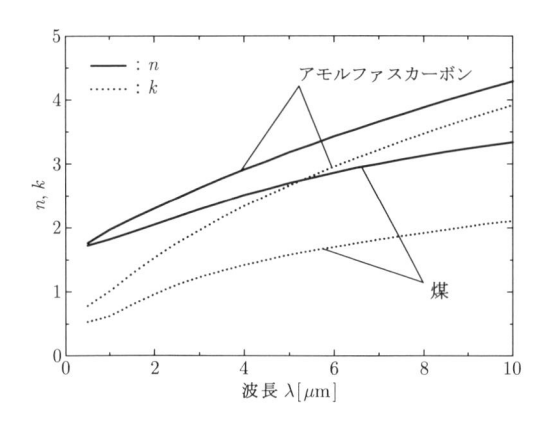

図 15.13 アモルファスカーボンと煤の複素屈折率

15.7 繊維媒体のふく射特性

多くの断熱材や衣服などは，繊維媒体で構成される．第9.4節に示したように，繊維媒体内のふく射伝熱は断熱材の熱流の大部分を占めることが多い．繊維媒体は，近似的には直径に比べて著しく長い円柱として考えることができる．電磁波が円柱に照射されたときの吸収・散乱特性は Mie の理論と同様に解析的に解を得ることができる[26]．最近では，マクスウェルの電磁方程式を数値的に解いて，非円形断面の繊維の散乱特性も計算されている[191]．

図 15.14 に，電磁波が円柱の軸に対して ϕ で入射したときの散乱状態を示す．球対称

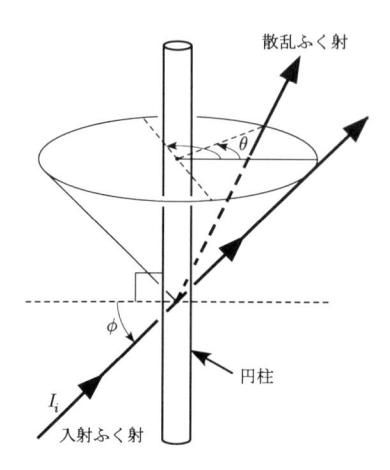

図 15.14 電磁波が円柱に入射したときの散乱

の球状粒子と異なり，繊維媒体の場合は繊維の方向によって，減衰断面積，散乱断面積，位相関数が異なる．このために，媒体のふく射特性に異方性を生じる場合が多い．

図 15.15 は，繊維方向が任意で等方性の繊維媒体と，繊維方向が層に平行で層内では任意に配列している異方性繊維媒体の減衰効率を計算したものである[192]．異方性繊維媒体は，電磁波の入射角が垂直から外れると減衰効率が増大する．

電磁波理論から計算した繊維媒体の厳密なふく射伝熱解析はあまり行われておらず，有効熱伝導率の実験的な測定が主である．しかし，これら繊維媒体の散乱特性を考慮した理論的な伝熱解析結果は，実験結果とよく一致するようになってきている[193]．

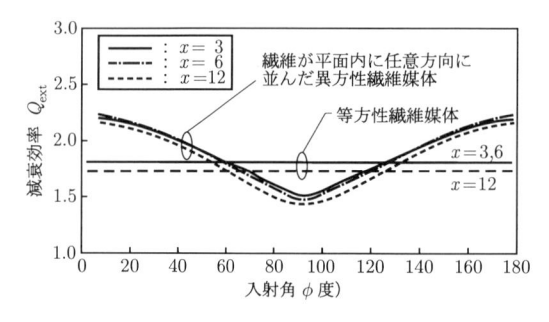

図 15.15 層方向に平行な繊維媒体と等方性繊維媒体における減衰効率の角度依存性[191]

15.8 分散媒体の独立散乱と従属散乱

充填層や流動層のように，粒子が密に集合している媒体では，その散乱特性は単独粒子の場合とは異なってくる．粒子間の隙間が小さいと，電磁波の散乱はもはや単独粒子の特性と異なり，粒子群全体の電磁場を解く必要が出てくるであろう．その場合は，もはや前節までの単独粒子や繊維媒体の減衰・散乱・吸収特性をふく射伝熱輸送方程式に適用することはできなくなる．

しかし，Tien らのグループは，種々の粒子群や繊維群のふく射伝播の計測を行った結果，粒子間のすき間 c と電磁波の波長 λ の比が，おおむね

$$\frac{c}{\lambda} > 0.5 \tag{15.32}$$

を満足するときに独立散乱の仮定が適用可能であることを明らかにした．粒子中心間距離 $\delta = c + d_p$ と粒子の体積分率 f_v との近似的関係を使用すると，単独粒子散乱仮定が成り立つ範囲は次式で表される[194, 195]．

$$\frac{c}{\lambda} = \frac{x}{\pi}\left(\frac{0.905}{f_v^{1/3}} - 1\right) > 0.5 \text{ または } f_v < 6.25 \times 10^{-3} \tag{15.33}$$

図 15.16 は，独立散乱の仮定が成立する分散媒体の領域を示したものである．かなり多くの分散媒体で独立散乱の仮定が成立することがわかる．極低温断熱に用いられている断熱材の一部は，ふく射の波長が長いために独立散乱の仮定が成立しない．

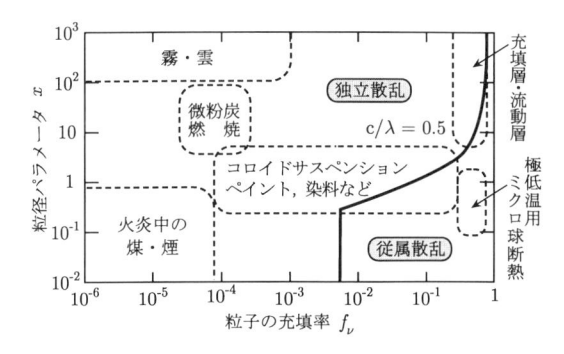

図 15.16 独立散乱の仮定が成立する分散媒体の領域マップ

付録 15.A

これまでの手法[147]では，次式による漸化式で n 次の Bessel 関数と第二種 Hankel 関数に関わる係数を次式の漸化式で計算してきた．

$$\psi_{n+1}(x) = \frac{2n+1}{x}\psi_n(x) - \psi_{n-1}(x) \tag{15.34}$$

$$\zeta_{n+1}(x) = \frac{2n+1}{x}\zeta_n(x) - \zeta_{n-1}(x) \tag{15.35}$$

$$\psi_{-1}(x) = \cos x, \quad \psi_0(x) = \sin x \tag{15.36}$$

$$\zeta_{-1}(x) = -\sin x, \quad \zeta_0(x) = \cos x \tag{15.37}$$

$$\psi'_n(x) = \psi_{n-1}(x) - n\frac{\psi_{n-1}(x)}{x} \tag{15.38}$$

$$\zeta'_n(x) = \zeta_{n-1}(x) - n\frac{\zeta_n(x)}{x} \tag{15.39}$$

式 (15.15), (15.16), (15.21), (15.22) の級数計算で必要な項数 $n_{\max}$ は，式 (15.26) のように，粒径パラメータ x が大きくなると増大する．したがって，ミー散乱の計算を行う際に，計算精度を保つため多大な計算時間が費やされることとなり，精度の高い計算が難しくなる．つまり，従来の手法は，x が大きくなると計算の過程で生ずる打切り誤差によって計算の精度が落ちてしまい，波長に比べて大きな粒子の散乱を計算することが困難であった．

そこで，粒径パラメーターが大きい場合でも精度を保ち，かつ広範囲の粒径パラメータに対して適応可能な手法が Wang と Hulst により提示された[187]．上記の欠点を補うために，ratio method と呼ばれる手法を用いて式 (15.15), (15.16) を計算する．つまり，式 (15.15), (15.16) を変形して次式とする．

$$\frac{1}{a_n} = 1 + \frac{i\chi_n(x)[A_n(y) - mB_n(x)]}{\psi_n(x)[A_n(y) - mA_n(x)]} \tag{15.40}$$

$$\frac{1}{b_n} = 1 + \frac{i\chi_n(x)[mA_n(y) - B_n(x)]}{\psi_n(x)[mA_n(y) - A_n(x)]} \tag{15.41}$$

上式の $A_n(x), B_n(x), \psi_n(x), \chi_n(x)$ は，次式の漸化式によって計算できる．

$$\psi_1(x) = \frac{\sin x}{x} - \cos x, \quad \chi_1(x) = \frac{\cos x}{x} + \sin x \tag{15.42}$$

$$\psi_n(x) = \psi_1(x)\prod_{i=2}^{n}p_i(x), \quad \chi_n(x) = \chi_1(x)\prod_{i=2}^{n}q_i(x) \text{ for } n \geq 2 \tag{15.43}$$

ここで,
$$p_n(x) = \frac{\psi_n(x)}{\psi_{n-1}(x)}, \quad q_n(x) = \frac{\chi_n(x)}{\chi_{n-1}(x)} \tag{15.44}$$
また,
$$A_n(x) = \frac{\psi'_n(x)}{\psi_n(x)}, \quad B_n(x) = \frac{\chi'_n(x)}{\chi_n(x)} \tag{15.45}$$

上式によって，式 (15.15)，(15.16) をより正確かつ迅速に計算できるので，x が 5 000 程度で幾何光学が適用できる大きな粒子でも Mie 散乱の計算が可能である[187].

付録 15.B

第 15.4 節と付録 15.A の手法で減衰係数や散乱係数，位相関数を広範囲な水滴粒径と波長について計算した結果をデータベースとして使いやすい形にしたものが，図 15.17，図 15.18，図 15.19 である．水の複素屈折率データは 図 12.5 を用いている．各パラメータのデータは，波長と粒径に対して log スケールで等間隔に与えられており，その値を線形補完することによって目的の散乱パラメータを容易に計算することができる．

このデータベースを使うことによって，粒径分布を有する粒子群のふく射伝熱計算を高速化することができる．例えば，波長分割数 300，空間分割数 300 でふく射性ガスを含むふく射伝熱の計算[86] では，VT‑Alpha コンピュータを使用した場合に，データベースを用いないと 1 週間以上かかる計算が 33 分に短縮できた．

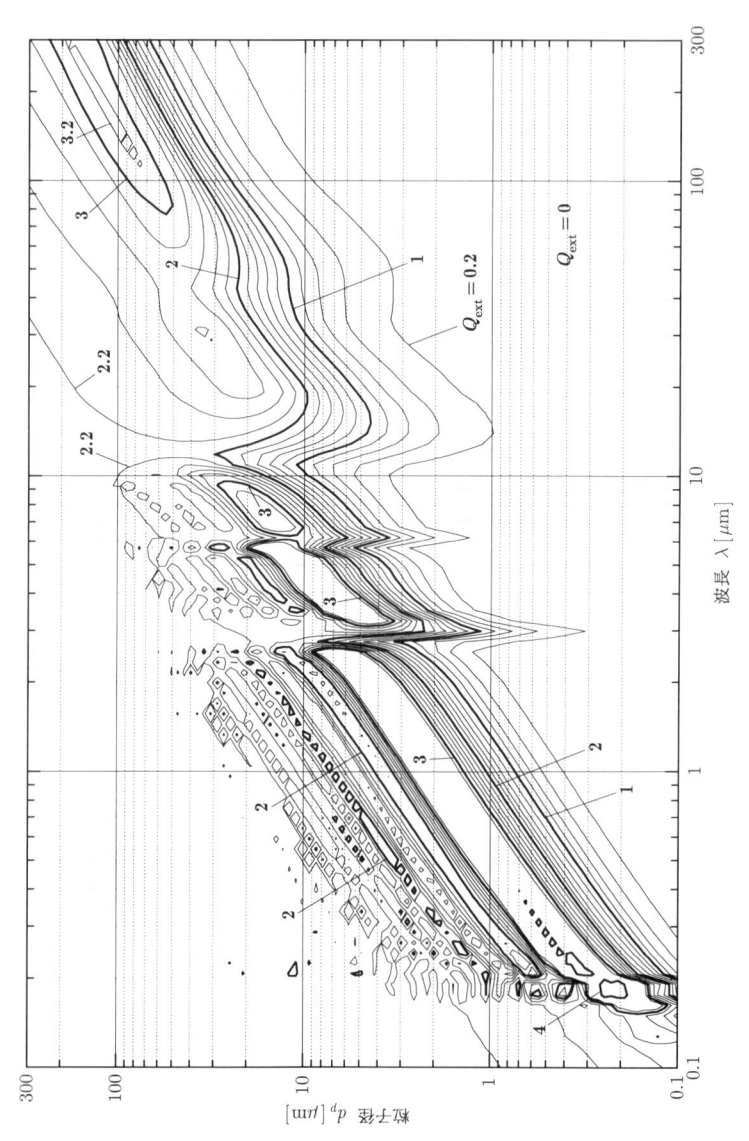

図 15.17 水滴の直径 d_p と入射電磁波 λ に対する減衰効率 Q_{ext} の変化

付録 15.B

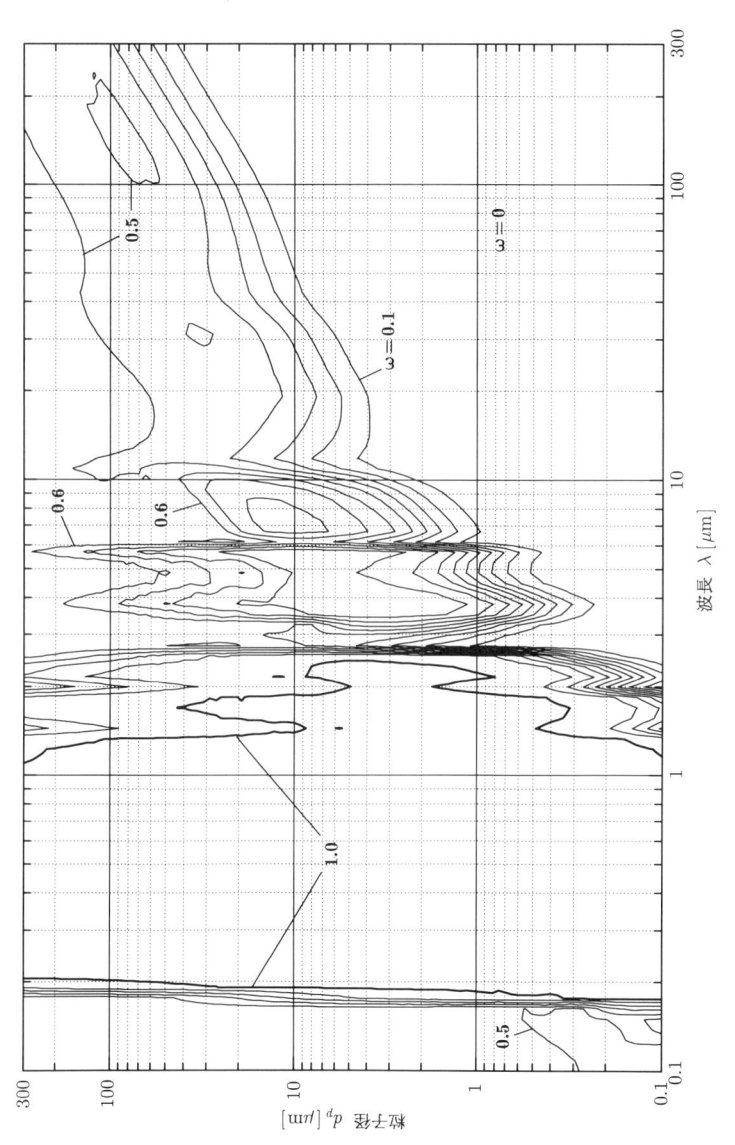

図 15.18 水滴の直径 d_p と入射電磁波入に対するアルベド ω の変化

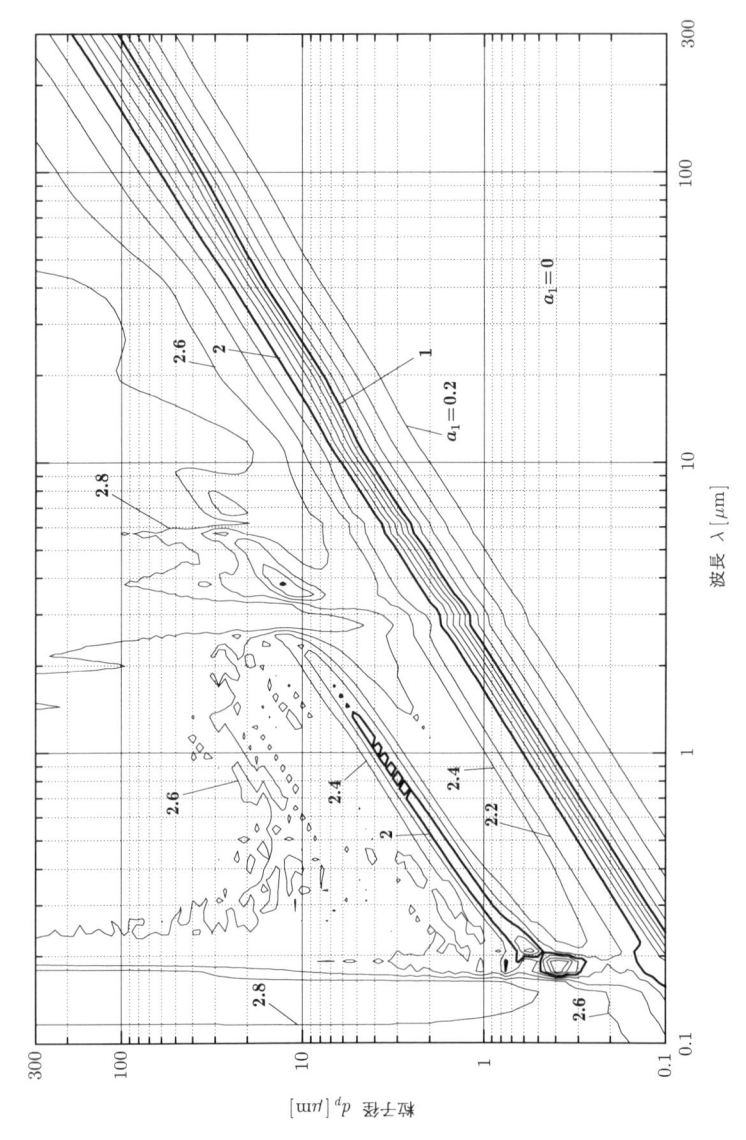

図 15.19 水滴の直径 d_p と入射電磁波 λ に対する前方散乱パラメータ a_1 の変化

参考文献

1) S. ワインバーグ. [新版] 宇宙創成はじめの三分間. ダイヤモンド社, (1995). Original: The First Three Minuts by Steven Weinberg, 1995.2.9 初版発行, 訳 小尾信彌, 解題 佐藤文隆.

2) J. Kaufmann III and A. Freedman. Universe, 5th edition. W. H. Freeman and Company, New York, (1999).

3) J.C. Mather and 他 23 名. Measurement of the Cosmic Microwave Background Spectrum by the "COBE". The Astrophysical Journal, Vol. 420, pp. 439–444, (1994).

4) 新村 出（編）. 広辞苑. 岩波書店, 第 4 版, (1991). 1955 年初版発行.

5) 諸橋轍次. 大漢和辞典, 第 10 巻. 大修館書店, (1984). 1959 年初版発行.

6) 上田万年, 岡田正之, 飯島忠夫, 栄田猛猪, 飯田伝一. 講談社新大字典, pp. 653–654,1036–1037. 講談社, (1993).

7) J.A. Simpson and E.S.C. Weiner. The oxford english dictionary. Vol. 8, pp. 88–91. Oxford University Press, Clarendon, 2nd edition, (1989).

8) J.A. Simpson and E.S.C. Weiner. The oxford english dictionary. Vol. 5, pp. 180–181. Oxford University Press, Clarendon, 2nd edition, (1989).

9) 国立天文台（編）. 理科年表. 丸善, 第 73 版, (2000).

10) 赤外線技術研究会（編）. 赤外線工学-基礎と応用-. オーム社, (1991).

11) E. Hecht. Optics. Addison-Wesley Publishing Company, U.S.A., 2nd edition, (1988). first edition was published in 1974.

12) A.B. キャンベル. プラズマ物理学と電磁流体力学. 好学社, (1966). Original : Plasma Physics and Magnetofluidmechanics by A.B. Cambel, 1963 by MaGraw-Hill Inc., New York, 監修 橘 藤雄, 共訳 棚澤一郎・秋山 守・青木 稔・塩治震太郎

13) G.M. Barrow. バーロー物理化学 (下). 東京化学同人, 第 5 版, (1990). Original : G.M. Barrow, Physical Chemistry, 5th Ed., 1988 by McGraw-Hill, Inc.
14) 円山重直. 伝熱・流動現象に熱物性が使えるか. 熱物性, Vol. 16, No. 1, pp. 14–19, (2002).
15) 空気調和・衛生工学会 (編). 空気調和衛生工学便覧. 空気調和・衛生工学会, 第 12 版, (1995).
16) 相原利雄. 伝熱工学. 機械工学選書. 裳華房, 第 1 版, (1994).
17) D.J.E. Ingram. 輻射と量子物理, オックスフォード物理学シリーズ, 第 3 巻. 丸善, 第 13 版, (1996). 1977.1.20 第 1 刷発行, 1996.4.5. 第 13 刷発行, 監修 柿内賢信・土方克法, 土方克法 訳.
18) 朝永振一郎. 量子力學 I, 物理學大系基礎物理篇, 第 8 巻. みすず書房, (1966). 1952.5.6. 第 1 刷発行、1966.3.20. 第 19 刷発行.
19) 小瀬輝次, 斎藤弘義, 田中俊一, 辻内順平, 波岡 武 (編). 光工学ハンドブック. 朝倉書店, (1988). 1986.2.20 初版第 1 刷, 1988.7.20 第 2 刷.
20) 円山重直, 柏 隆之, 江刺正喜. ミクロ立方空洞からの熱放射の計測. 第 37 回日本伝熱シンポジウム講演論文集, 第 2 巻, pp. 595–596, 神戸市, (2000).
21) S. Maruyama, T. Kashiwa, H. Yugami and M. Esashi. Thermal radiation from two-dimensionally confined modes in microcavities. Applied Physics Letters, Vol. 79, No. 9, pp. 1393–1395, (2001).
22) S.L. Chang and K.T. Rhee. Blackbody radiation functions. International Communication of Heat and Mass Transfer, Vol. 11, pp. 451–455, (1984).
23) 安東 滋, 関根征士. 光工学. アイピーシー, (1991).
24) 末田 正. 光エレクトロニクス. 昭晃堂, 第 2 版, (1986). 1985.4.15. 第 1 刷発行、1986.7.10. 第 2 刷発行.
25) 気象庁 (編). 地球温暖化の実態と見通し. 大蔵省印刷局, (1966).
26) H.C. van de Hulst. Light Scattering by Small Particles. Dover Publication, Inc., New York, (1981). published in 1981, is corrected republication of the work originally published in 1957 by John Wiley & Sons, Inc., N.Y.
27) M. Planck. The Theory of Heat Radiation. P. Blakiston's Son & Co., Philadelphia, 2nd edition, (1914). Translation of the Second Edition of Planck's Waer-

mestrahlung(1913).

28) 甲藤好郎. 伝熱概論. 養賢堂, (1980). first edition was published in 1964.

29) J.R. Howell. A Catalog of Radiation Configuration Factors. McGraw-Hill, New York, (1982).

30) 田中貞映，アフマッド グトモ. 平行四列円柱及び角柱群に対する厳密なふく射形態係数. 神戸商船大学紀要 第二類 商船・理工学編, pp. 39–48, (2000).

31) W.J. Yang, H. Taniguchi and K. Kudo. Radiative heat transfer by the Monte Carlo method. In J.P. Hartnett, T.F. Irvine, Y.I. Cho, and G.A. Greene, editors, Advances in Heat Transfer, Vol. 27. Academic Press, San Diego, (1995).

32) 谷口 博，Wen-Jei Yang，工藤一彦，黒田明慈，持田明野. パソコン活用のモンテカルロ法による放射伝熱解析. コロナ社, (1994). 1994.1.25. 初版第 1 刷発行.

33) S. Maruyama. Radiation heat transfer between arbitrary three-dimensional bodies with specular and diffuse surfaces. Numerical Heat Transfer, Part A, Vol. 24, pp. 181–196, (1993).

34) 浅見義弘，稲葉文男，犬石嘉雄，桜井健二郎，菅原吉彦，難波進，平野順三，山中千代衛. レーザ工学. 東京電機大学出版局, 第 1 版, (1972).

35) D.Y. Smith, E. Shiles and M. Inokuti. The optical properties of metallic aluminum. In E.D. Palik, editor, Handbook of Optical Constants of Solids, Vol. 1, pp. 369–406. Academic Press, New York, 1 edition, (1985).

36) A.E. Siegman. Lasers. University Science Books Mill Valley, California, (1986).

37) R. Siegel and J.R. Howell. Thermal radiation heat transfer. Taylor & Francis, New York, 4th edition, (2002). first edition was published in 1972.

38) 大森敏明，梁 禎訓，加藤信介，村上周三. 大規模・複雑形状に対応する対流・放射連成シミュレーション用放射伝熱解析法の開発 (第一報—モンテカルロ法をベースとした高精度放射伝熱解析法). 空気調和・衛生工学会論文集, No. 88, pp. 103–113, (2003).

39) 円山重直，相原利雄. 任意形状の三次元等温黒体面からのふく射伝熱の簡易数値計算法. 日本機械学会論文集 (B 編), Vol. 53, No. 491, pp. 2187–2191, (1987).

40) H.C. Hottel and A.F. Sarofim. Radiateve Transfer. McGraw-Hill, New York, (1967).

41) F.P. Incropera and D.P. DeWitt. Introduction to Heat Transfer. John Wiley &

Sons, New York, 4th edition, (2002). first published in 1985.

42) 中前栄八郎, 西田友是. 3 次元コンピュータグラフィックス. 昭晃堂, 初版第 6 刷, (1990). 1986 年 5 月初版 1 刷発行.

43) 相原利雄, 円山重直, 小早川真一. ピンフィン放熱器の自由対流・ふく射熱伝達 (伝熱特性の統一表示). 日本機械学会論文集 (B 編), Vol. 53, No. 488, pp. 1307–1313, (1987).

44) 円山重直, 竹内祐平. 各種物体間のふく射伝熱簡易解析法. 日本機械学会東北支部米沢地方講演会講演論文集, No. 991-2, pp. 97–98, 米沢市, (1999).

45) 竹内祐平, 円山重直. 各種形状物体間の簡易ふく射伝熱解析. 東北大学流体科学研究所報告, Vol. 12, pp. 11–19, (1982).

46) 大森敏明, 永田敬博, 谷口 博, 工藤一彦. 工業用燃焼炉の三次元伝熱解析 (モンテカルロ法とゾーン法を併用した解法と鋼材加熱炉への適用). 日本機械学会論文集 (B 編), Vol. 57, No. 542, pp. 3491–3498, (1991).

47) 山田 昇, 齋藤武雄. 日射を考慮した都市空間の熱環境評価に関する研究. 太陽エネルギー, Vol. 28, No. 5, pp. 65–70, (1991).

48) 円山重直, 相原利雄. 鏡面・乱反射面をもつ任意形状軸対称物体の放射伝熱. 日本機械学会論文集 (B 編), Vol. 59, No. 566, pp. 3202–3209, (1993).

49) Z. Guo, S. Maruyama and T. Tsukada. Radiative heat transfer in curved specular surfaces in czochralski crystal growth furnace. Numerical Heat Transfer, Part A, Vol. 32, pp. 595–611, (1997).

50) S. Maruyama and T. Aihara. Radiation heat transfer of arbitrary three-dimensional absorbing, emitting and scattering media and specular and diffuse surfaces. Transactions of ASME, Journal of Heat Transfer, Vol. 119, pp. 129–136, (1997).

51) 円山重直, 相原利雄. 光線放射モデルによるふく射要素法 (REM^2) を用いた任意形状ふく射性媒体と物体面間のふく射伝熱. 日本機械学会論文集 (B 編), Vol. 62, No. 595, pp. 1091–1097, (1996).

52) 平澤茂樹, 円山重直. 要素数低減による放射伝熱計算の高速化と誤差の検討およびランプ加熱装置への適用. 日本機械学会論文集 (B 編), Vol. 66, No. 644, pp. 1249–1253, (2000).

53) 円山重直, 竹内祐平, 平沢茂樹. 鏡面および拡散面から成る任意形状三次元物体間

参考文献

ふく射伝熱解析の高速化. 第 37 回日本伝熱シンポジウム講演論文集, 第 2 巻, pp. 597–598, 神戸市, (2000).

54) S. Maruyama, Y. Takeuchi and S. Hirasawa. A fast method of radiative heat transfer analysis between arbitrary three-dimensional bodies composed of specular and diffuse surfaces. Numerical Heat Transfer, Part A, Vol. 39, pp. 761–776, (2001).

55) S. Sakai and S. Maruyama. A fast approximated method of radiative exchange for combined heat transfer simulation. Numerical Heat Transfer, Part B, Vol. 44, pp. 473–487, (2003).

56) Z. Guo, S.-H. Hahn, S. Maruyama and T. Tsukada. Global heat transfer analysis in Czochralski silicon furnace with radiation on curved specular surfaces. Heat and Mass Transfer, Vol. 35, pp. 185–190, (1999).

57) 今石宣之. 結晶成長炉のシミュレーション. シミュレーション, Vol. 19, No. 2, pp. 91–99, (2000).

58) Z. Guo, S. Maruyama and S. Togawa. Radiative heat transfer in silicon floating zone furnace with specular reflection on concave surfaces. JSME International Journal, Vol. 41, No. 4, pp. 888–894, (1998).

59) Z. Guo, S. Maruyama and S. Togawa. Combined heat transfer in floating zone growth of large silicon crystals with radiation on diffuse and specular surfaces. Journal of Crystal Growth, Vol. 194, pp. 321–330, (1998).

60) 宮永俊之, 中野幸夫. 拡散面と鏡面からなる三次元閉空間内の放射伝熱 (改良型光線追跡法を用いた計算方法). 日本機械学会論文集 (B 編), Vol. 65, No. 635, pp. 2426–2433, (1999).

61) 平澤茂樹, 円山重直. 要素数低減による放射伝熱計算の高速化と誤差の検討およびランプ加熱装置への適用. 日本機械学会論文集 (B 編), Vol. 66, No. 644, pp. 303–307, (2000).

62) H. Hirasawa and S. Maruyama. Analysis of gas convection and temperature distribution in a rotating wafer in a cylindrical lamp heating apparatus. Proceedings of 2001 ASME International Mechanical Engineering Congress and Exposition, Vol. 1, No. 11-16,2001, pp. 1–8, (2002).

63) 平澤茂樹, 鈴木匡, 円山重直. 半導体ランプ熱処理装置におけるウエハ均一加熱制御

方法の検討. 日本機械学会論文集 (B 編), Vol. 68, No. 671, pp. 2163–2166, (2002).

64) H. Hirasawa and S. Maruyama. Analysis of gas convection and temperature distribution in a rotating wafer in a cylindrical lamp heating apparatus. Proceedings of IMECE2002 ASME International Mechanical Engineering Congress & Exposition, Vol. 1, No. 17-22,2002, pp. 1–7, (2002).

65) M. Perlmutter and J.R. Howell. A strongly directional emitting and absorbing surface. Transactions of ASME, Journal of Heat Transfer, Vol. 85, pp. 282–283, (1963).

66) H. Masuda. Directional control of radiation heat transfer by v-groove cavities—collimation of energy in direction normal to cavity opening. Transactions of ASME, Journal of Heat Transfer, Vol. 102, No. 3, pp. 563–567, (1980).

67) 金山公夫. V 字みぞ粗面および円弧みぞ粗面の指向放射率. 日本機械学会論文集 (第 2 部), Vol. 37, No. 299, pp. 1378–1386, (1971).

68) 増田英俊, 高　興, 水田郁久. 円柱状格子による固体面からのふく射伝熱の制御. 日本機械学会論文集 (B 編), Vol. 59, No. 560, pp. 1330–1337, (1993).

69) 円山重直. インボリュート形反射板を用いた指向性放射の均質化. 日本機械学会論文集 (B 編), Vol. 57, No. 535, pp. 1084–1090, (1991).

70) S. Maruyama. Uniform isotropic emission from an involute reflector. Transactions of ASME, Journal of Heat Transfer, Vol. 115, pp. 492–495, (1993).

71) 齋藤武雄, 辰尾光一, 山田 昇. 複合放物面集光 (CPC) 型スカイラジエータの性能向上に関する研究 (第一報；2 次元 CPC 型スカイラジエータの最適設計および性能試験). 太陽エネルギー, Vol. 29, No. 2, pp. 30–37, (2002).

72) P.J. Hesketh, J.N. Zemel and B. Gebhart. Organ pipe radiant modes of periodic micromachined silicon surfaces. Nature, Vol. 324, pp. 549–551, (1986).

73) C.L. Tien and G. Chen. Challenges in microscale conductive and radiative heat transfer. Transactions of ASME, Journal of Heat Transfer, Vol. 116, pp. 799–807, (1994).

74) H. Sai, Y. Kanamori and H. Yugami. High-temperature resistive surface grating for spectral control of themal radiation. Applied Physics Letters, Vol. 82, No. 11, pp. 1685–1687, (2003).

75) 越後亮三. ガスエンタルピとふく射エネルギ間の効果的変換方法と工業用炉への応

用. 日本機械学会論文集 (B 編), Vol. 48, No. 435, pp. 2315–2323, (1982).

76) 花村克悟, 越後亮三, 吉澤善男. ふく射伝熱に支配される火炎の構造と非定常伝ぱに関する研究. 日本機械学会論文集 (B 編), Vol. 57, No. 533, pp. 315–321, (1991).

77) 円山重直, 相原利雄, R. Viskanta. 多孔質体を用いた能動熱遮断の非定常特性. 日本機械学会論文集 (B 編), Vol. 56, No. 524, pp. 1140–1147, (1990).

78) 円山重直. 多孔質体と透過ガス流による放射伝熱制御. 日本機械学会論文集 (B 編), Vol. 58, No. 545, pp. 211–215, (1992).

79) 円山重直. 能動熱遮断による高性能断熱と伝熱制御. 日本航空宇宙学会誌, Vol. 43, No. 495, pp. 257–259, (1995).

80) K. Kamiuto. Modeling of elementary transpoet processes and composite heat transfer in open-cellular porous materials. Trends in Heat, Mass & Momentum Transfer, Vol. 5, pp. 141–161, (1999).

81) 吉田篤正, 拝田 健, 松本英治, 鷲尾誠一. ふく射伝ぱに与える散乱性媒体の密度分布の影響 (成長過程にある霜層の場合). 日本機械学会論文集 (B 編), Vol. 65, No. 637, pp. 3154–3159, (1999).

82) K. Hanamura and T. Kumano. Thermophotovoltaic power generation by super-adiabatic combustion in porous quartz glass. Thermophotovoltaic Generation of Electricity : 5th Conference, pp. 111–120. American Institute of Physics, U.S.A., (2002).

83) T. Sakai, T. Tsuru and K. Sawada. Computation of hypersonic radiating flow-field over a blunt body. Journal of Thermophysics and Heat Transfer, Vol. 15, No. 1, pp. 91–98, (2001).

84) S. Matsuyama, T. Sakai, A. Sasoh and K. Sawada. Parallel computation of fully coupled hypersonic radiating flowfield using multiband model. Journal of Thermophysics and Heat Transfer, Vol. 17, No. 1, pp. 21–28, (2003).

85) S. Dembele, A. Delmas and J.F. Sacadura. A method for modeling the mitigation of hasardous fire thermal radiation by water spray curtains. Transactions of the ASME, Journal of Heat Transfer, Vol. 119, pp. 747–753, (1997).

86) S. Maruyama, K. Morita and Z. Guo. Effects of droplets parameters on thermal protection by water mist aginst intense irradiation. In Proceedings of NHTC2000, 34th Natinal Heat Transfer Conference, No. NHTC2000-12265, pp.

1–10, (2000).

87) S. Chandrasekhar. Radiative Transfer. Dover Publication, Inc., New York, (1960). first published in 1960, is slightly revised version of the work originally published in 1950 by the Oxford University Press.

88) M.N. Ozisik. Radiative Transfer and Interactions with Conduction and Convection. A Wiley-Interscience Publication, New York, (1972).

89) R. Viskanta. Radiation transfer and interaction of convection with radiation heat transfer. In T.F. Irvine Jr. and J.P. Hartnett, editors, Advances in Heat Transfer, Vol. 6. Academic Press, New York, (1966).

90) 黒崎晏夫. ふく射による伝熱問題－ふく射と対流がある場合の伝熱計算－ (1)〜(12), 機械の研究. 養賢堂, Vol. 25, No. 1-12, (1973).

91) 円山重直. 複雑な系におけるふく射伝熱. 伝熱研究, Vol. 36, No. 141, pp. 40–52, (1997).

92) M.F. Modest. Radiative Heat Transfer. Academic Press, San Diego, 2nd edition, (2003). first edition was published in 1993.

93) W.A. Fiveland. Discrete-ordinates solutions of the radiative transport equation for rectangular enclosures. Transactions of ASME, Journal of Heat Transfer, Vol. 106, pp. 699–706, (1984).

94) H.-M. Koo, K.-B. Cheong and T.-H. Song. Schemes and applications of first and second-order discrete ordinates interpolation methods to irregular two-dimensional geometries. Transactions of the ASME, Journal of Heat Transfer, Vol. 119, pp. 730–737, (1997).

95) F.C. Lockwood and N.G. Shah. A new radiation solution method for incorporation in general combustion prediction procedures. In 18th Symposium (International) on Combustion, pp. 1405–1414. The Combustion Institute, (1981).

96) M.A. Heaslet and R.F. Warming. Radiative transport and wall temperature slip in an absorbing planar medium. International Journal of Heat and Mass Transfer, Vol. 8, pp. 979–994, (1965).

97) E.M. Sparrow and R.D. Cess. Radiation Heat Transfer. Series in Thermal and Fluids Engineering. Hemisphere Publishing Corporation, (1977).

98) H. Reiss. Radiative transfer in nontransparent, dispersed media. In Ger-

参考文献　　　　　　　　　　　　　　　　　　　　　　　　　　　　　　　　275

hard Hohler, editor, Springer Tracts in Modern Physics, Vol. 113, pp. 139–159. Springer-Verlag, Berlin, (1988).

99) S. Kumar, A. Majumdar and C.L. Tien. The differential-discrete-ordinate method for solutions of the equation of radiative transfer. Transactions of ASME, Journal of Heat Transfer, Vol. 112, pp. 424–429, (1990).

100) W.A. Fiveland. Discrete ordinate method for radiative heat transfer in isotropically and anisotropically scattering media. Transactions of ASME, Journal of Heat Transfer, Vol. 109, pp. 809–812, (1987).

101) W.A. Fiveland. The selection of discrete ordinate quadrature sets for anisotropic scattering. Proceedings of HTD, Fundamentals of Radiation Heat Transfer, ASME, Vol. 160, pp. 89–96, (1991).

102) C.F. Gerald and P.O. Wheatley. Applied Numerical Analysis. Addison-Wesley Publishing Company, U.S.A., 3rd edition, (1984). first edition was published in 1970.

103) 日本機械学会（編）. 伝熱ハンドブック －ソフト付き－, p. 285. 社団法人 日本機械学会, (1993).

104) M.P. Menguc and R. Viskanta. A sensitivity analysis for radiative heat transfer in a pulverized coal-fired furnace. Combustion Science and Technology, Vol. 51, pp. 51–74, (1987).

105) S. Maruyama and T. Aihara. Radiation heat transfer of a czochralski crystal growth furnace with arbitrary specular and diffuse surfaces. International Journal of Heat and Mass Transfer, Vol. 37, No. 12, pp. 1723–1731, (1994).

106) S. Maruyama and M. Higano. Radiative heat transfer of torus plasma in large helical device by generalized numerical method REM^2. Journal of Energey Conversion and Management, Vol. 38, No. 10-13, pp. 1187–1195, (1997).

107) J.C. Chai, H-O. Lee and S.V. Patankar. Ray effect and false scattering in the discrete ordinates method. Numerical Heat Transfer, Part B, Vol. 24, pp. 373–389, (1993).

108) 早坂洋史, 工藤一彦, 谷口 博, 仲町一郎, 大森敏明, 片山隆夫. 放射熱線法による放射熱伝達の解析 (二次元モデルでの検討). 日本機械学会論文集 (B 編), Vol. 52, No. 476, pp. 1734–1740, (1986).

109) 円山重直, 相原利雄. 任意形状・加熱条件の射出・吸収・散乱性媒体の放射伝熱 (基礎理論と一次元平行板系での検証). 日本機械学会論文集 (B 編), Vol. 60, No. 577, pp. 3138–3144, (1994).

110) A.L. Crosbie and R.G. Schrenker. Radiative transfer in a two-dimensional rectangular medium exposed to diffuse radiation. Journal of Quantitative Spectroscopy and Radiative Transfer, Vol. 31, No. 2, pp. 372–399, (1984).

111) S. Maruyama and T. Aihara. Radiative heat transfer of arbitrary 3-D participating media and surfaces with non-participating media by a generalized numerical method REM^2. Radiative transfer-I : Proceedings of the first International Symposium on Radiation Transfer, Begell House Inc., New York, pp. 153–167, (1995).

112) M.E. Larsen and J.R. Howell. The exchange factor method : an alternative basis for zonal analysis of radiating enclosures. Transactions of ASME, Journal of Heat Transfer, Vol. 107, pp. 936–942, (1985).

113) S. Maruyama and Z. Guo. Radiative heat transfer in arbitrary configurations with nongray absorbing, emitting, and anisotropic scattering media. Transaction of ASME, Jouranl of Heat Transfer, Vol. 121, pp. 722–726, (1999).

114) Z. Guo and S. Maruyama. Radiative heat transfer in inhomogeneous, nongray, and anisotropically scattering media. International Jouranal of Heat and Mass Transfer, Vol. 43, pp. 2325–2336, (1999).

115) 円山重直, 郭 志雄. 高濃度二酸化炭素燃焼炉におけるふく射伝熱. 化学工学論文集, Vol. 26, No. 2, pp. 174–179, (2000).

116) Y. Takeuchi, S. Maruyama, S. Sakai and Z. Guo. Improvement of computational time in radiative heat transfer of three-dimensional participating media using the radiation element method. In International Symposium on Radiative Transfer III, pp. 141–148, (2001).

117) D.K. Edwards. Molecular gas band radiation. In T.F.Jr. Irvine and J.P. Hartnett, editors, Advances in Heat Transfer, Vol. 12, pp. 138–162. Academic Press, New York, (1976).

118) L.S. Rothman and et al. The HITRAN molecular database : editions of 1991 and 1992. Journal of Quantitative Spectroscopy and Radiative Transfer, Vol. 48, pp.

参考文献

501–513, (1992).

119) O. Martin and R.O. Buckius. A simplified wide band model of the cumulative distribution function for carbon dioxide. International Journal of Heat and Mass Transfer, Vol. 41, pp. 3881–3897, (1998).

120) Ontar Corporation, MA 0185-2000, USA. HITEMP. CD-ROM, (1999).

121) S. Maruyama and H. Wu. Comparison of the absorption coefficient, spectral and total emissivities of participating gases at high temperature by lbl analysis and gas models. In Proceedings of the 4th JSME-KSME Thermal Engineering Conference, Vol. 1, pp. 223–228, (2000).

122) S. Maruyama. Radiative heat transfer in anisotropic scattering media with specular boundary subjected to collimated irradiation. International Journal of Heat and Mass Transfer, Vol. 41, pp. 2847–2856, (1998).

123) W.J. Wiscombe. The delta-M method : rapid yet accurate radiative flux calculations for strongly asymmetric phase functions. Journal of the Atmospheric Sciences, Vol. 34, pp. 1408–1422, (1977).

124) 抜山四郎, 棚澤 泰. 液体微粒化の実験 (第4報、液体の諸性質が噴霧粒径に及ぼす影響). 日本機械学会論文集 (B編), Vol. 5, No. 18, pp. 136–143, (1939).

125) S. Maruyama. Radiative heat transfer in a layer of anisotropic scattering fog subjected to collimated irradiation. In M. Pinar Mengüç, editor, Radiative Transfer-II, pp. 157–172. Begell House Inc., New York, (1997).

126) 円山重直, 森 裕介, 千喜良知恵, 酒井清吾. 太陽光照射を考慮したガラス窓のふく射・伝導複合伝熱解析. 第38回日本伝熱シンポジウム講演論文集, Vol. 3, pp. 693–694, (2001).

127) 円山重直, 森 裕介, 千喜良知恵, 酒井清吾. 鏡面反射及び吸収を考慮した複層ガラス窓の非灰色ふく射・伝導複合伝熱解析. 日本機械学会論文集 (B編), Vol. 68, No. 676, pp. 196–203, (2002).

128) S. Maruyama, Y. Mori, C. Chikira and S. Sakai. Combined nongray radiative and conductive heat transfer in multiple glazing taking into account specular reflection and absorption. Heat Transfer-Asian Research, Vol. 32, No. 8, pp. 712–726, (2003).

129) M. Khoukhi, S. Khoukhi and S. Sakai. Combined non-gray radiative conductive

heat transfer in solar water collector glass cover. Journal of the International Solar Energy Society, Vol. 75, pp. 285–293, (2003).

130) S. Maruyama, Y. Mori and S. Sakai. Nongray radiative heat transfer analysis in the anisotropic scattering fog layer subjected to solar irradiation. Journal of Quantitative Spectroscopy and Radiative Transfer, Vol. 83, pp. 361–375, (2004).

131) J.A. Menart, H.S. Lee and T-K. Kim. Discrete ordinates solutions of nongray radiative transfer with diffusely reflecting walls. Transactions of the ASME, Journal of Heat Transfer, Vol. 115, pp. 184–193, (1993).

132) 森田浩二. 微細ミスト気流による熱遮断に関する研究. 東北大学大学院工学研究科機械知能工学専攻, 修士学位論文, (2000).

133) J.T. Farmer and J.R. Howell. Monte carlo prediction of radiative heat transfer in inhomogeneous, anisotropic, nongray media. Journal of Thermophysics and Heat Transfer, Vol. 8, No. 1, pp. 133–139, (1994).

134) Z. Guo and S. Maruyama. Three-dimensional radiative transfer in anisotropic, and nongray meida. In Proceedings of PVP Computational Technologies for Fluid/Thermal/Structural/Chemical Systems with Industrial Applications, Vol. PVP 377-2, (1998).

135) Z. Guo and S. Maruyama. Prediction of radiative heat transfer in industrial equipment using the radiation element method. Transactions of ASME, Journal of Pressure Vessel Technology, Vol. 123, pp. 530–536, (2001).

136) 小国 力, 村田健郎, 三好俊郎, J.J. Dongarra, 長谷川秀彦. 行列計算ソフトウエアー WS, スーパーコン、並列計算機ー. 丸善, (1991).

137) S. Maruyama, Y. Takeuchi, S. Sakai and Z. Guo. Improvement of computational time in radiative heat transfer of three-dimensional participating using the radiation element method. Journal of Quantitative Spectroscopy and Radiative Transfer, Vol. 73, pp. 239–248, (2002).

138) 西川 徹, 円山重直, 森 裕介, 酒井清吾. 夜間放射冷却および霧層内におけるふく射伝熱解析. 日本気象学会 2002 年度春季大会講演予稿集, p. 194, (2002).

139) T. Nishikawa, S. Maruyama and S. Sakai. Radiative heat transfer analysis within three-dimensional cloud subjected to solar and sky irradiation. Journal of the Atmospheric Sciences, Vol. 61, (2004). to be published, .

140) 櫻井 篤，円山重直，酒井清吾. ふく射要素法を用いた雲領域における三次元ふく射伝熱の影響. 日本機械学会東北支部第39期講演会講演論文集, pp. 108–109, (2004).

141) R.A. McLatchey, R.W. Fenn, J.E.A. Selby, F.E. Volz and J.S. Garing. Optical properties of the atmosphere. Air Force Cambridge Research Laboratories, Vol. Rep. No. RFCRL-72-0497115, pp. 1–108, (1972).

142) R.E. Bird and C. Riordan. Simple solar spectral model for direct and diffuse irradiance on horizontal and tilted planes at the earth's surface for cloudless atmosphere. Journal of Climate and Applied Meteorology, Vol. 25, pp. 87–97, (1986).

143) R.P. ファインマン，R.B. レイトン and M.L. サンズ. 戸田 盛 和訳. ファインマン物理学, 第3巻. 岩波書店, 第22版, (1995). this volume is a Japanese translation of ,The Feynman Lectures on Physics Vols. I,II,III by Richard P.Feynman, Robert B. Leighton, Mattew L. Sands, 1965, by permission of Addison-Wesley Publishing Company, Inc., U.S.A.

144) E. Skieles, T. Sasaki, M. Inokuti and D.Y. Smith. Self-consistency and sum-rule tests in the kramers-kronig analysis of optical data : applications to aluminum. Physical Review B, Vol. 22, No. 4, pp. 1612–1628, (1980).

145) M.R. Querry, D.M. Wieliczka and D.J. Segelstein. Water (H_2O). In E.D. Palik, editor, Handbook of Optical Constants of Solids, Vol. 2, pp. 1059–1077. Academic Press, San Diego, (1991).

146) H.R. Philipp. Silicon dioxide (S_iO_2)(glass). In E.D. Palik, editor, Handbook of Optical Constants of Solids, Vol. 1, pp. 749–763. Academic Press, New York, 1 edition, (1985).

147) G.F. Bohren and D.R. Huffman. Absorption and Scattering of Light by Small Particles. A Wiley-Interscience Publication, John Wiley & Sons, Inc., U.S.A., (1983).

148) 阿部英太郎. マイクロ波技術. 物理工学実験 11. 東京大学出版会, (1991). 1979.8.31. 初版発行、1991.6.30. 第5刷発行.

149) M. Born and E. Wolf. Principles of Optics, Electromagnetic Theory of Propagation, Interference and Difraction of Light. Cambridge University Press, 7th edition, (1999). first edition was published in 1959.

150) P.W. Atkins. 物理化学 (下). 東京化学同人, 第4版, (1993). Original : P.W. Atkins, Physical Chemistry by P.W. Atkins, 1990, 4th edition, Osford University Press.
151) 小野 晃. 高温材料の放射率データの現状と問題点. 計量管理, Vol. 34, No. 3, pp. 9–15, (1985).
152) D.P. Dewitt and D.D. Nutter. Chapter 2 thermal radiative properties of materials. In D.P. Dewitt and J.C. Richmond, editors, Theory and Practice of Radiation Thermometry. A Wiley-Interscience Publication John Wiley & Sons, Inc., New York, pp. 91–187, (1995).
153) Y.S. Touloukian and D.P. DeWitt. Thermal Radiative Properties : Metallic Elements and Alloys in Thermophysical Properties of Matter, The TPRC Data Series, Editor Y.S. Touloukian. Plenum Publiching Co., New York, (1970).
154) Y.S. Touloukian and D.P. DeWitt. Thermal Radiative Properties : Nonmetallic Solids in Thermophysical Properties of Matter, The TPRC Data Series, Editor Y.S. Touloukian, Vol. 8. Plenum Publiching Co., New York, (1972).
155) Y.S. Touloukian, D.P. DeWitt and R.S. Hernicz. Thermal Radiative Properties : Coating in Thermophysical Properties of Matter, The TPRC Data Series, Editor Y.S. Touloukian, Vol. 1. Plenum Publiching Co., New York, (1972).
156) G.C.Y. Wang and others. Thermophysical Properties of High Temperature Solid Materials, Editor Y.S. Touloukian, Vol. 1-6. Macmillan Company, New York, (1967).
157) 牧野俊郎. 固体の熱ふく射性質の測定法. 日本機械学会 (編), 新編伝熱工学の進展, 第2巻, pp. 171–250. 養賢堂, 第1版, (1996).
158) T. Makino and K. Kaga. Scattering of radiation on rough surface modelled by three-dimensional superimposition technique. JSME International Journal, Series B, Vol. 37, No. 4, pp. 904–911, (1994).
159) 牧野俊郎, 阪井一郎, 木下博文, 国友 孟. セラミックスの熱ふく射性質の研究. 日本機械学会論文集 (B編), Vol. 50, No. 452, pp. 1045–1053, (1984).
160) 辻本聡一郎, 神田 誠, 国友 孟. アルミニウムおよびアルミニウム合金の室温以下における熱ふく射性質の研究. 日本機械学会論文集 (B編), Vol. 48, No. 427, pp. 545–553, (1982).
161) 円山重直, 高橋直也, 千喜良知恵, 青木綱芳. 複素屈折率とフレネル公式による鏡

面物体の各種放射率の推定. 日本機械学会東北支部第 35 期総会講演論文集, No. 001-1, pp. 80–81, (2000).

162) E.D. Palik, editor. Handbook of Optical Constants of Solids. Academic Press, Orland, (1985).

163) E.D. Palik, editor. Handbook of Optical Constants of Solids, Vol. 1-3. Academic Press, (1998).

164) 牧野俊郎, 川崎博也, 国友 孟. 高温用金属材料の熱ふく射性質の研究 (第 1 報, Ni, Co, Cr の工学定数および熱放射率). 日本機械学会論文集 (B 編), Vol. 47, No. 421, pp. 1818–1826, (1981).

165) 黒崎晏夫. ふく射による伝熱 (7) －基礎から応用まで－, 機械の研究. 養賢堂, Vol. 34, No. 7, pp. 848–852, (1982).

166) W.J. Paker and G.L. Abbott. Theoretical and experimental studies of the total emittance of metals. in symposium on thermal radiation of solids,. NASA-SP, Vol. 55, pp. 11–28, (1965).

167) 日向野三雄, 尾関恭久, 中村和人, 伊部雅人, 増田英俊. 低温アルミニウムの全半球輻射率の高精度測定法. 低温工学, Vol. 30, No. 2, pp. 23–30, (1995).

168) 日向野三雄, 尾関恭久, 中村和人, 伊部雅人, 増田英俊. 低温金属の全半球放射率の高精度測定法. 熱物性, Vol. 9, No. 1, pp. 9–16, (1995).

169) J.R. Jasperse, A. Kahan, J.N. Plendl and S.S. Mitra. Temperature dependence of infrared dispersion in ionic crystals LiF and MgO. Physical Review, Vol. 146, No. 2, pp. 526–542, (1966).

170) T. Makino, S. Hada, Y. Shitashimizu and H. Wakabayashi. Development of high-speed radiation spectroscopy with an application to a diagnosis technique for temperature and microgeometry of a metal surface. Proceedings of the 5th ASME/JSME Joint Thermal Engineering Conference, No. AJTE99-6501, pp. 1–8, (1999).

171) 平澤茂樹, 渡辺智司, 鳥居卓爾, 内野敏幸, 土井隆明. 酸化膜、窒化膜付シリコンウエハの 950 ℃における放射熱物性. 日本機械学会論文集 (B 編), Vol. 55, No. 516, pp. 2404–2409, (1989).

172) D.K. Edwards. Molecular gas band radiation. In T.F. Irvine Jr. and J.P. Hartnett, editors, Advances in Heat Transfer, Vol. 12, pp. 115–193. Academic Press,

New York, (1976).

173) 国友 孟. 気体および火炎の熱ふく射. 棚沢一郎（編）, 伝熱工学の進展, 第2巻, pp. 203–316. 養賢堂, 第1版, (1974).

174) R.M. Goody and Y.L. Yung. Atmospheric Radiation Theoretical Basis. Oxford University Press, U.S.A., 2nd edition, (1989). first edition was published in 1961.

175) L.S. Rothman, et al. AFGL atmospneric absorption line parameters compilation : 1982 edition. Applied Optics, Vol. 22, No. 11, pp. 1616–1627, (1983).

176) W. Li, T.W. Tong, D. Dobranich and L.A. Gritzo. A combined narrow- and wide-band model for computing the spectral absorption coefficient of CO_2, CO, H_2O, CH_4, C_2H_2 and NO. Jouranl of Quantitative Spectroscopy Radiative Transfer, Vol. 54, No. 6, pp. 961–970, (1995).

177) A. Soufiani and J. Taine. High temperature gas radiative property a prameters of statistical narrow-band model for H_2O. CO_2 and CO, and correlated-k model for H_2O and CO_2. International Journal of Heat and Mass Transfer, Vol. 40, No. 4, pp. 987–991, (1997).

178) 円山重直, 宇角元亨, 相原利雄. バンドモデルを用いた非等温・非灰色・吸収・散乱性媒体のふく射伝熱. 第32回日本伝熱シンポジウム講演論文集, 第2巻, pp. 591–592, 山口市, (1995).

179) S. Sakai, S. Maruyama, Y. Mori, T. Nishikawa, M. Behnia and H. Wu. Comparison of REM^2 with LBL analysis and gas model for one dimensional radiative heat transfer. Computational Mechanics New Frontiers for the New Millennium Proceedings of the First Asian-Pacific Congress on Computational Mechanics (APCOM'01), Vol. 2, pp. 1729–1734, (2001).

180) W. Malkmus. Random Lorentz band model with exponential-tailed S^{-1} line-intensity distribution function. Journal of the Optical Society of America, Vol. 57, pp. 323–329, (1967).

181) 円山重直, 日向野三雄, J. Taine. 統計狭域バンドモデルを用いた CO_2 ガス, H_2O ガスおよび $CO_2 - H_2O$ 混合ガスの放射スペクトルおよび全放射率. 東北大学流体科学研究所報告, Vol. 11, pp. 41–48, (2000).

182) B. Leckner. Spectral and total emissivity of water vapor and carbon dioxide. Combustion and Flame, Vol. 19, pp. 33–48, (1972).

183) 西川 徹. 気象現象におけるふく射エネルギー伝播と伝熱現象の研究. 東北大学大学院工学研究科機械知能工学専攻, 修士学位論文, 2 (2003).

184) 円山重直, 西川 徹, 酒井清吾. LBL データベースを用いた各種形状容器内のふく射性ガスの等価放射率の検討. 第 22 回日本熱物性シンポジウム、講演論文集, pp. 103–105, (2001).

185) 工藤一彦, 谷口 博, 金 鎔模, 三好克彦. 球充てん層内での放射エネルギー透過に関する研究 (第一報, 透過および反射に及ぼす各種パラメータの影響). 日本機械学会論文集 (B 編), Vol. 56, No. 524, pp. 1148–1154, (1990).

186) 工藤一彦, 谷口 博, 金 鎔模, 水野昌幸. 球充てん層中の放射エネルギー透過特性の測定. 日本機械学会論文集 (B 編), Vol. 57, No. 537, pp. 1867–1873, (1991).

187) R.T. Wang and H.C. van de Hulst. Rainbows : Mie computations and the Airy approximation. Applied Optics, Vol. 30, No. 1, pp. 106–117, (1991).

188) 柴田清孝. 光の気象学. 朝倉書店, (1999).

189) K.S. Adzerikho, E.F. Nogotov and V.P. Trofimov. Radiative Heat Transfer in Tow-Phase Media. CRC Press, Inc., (1993).

190) L.A. Dombrovsky. Radiation heat transfer in disperse systems. In Radiative Properties of Some Disperse Systems, pp. 74–85. Begell House, Inc., New York, (1996).

191) J. Yamada. Radiative properties of fibers with non-circular cross sectional shapes. In M. Pinar Mengüç, Nevin Selçuk, editor, Radiative Transfer-III, pp. 141–148. Begell House, Inc., New York, (2001).

192) S.C. Lee. Radiative transfer through a fibrous medium : allowance for fiber orientation. Journal of Quantitative Spectroscopy and Radiative Transfer, Vol. 36, No. 3, pp. 253–263, (1986).

193) S.C. Lee and G.R. Cunnington. Heat transfer in fibrous insulations : comparison of theory and experiment. Journal of Thermophysics and Heat Transfer, Vol. 12, No. 3, pp. 297–303, (1998).

194) C.L. Tien. Thermal radiation in packed and fluidized beds. Transactions of the ASME, Journal of Heat Transfer, Vol. 110, pp. 1230–1242, (1988).

195) Y. Yamada, J.D. Cartigny and C.L. Tien. Radiative transfer with dependent scattering by particles : part 2-Experimental investigation. Transactions of the

ASME, Journal of Heat Transfer, Vol. 108, pp. 614–618, (1986).

索 引

あ 行

アナログ解法, 82
アフィン変換, 73
アボガドロ数, 12
アルベド, 52, 106, 130, 246
位相関数, 50, 51, 105, 149, 246, 249, 251, 253
位相速度, 64
1次元
　　——平行平面系, 109, 114
　　——平行平面座標系, 152
一般ガス定数, 12
異方性, 260
インボリュート型反射板, 99
ウエスト径, 68
宇宙, 3
　　——空間, 9
エアロゾル, 103, 152, 245
液滴径分布, 152
S_N 法, 110
X線, 10
エネルギー
　　——順位, 216
　　——束, 33
　　——等分配の法則, 12
円環要素, 93
遠赤外線, 8, 47
大型ヘリカル装置, 141
大きな粒子, 247
オゾン層, 10
重み関数, 124, 154
温室効果, 48
温暖化ガス, 4
温度飛躍, 120

か 行

灰色
　　——近似, 81
　　——体, 46, 82
　　——媒体, 108
　　——面, 46
灰色・放射・吸収性媒体の放射伝熱, 117
回折, 58

回転
　　——エネルギー, 180
　　——エネルギー遷移, 216
　　——一振動スペクトル, 182
　　——スペクトル, 180
　　——量子数, 180
外来照射量, 35, 37
ガウス型ビーム, 67
火炎領域, 160
核, 169
角運動量, 180
拡散, 5
　　——反射率, 91, 130, 187
　　——ふく射強度, 134
　　——ふく射熱量, 134
　　——面, 46, 81, 82
角振動数, 7
角度, 32
確率密度関数, 42, 51, 247
可視光, 9, 172
ガス放射率のチャート, 214
ガスモデル, 148, 213, 214, 224
化石燃料, 4
画面分割数, 74
ガラス, 113
干渉, 58
慣性モーメント, 180
カンデラ, 36
ガンマ関数, 29
γ線, 10
緩和時間, 177
基底順位, 216
輝度, 36
起動遷移, 9
輝度分布, 101
逆行列, 85
逆行列計算, 96
逆対称伸縮, 215
CAD, 94
吸収
　　——スペクトル, 183
　　——線重なりパラメータ, 227

—線間隔, 148
　　　—断面積, 50, 246
吸収係数, 49, 50, 65, 104, 149
吸収効率, 52, 246
吸収率, 39, 185, 186, 192
球調和関数法, 110
球面分割数, 74
境界要素法, 82
凝縮物質, 185
共振振動数, 171, 172
鏡面, 42, 91
　　　—反射, 91
　　　—反射率, 91, 130, 187
局所熱力学的平衡, 15, 188
局所粒子集団, 15
極性分子, 176
巨視的ふく射エネルギー交換, 58
霧, 245
キルヒホッフの法則, 17, 44, 45, 53, 188, 193
近軸近似, 67
均質媒体, 64
近赤外線, 8
金属, 191
空洞効果, 19
屈折率, 33, 104, 178
雲, 103, 152, 245, 258
蛍光灯, 9
形態係数, 58
　　　吸収—, 84, 92, 132
　　　減衰—, 131
　　　散乱—, 132
　　　—の相互則, 71
　　　—の総和関係, 59
　　　—の対称性, 96
　　　乱反射—, 84, 92
結晶格子, 174
結晶体, 13
源関数, 106
原子, 169
減衰
　　　—係数, 52, 106, 122
　　　—効果, 246
　　　—効率, 52
　　　—断面積, 52, 246
高エネルギー加速器, 10
光学
　　　—厚さ, 114
　　　幾何—, 33, 57
　　　—定数, 204
　　　物理—, 58
光子, 3, 6, 25

格子振動, 8, 174
光線, 57
　　　—効果, 131
　　　—追跡法, 94, 98
　　　—放射モデル, 132
光速, 6, 26
光束発散度, 36, 37
高速反復法, 160
剛体回転子, 181
光量子, 7
Cauchyの分散公式, 178
黒体, 17
　　　—放射能, 17, 35
　　　—放射分率, 25, 147
固体面, 130
コヒーレント, 66
固有振動数, 170
固有振動モード, 20
コンピュータグラフィック, 70, 94

さ 行

細線, 250
産業革命, 4
3次元光学モデル, 131
3次元複合伝熱解析, 96
3次元物体, 83
散乱, 50
　　　—係数, 50, 51, 105
　　　—効率, 52, 246
　　　—性媒体, 103
　　　—断面積, 51, 246
　　　—面, 91
散乱パラメータ, 263
散乱粒子, 152
紫外線, 9, 172
指向, 39
　　　—反射率, 100
　　　—放射の制御, 98
指数積分関数, 116, 125
自然対流, 18
実用火炉, 159
磁場, 62
射出, 6
射出率, 6
射度, 35, 36, 83
従属散乱, 261
自由電子, 175
縮退度, 219
常温物質, 204
衝突間隔, 223
消費エネルギー, 49

索 引

情報通信, 67
初期位相, 63
シリコンウェハ, 204
真空空洞, 22
真空の比熱, 23
振動
　―エネルギー, 182
　―エネルギー遷移, 216
　―数, 7
　―スペクトル, 181
　―モード, 215
　―量子数, 182
振幅
　―透過率, 196, 211
　―反射率, 196, 204, 211
水蒸気, 217
垂直, 39
水滴, 258
数密度関数, 152
スケール効果, 57
煤, 258
ステファン-ボルツマン定数, 17
スネルの法則, 33, 195
赤外線, 8, 172
積分吸収係数, 216
積分吸収バンドパラメータ, 148
接線法, 76
繊維媒体, 105, 245, 259
線形光学, 171
線形散乱, 255
選択吸収膜, 190
線拡がりパラメータ, 148
前方散乱パラメータ, 254
全放射率, 204
双共役勾配安定法, 160
総合エネルギー方程式, 108
ゾーン法, 82, 110
測光量, 36
束縛電子, 172

た 行

対称伸縮, 215
体積長さ平均径, 152
体面積平均径, 257
太陽光, 24, 36, 192
対流伝熱, 72
多角形
　―平面, 135
　―要素, 147
多原子気体, 179, 219
多孔質体, 103, 122, 245

多物体間のふく射伝熱, 77
多分散粒子, 152
多分散粒子群, 151
多面体, 128
　―モデル, 75
　―要素, 147
単位行列, 85
単原子気体, 12
単色, 39
　―ふく射強度, 33
　―放射能, 23, 35
炭素粒子, 156, 258
単独粒子, 261
断熱材, 103, 122, 245
断熱層, 113
単分散粒子群, 152
小さな粒子, 250
地球
　―温暖化, 213
　―環境問題, 9, 103
超断熱燃焼, 103
調和振動子, 170
直接交換面積, 71, 77
チョクラルスキー法, 96
低温媒体の仮定, 114
定積比熱, 13
Dirac-delta 関数, 150
デジタルカメラ, 76
デバイ緩和, 172, 176
デバイス技術, 101
delta-Eddington 関数, 157
電荷, 6
　―密度, 62
電気
　―回路, 67
　―絶縁体, 191
　―双極子, 181
　―伝導度, 62
電子雲, 169
電磁波, 6, 169
　―エネルギー束, 63
　―伝播, 57
　―モード, 27, 102
電子レンジ, 8, 177
天頂角, 114
伝熱
　―現象, 14
　対流―, 5
　伝導―, 5
　―の促進, 103
電場, 62

電波, 7
投影断面積, 129
投影面積, 70, 76
透過する媒体, 103
等価熱伝達率, 18
等価ふく射熱伝導率, 73
統計力学, 12
透磁率, 62
等方
　—散乱, 51
　—散乱灰色媒体, 118
　—性媒体, 171
　—放射性, 92
透明
　—媒体, 65, 202
　—物体, 114
独立散乱, 261
ドルーデモデル, 175

な 行

内部エネルギー, 4, 5, 169
内部発熱量, 108
2 階調化, 76
2 原子気体, 13, 179, 218
2 項級数, 28
二酸化炭素, 156, 217
　—循環型ボイラ, 160
2 方向
　—反射関数, 41, 187, 247
　—反射率, 41
任意加熱条件, 87
任意形状, 69, 83, 91
　—灰色面, 127
　—黒体, 127
　—物体, 61
熱運動, 5
熱振動, 9
熱制御, 4
熱線, 9
熱伝導, 6
熱伝導率, 73, 123
熱ふく射, 5
熱物性値, 15
熱力学的
　—平衡, 10
　—平衡系, 44
熱流束
　入射—, 37
　無次元—, 120
　無次元放射—, 120
熱流量, 84

燃焼器, 213
燃焼炉, 152
粘度, 177
能動熱遮断, 103

は 行

Hagen-Rubens の関係, 199
HITRAN, 151, 183
Hankel 関数, 253, 262
白色, 47
波数, 7
波長, 6
波動
　—関数, 219
　—効果, 101
　—光学, 58
　—方程式, 62
ハビネーの原理, 246, 256
半円型反射板, 99
半球, 39
反射率, 41, 185, 187, 193, 196
反転分布, 67
半透過性媒体, 103
バンド吸収係数, 148
バンドモデル, 148
　　Elsasser の狭域—, 227
　　狭域—, 147, 148, 225, 226
　　広域—, 224
　　指数型広域—, 148
　　統計狭域—, 231, 237, 241
　　Malkmus の統計狭域—, 228
汎用解析法, 127
Beer の法則, 149, 214, 226
P_N 法, 110
ビームウエスト, 67
ビオ数, 72
非灰色, 145
　—媒体, 146
光共振器, 66
非構造格子要素, 131
非黒体面, 79
比視感度, 24
微少空洞, 101
ビッグバン, 3
非等方散乱媒体, 110, 145, 149
非ふく射性ガス, 178
皮膜, 203
比誘電率, 171
微粒化液体, 256
微粒子, 103
拡がり, 222

索引　　　289

圧力—, 222
　—角, 67
　自然—, 67, 222
　衝突—, 222
　ドップラー—, 223
ピンフィン放熱器, 76
フォークと分布, 224
フォトン, 6
フォノン拡散, 175
複合
　—エネルギー方程式, 108
　—伝熱解析, 160
　—伝熱シミュレーション, 98
　—反射モデル, 92
　—放物面鏡, 99
　—面, 91, 127
ふく射, 5, 6
　—エネルギ収支, 105
　外来—, 6
　—強度, 31, 106
　—光線追跡法, 61, 94
　—制御, 101
　—束, 57
　—伝熱, 5
　—伝熱制御, 103
　—熱流束, 33, 64, 107
　—熱流束ベクトル, 107
　—発熱量, 108
　—物性, 192
　—物性の推定, 198, 201
　—物性の推定法, 203
　—平衡温度, 47
　—有効面積, 70, 74, 130
　—輸送方程式, 114, 128
　—要素, 96
　—要素内, 128
　—要素法, 127, 136, 152
　—量, 31
輻射, 5
ふく射性
　—ガス, 53, 104, 179, 213
　—媒体, 49, 103, 130
複素屈折率, 64, 171, 196
複素誘電関数, 171
プラズマ振動数, 171
プランク常数, 7, 21, 26
プランクの
　—平均放射率, 82
　—法則, 18, 22, 23
フレネルの
　—公式, 196

　—反射則, 201
フローティングゾーン法, 98
フロン, 10
分極, 178
分光分析, 215
分散媒体, 245
分子振動エネルギー, 8
噴霧, 152
平滑面, 195
平均運動エネルギー, 14
平均吸収係数, 236
平均散乱ふく射強度, 129
平均断面積, 250
平行平面
　　—座標, 113
　　—座標系, 114
並進運動エネルギー, 13
平面波, 62, 63
ベクトル化, 143
ベクトルの発散, 107
Bessel 関数, 253, 262
変角, 215
偏光, 196, 251
ボイラ, 159
ポインティングベクトル, 63
方位角, 114
方向余弦, 154
放射, 5, 6
放射能, 17, 35
放射の波長制御, 101
放射平衡媒体, 120
放射率, 6, 38, 185, 189
ボルツマン定数, 12, 26
ボルツマン分布, 14, 182, 219

ま 行

マイクロ波, 7, 172, 176, 177
マクスウェルの方程式, 19, 62
マグネトロン, 7
マックスウェル分布, 223
マトリックス計算, 82
ミー散乱, 149, 262
　　—理論, 252
見かけの
　　—熱伝導率, 123
　　—放射率, 233
ミクロ立方空洞, 101
無偏光, 204
面積平均径, 257
面要素, 85
モンテカルロ法, 61, 110, 127

や 行

有限要素法, 82, 94, 127, 147
有効圧力, 148
有効熱伝導率, 260
有効ふく射面積, 145
誘電体, 9, 65, 174
誘電破壊, 65
誘電分極, 169
誘電率, 62, 171
誘導放出, 66
余弦則, 92

ら 行

LBL, 234
　——(Line by Line) データベース, 148, 224
Lambert・Beer の法則, 226
ランバート面, 46
乱反射, 91
　——面, 42
離散方位法, 110, 123, 127
立体角, 22, 32
粒径
　——パラメータ, 248
　——分布式, 256
粒子, 103
　——群, 152
量子仮説, 21, 28
量子効果, 148, 179, 214
量子力学, 19, 182, 183, 219
ルーメン, 36
Legendre
　——関数, 253
　——級数, 124, 149
励起, 9
　——状態, 66
冷却速度, 72
レイリー散乱, 250
レーザ, 66
　——発振, 14, 66
レーダ, 7
レーリー-ジーンズの分布, 21
ローレンツ
　——振動子モデル, 169, 170
　——拡がり, 222
　——分布, 223

わ 行

惑星, 49

―― 著者紹介 ――

円山重直（まるやま しげなお）1954 年 新潟に生まれる

学　歴
- 1977 年　東北大学 工学部 卒業
- 1979 年　ロンドン大学 インペリアルカレッジ 航空工学科 修士課程修了（Master of Science）
- 1980 年　東北大学 大学院工学研究科 修士課程修了
- 1983 年　東北大学 大学院工学研究科 博士課程修了（工学博士）

職　歴
- 1983 年　東北大学 高速力学研究所 助手
- 1988 年　米国パデュー大学 客員研究員
- 1989 年　東北大学 流体科学研究所 助教授
- 1997 年　東北大学 流体科学研究所 教授

受　賞
- 日本機械学会賞 奨励賞（1989 年）
- 日本伝熱学会賞 学術賞（1998 年）
- 日本機械学会賞 論文賞（1999 年）
- 科学計測振興会賞（1999 年）
- 日本機械学会 熱工学部門 業績賞（2001 年）
- 日本伝熱学会賞 技術賞（2002 年）他

専門分野
(1) 熱工学，(2) 伝熱制御工学，(3) 流体工学

著書等
JSME テキストシリーズ「熱力学」丸善（2002），他

JCLS	〈㈱日本著作出版権管理システム委託出版物〉

2004   2004年4月30日　第1版発行

光エネルギー工学

著者との申し合せにより検印省略

　　　　　　　　　　　著　作　者　　円 $\underset{やま}{山}$ 　$\underset{しげ}{重}$ $\underset{なお}{直}$

ⓒ著作権所有

　　　　　　　　　　　発　行　者　　株式会社　養　賢　堂
　　　　　　　　　　　　　　　　　　代 表 者　　及 川　　清

定価 4620 円
(本体 4400 円)
(　税 　5％　)

　　　　　　　　　　　印　刷　者　　株式会社　三　秀　舎
　　　　　　　　　　　　　　　　　　責 任 者　　山 岸 真 純

　　　　　　　〒113-0033 東京都文京区本郷5丁目30番15号
発 行 所　株式 養 賢 堂　TEL 東京(03)3814-0911 振替00120
　　　　　会社　　　　　　FAX 東京(03)3812-2615 7-25700
　　　　　　　　　　　　　URL http://www.yokendo.com/

ISBN4-8425-0361-0 C3053

PRINTED IN JAPAN　　　　　製 本 所　板倉製本印刷株式会社

本書の無断複写は、著作権法上での例外を除き、禁じられています。
本書は、㈱日本著作出版権管理システム（JCLS）への委託出版物です。本書を複写される場合は、そのつど㈱日本著作出版権管理システム（電話03-3817-5670、FAX03-3815-8199）の許諾を得てください。